KB051425

지리지를 이용한 조선시대 지역지리의 복원

지리지를 이용한 조선시대 지역지리의 복원

초판 1쇄 발행 2021년 2월 8일
지은이 정치영
펴낸이 김선기
펴낸곳 (주)푸른길
출판등록 1996년 4월 12일 제16–1292호
주소 (08377) 서울시 구로구 디지털로 33길 48 대륭포스트타워 7차 1008호
전화 02–523–2907, 6942–9570~2
팩스 02–523–2951
이메일 purungilbook@naver.com
홈페이지 www.purungil.co.kr

ISBN 978–89–6291–891–5 93980

이 저서는 2016년 정부(교육부)의 재원으로 한국연구재단의 지원을 받아 수행된 연구
임(NRF-2016S1A6A4A01017139)

This work was supported by the National Research Foundation of Korea
Grant funded by the Korean Government(NRF-2016S1A6A4A01017139)

땅과 사람의 기록으로 보는 시대상

지리지를 이용한 조선시대 지역지리의 복원

푸른길

"과거를 대상으로 하는 지리학"을 하는 역사지리학자들에게 있어 조선시대 지리지는 가장 중요한 연구 자료이다. 일정한 지역의 자연적·인문적 제 현상을 체계적이고 종합적으로 기록한 지리지는 그 지역의 시·공간적 특성을 살필 수 있는 넓은 창을 제공하기 때문이다.

역사지리학을 공부하는 필자도 일찍부터 지리지를 들추어 보았지만, 이에 대해 본격적인 연구를 시작한 것은 2002년 고려대학교 민족문화연구원에서 '조선시대 전자문화지도 개발 및 응용연구'라는 대규모 연구 과제에 참여하면서부터이다. 이 때 필자가 맡은 부분이 조선시대 지리지의 내용 일부를 데이터베이스로 만들고 전자 지도로 구현하는 동시에, 관련 논문을 작성하는 것이었다. 이를 통해 지리지가 가진 중요성을 다시 인식하게 되었고, 언젠가는 지리지를 이용해 조선시대 지역지리를 종합적으로 복원해보고 싶은 꿈을 꾸게 되었다.

마침 2016년 한국연구재단의 '저술출판지원사업'에 선정되어 지리지와 씨름을 시작하였으나, 시간이 흐를수록 무모한 시도였다는 것을 깨닫게 되었다. 혼자 힘으로 방대한 양의 자료를 정리하는 것부터 힘에 부쳤고, 분석 과정에서는 자료가 지닌 한계와 함께 필자의 부족한 능력을 다시 실감하였다. 이 때문에 원래의 계획에 훨씬 못 미치는 구성과 내용으로 책을 마무리할 수밖에 없었다.

　지리지 가운데 매우 한정된 주제만 다루었고, 심층적인 분석에 이르지 못한 채 대략의 상황을 파악하는 데 그쳤음에도 이렇게 용감하게 책을 내는 이유는 이 시도가 조선시대 지리지와 지역지리 연구에 불쏘시개가 되었으면 하는 바람에서이다. 이 책이 가진 오류와 한계에 대해 독자들의 질정을 바란다.

　끝으로 이 책이 나오기까지 여러 분의 도움이 있었다. 먼저 연구 과제로 지원해 준 한국연구재단과 멋진 책을 만들어 주신 푸른길 출판사의 김선기 사장님과 편집팀에게 감사드린다. 그리고 여러 자료를 제공해 준 오랜 친구 김종혁 선생과 지도 작업을 도와준 김현종 선생에게 특히 고마운 마음을 전한다.

2021년 2월

정치영

|목차|

I. 서장

우리는 이른바 '세계화'의 시대를 살고 있다. 세계화란 국경을 초월하여 정치·경제·사회·문화 등의 모든 분야에서 전 세계적인 상호 교류와 상호 의존도가 빠르게 강화되어 가는 현상을 말한다. 세계화는 탈영역화, 등질화, 기능적 통합 등의 속성을 지녀, 일반적으로 세계화가 진행되면 지역 간의 등질화도 가속화될 것으로 생각하기 쉽다. 그러나 지구촌으로 통합되는 과정 속에 한편에서는 또 다른 지역 간의 격차가 생성되고 독특한 지역 문화가 형성되고 있다. 즉 세계화 과정에서 지역의 중요성은 한층 강화되고 있으며, 이러한 현상을 우리는 '지방화' 또는 '지역화'라 한다. 이렇게 세계화와 연속선상에서 이해되는 지방화는 지역에 대해 새로운 의미를 부여하고 있다.

이에 따라 사회적인 관심, 국가 정책은 물론, 학술 연구에 있어서도 기존의 중앙 중심적인 시각과 접근에서 벗어나 지역, 지방의 관점에서 접근하려는 시도가 증가하고 있다. 이러한 학문적 움직임이 가장 활발한 분야는 역시 일찍부터 각각의 지역이 가진 종합적인 개성이라 할 수 있는 '지역성(地域性, regionality)'을 규명하는 것을 학문 연구의 궁극적 목표로 삼아온 지리학이라

할 수 있다. 지리학은 전통적으로 계통지리학과 지역지리학으로 이분되어 왔다. 이 중 지표의 일부분으로서 특정 지역에 나타나는 지역성을 연구하는 지역지리학은 과학적인 방법론으로 이론과 법칙을 추구하는 현대 지리학의 학문적 흐름 속에서 계통지리학에 밀려 한동안 등한시되어 왔다. 그러나 최근 세계화·지방화 시대를 맞이하여 각 지역에 대한 종합적 정보의 필요성이 크게 증대하면서, 한 지방에서부터 국가·대륙에 이르기까지 다양한 공간적인 스케일에서 지역지리학의 연구가 다시 활성화되고 있다.

그런데 지역지리학에서 추구하는 지역성은 지역에 따라 차이가 있을 뿐 아니라 시간이 흐름에 따라서 변화한다. 그런데도 지역지리학의 연구는 거의 현대에 머물러 있으며, 과거의 지역성이나 지역 구조를 밝히는 연구는 찾아보기 힘들다. 오늘날의 지역성이나 지역 구조가 과거의 그것에 기초하여 형성되었다는 점을 감안한다면, 과거의 지역지리를 연구하는 것은 오늘의 지역을 고찰하고 미래의 지역을 예측하는 데 있어 매우 중요한 작업임에 틀림없다.

과거의 지역지리학에 대한 연구가 많지 않은 것은 여러 가지 이유가 있겠으나, 무엇보다도 이를 분석할 만할 자료가 많지 않다는 점이 중요하게 작용하였다. 다시 말하면, 과거의 지역성과 지역 구조를 파악하기 위해서는 당시의 지역 상황을 상세하게 담고 있는 자료의 확보가 필수적이다. 그래서 이 연구가 주목한 것이 조선시대에 편찬된 지리지(地理志)이다. 지리지는 지역의 각종 정보를 체계적이고도 종합적으로 기술한 책으로, 자연 지리 내용뿐 아니라, 역사·문화, 사회·경제, 정치·행정·군사 등과 같은 인문지리 내용까지 담고 있어 조선시대의 지역에 대한 가장 풍부한 정보를 제공하기 때문이다.

본 저술은 조선시대 지리지의 내용을 면밀하게 분석하여, 당시의 지역 상황을 부(府)·목(牧)·군(郡)·현(縣)과 도(道), 그리고 전국 등 다양한 공간적 범위와 조선 전기·중기·후기 등 여러 시간적 차원에서 복원하고, 이를 통해 조선시대의 지역성과 지역 구조, 그리고 그 변화상을 살펴보는 것을 목적으로 하였다. 이로써 조선시대 지역을 구성하고 있는 각종 사상(事象)들의 관련성과, 시·공간의 조건에 따른 동일성과 차이점, 그리고 지속과 변화라는 역동적인 측면들이 조금이나마 해명되리라 기대한다.

이를 위해 본 저술은 조선시대 지리지의 내용 중에서 각 지역의 경제적, 사회적, 문화적 상황을 보여 주는 항목들을 추출, 분석하였는데, 그 방법을 단계별로 기술하면 다음과 같다.

첫 단계는 연구 자료로 사용할 지리지의 선정과 분석할 항목을 결정하는 것이었다. '문적(文籍)의 나라'로 불릴 정도로 기록 문화가 발달하였던 조선에서는 많은 지리지가 편찬되었다. 지리지는 편찬 주체에 따라 관찬 지리지(官撰地理志)와 사찬 지리지(私撰地理志), 그리고 수록하고 있는 지역 범위에 따라 전국 지리지(全國地理志)와 읍지(邑誌)로 구분하는데, 본 연구는 전국을 지역적 범위로 하므로 전국 지리지를 이용하였다.

조선시대에 제작된 전국 지리지로는 『세종실록지리지(世宗實錄地理志)』·

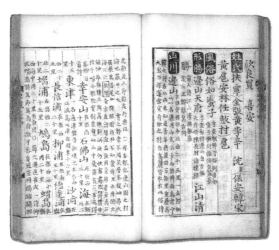

그림 1-1. 『신증동국여지승람(新增東國輿地勝覽)』

표 1-1. 4종 지리지의 편목 구성

자료/시기/분류/편목	세종실록지리지 15세기 중반	신증동국여지승람 16세기 전반	여지도서 18세기 중반	대동지지 19세기 중반	비고
地圖	–	全國·道지도	道·郡縣지도	–	
建置沿革	●	●	●	●(沿革)	지명 및 읍격 이력
郡名		●	●	●(邑號)	옛 지명
屬縣	●	●		●(古邑)	지명
官員·官職	●	●	●	●(官員)	軍官, 鄕吏, 儒·鄕任 등의 편목도 있음
姓氏	●	●	●		
風俗	●	●	●		
形勝		●	●	●(形勝)	
山川	●	●	●	●(山水·嶺路·島嶼)	島嶼, 江海 등의 편목도 있음, 渡·津 포함
疆域				●(疆域表)	
坊里			●	●(坊面)	
道路			●		
公廨·宮室		●	●	●(營衙·宮室)	營鎭 편목도 있음
倉庫·倉司		●	●	●(倉庫)	
土産·土宜	●	●	●(物産)	●(土産)	
俸廩		●			
城池·城郭	●	●	●	●(城池)	
關防·鎭堡		●	●	●(鎭堡)	
兵船		●			
堤堰	●		●		
學校·校院		●	●	●(祠院)	書院 편목도 있음
驛院·驛站	●	●	●	●(驛站·驛道)	騎撥·院站 편목도 있음
烽燧·烽火	●	●	●	●(烽燧)	
橋梁		●	●	●(橋梁)	

지리지를 이용한 조선시대 지역지리의 복원

祠廟·壇廟	●	●	●	●(壇·廟殿)	
牧場			●	●(牧場)	
魚梁	●				
鹽所	●				
磁器·陶器所	●				
津渡·津航				●(津渡)	
場市				●(場市)	
佛宇·寺刹	●	●	●		
陵寢·塚墓	●	●	●	●(陵墓·陵寢·陵園)	墓所 편목도 있음
古跡		●	●	●(古邑)	
故事·典故				●(典故·故事)	
樓亭	●	●	●	●(樓亭)	
戶口	●		●	●(田民表)	人摠 편목도 있음
軍額·軍摠	●		●(軍兵)	●(軍籍)	
結摠·田結	●(墾田)		●	●(田民表)	
糶糴			●		
田稅			●	●(穀簿)	
進貢·進上	●(土貢)		●		
大同			●		대동세(대동법 시행)
均稅			●		균역세(균역법 시행)
結錢			●		
土質	●				
題詠·詩文		●	●		重修記, 上樑文
人物	●	●	●		孝子·孝女, 烈女, 孝婦, 忠臣, 流寓 등의 편목도 있음
名臣		●	●		科擧, 名賢 편목도 있음

『신증동국여지승람(新增東國輿地勝覽)』·『여지도서(輿地圖書)』 등의 관찬 지리지와 『동국여지지(東國輿地志)』·『대동지지(大東地志)』 등의 사찬 지리지가 있다. 이들의 내용을 검토하고 편찬 시기를 고려하여 본 저술에서는 15세기 중반에 간행된 『세종실록지리지』, 16세기 전반의 『신증동국여지승람』, 18세기 중반의 『여지도서』, 그리고 19세기 중반의 『대동지지』 등 4종의 지리지를 주된 연구 자료로 사용하였다.

이들 4종 지리지의 편목 구성을 정리해 본 결과, 표 1–1과 같다. 4종의 지리지에 되도록 공통적으로 수록되어 있으면서, 당시 지역의 자연, 사회, 경제적 상황을 보여 줄 수 있는 편목들을 구체적인 분석 대상으로 삼았다.

먼저 자연 분야에서는 산천과 기후, 토질 등이 분석 대상이었다. 조선시대 지리지에 수록된 자연과 관련된 내용은 오늘날과 같이 과학적인 관점에서 서술된 내용도 있지만, 당시 사람들의 주관적인 인식을 담은 내용도 적지 않다. 지역지리는 객관적으로 서술해야 하므로 이러한 기록들을 이용하는 것이 부적절할 수도 있으나, 오히려 조선시대 사람들의 자연에 대한 인식, 즉 자연관이나 환경관(環境觀)을 보여 주는 좋은 자료이므로 이러한 관점에서 분석하였다. 사회 분야에서는 당시의 인구 상황을 파악할 수 있는 호구를 일차적인 분석 대상으로 삼았다. 그리고 정주 공간을 읍치와 촌락으로 나누어 분석하였으며, 특히 읍치에서는 경관과 공간 구조를 중점적으로 살펴보았다. 경제 분야에서는 농업 사회였던 조선시대에 가장 중요하였던 농경지 자료인 전결과, 각 지방의 산업을 파악할 수 있는 토산과 토의를 분석하였다.

이렇게 중점적으로 살펴본 지리지의 내용, 즉 편목들은 모두 데이터베이스화하였다. 데이터베이스는 지리지의 편목별로 설계하였는데, 지리지별(시기별), 지역별로 구분할 수 있도록 만들었다. 또한 그 항목의 구성은 지리지의 수록 내용을 모두 수록하되, 분석 작업이 용이하도록 그 내용을 적절히 분류하여 입력하였다. 데이터베이스의 구축은 효율적인 분석을 위하여 계산 및 분석 작업이 용이하도록 Excel 프로그램을 이용하였으며, 입력 작업이 완료된 뒤, 정확성을 높이기 위해 전체적으로 다시 원전과 대조 작업을 하였다.

다음 단계는, 구축된 데이터베이스를 비교·분석하여 조선시대 지역지리를 복원해 내는 것이었다. 먼저 각 항목별로 군현별, 도별 분포와 전국적 분포를 확인한 후, 그 분포의 특징을 살폈다. 그리고 그 분포에 영향을 미친 요인들을 분석하는데, 이때 자연, 사회, 경제, 문화 여러 가지 요소의 상관성에 초점을 맞추었다. 비교 및 분석 작업에서 중요한 부분은 15·16·18·19세기의 지리지의 내용을 분석하여 시간 흐름에 따른 변화상을 살펴보는 것이었다. 이를 통해 전국적인 변화 양상은 물론, 지역마다 발현하는 특수한 변화상도 포착할 수 있었다.

마지막 단계로, 저술의 구성은 먼저 서장에서 과거의 지역지리의 복원이 오늘날 어떤 의미가 있는가, 본 저술의 개략적인 방법론 등에 대해 서술하였다. 그리고 지역지리에서 전통적으로 사용해 온 서술 방식을 차용하여, 먼저 조선시대의 자연환경과 이에 대한 당시 사람들의 인식, 국가와 지역을 이루는 기본 요소이자 한 지역의 사회적 현상의 단초인 인구, 읍치와 촌락으로 구성되는 정주 공간, 그리고 경제적 측면을 살펴볼 수 있는 자원과 산업 등을 차례로 다루었다.

이러한 내용과 더불어, 독자의 이해를 도울 수 있도록 지도, 사진, 그림, 표등의 수집 및 제작 작업에도 많은 시간을 들였다. 특히 지리학의 고유한 언어라 할 수 있는 지도를 적극적으로 제작하여, 각종 지리적 사상의 분포와 밀도 등을 지도로 제시하였으며, 통계 자료는 표나 그림으로 표현하고, 당시의 상황을 보여 주는 그림이나 사진도 수집하거나 제작하였다. 이러한 자료 수집, 사진 촬영과 원고 내용의 확인을 위한 답사 또한 실시하였다.

II. 자연환경

1. 산과 하천

1) 산[1]

우리 국토는 약 70%가 산으로 이루어져 있다. 이 말은 국토에서 산이 차지하는 면적의 비율뿐 아니라, 우리의 일상 생활과 문화, 그리고 의식에서조차 산의 비중과 영향이 그만큼 크고 깊다는 뜻으로 해석해야 할 것이다. 산은 신앙과 수양의 장소, 생필품의 공급처 역할을 했으며, 우리 문화와 예술의 중요한 소재이기도 했다. 보다 구체적으로 살펴보면, 산은 하늘과 인간을 연결하는 초월적인 존재이자 인간에게 영향을 미치는 신령스러운 존재였기 때문에, 고대로부터 신앙의 대상이었다. 산은 고대부터 사람들의 수행 공간으로, 전통사회에서는 학문의 산실이며, 사상의 고향이었다. 신라의 화랑들은 산을 누비며 심신을 단련하였고, 조선시대 사대부들은 산 속에서 독서하고 사색함으

---

1) 2011년 4월 『문화역사지리』 23권 1호에 게재한 논문인 "조선시대 지리지에 수록된 진산의 특성"을 수정, 보완한 것이다.

로써 학문을 연마하였다. 또한 우리 조상들은 의식주 해결에 필요한 대부분의 물품을 산에서 구하였다.

이와 같이 우리나라 사람들은 산과 더불어 살아왔고, 지금도 살고 있다. 산의 중요성 때문에 예전부터 전해오는 산에 대한 기록은 적지 않으나, 이에 대한 체계적이고 종합적인 정리와 연구는 제대로 이루어지지 못하였다. 그래서 산에 대한 기록 가운데 역사성과 함께 가장 망라적인 성격을 지닌 조선시대 지리지에 주목하였다. 조선시대에 편찬된 전국 지리지로 1454년에 편찬된 『세종실록지리지』, 1530년에 간행된 『신증동국여지승람』, 1760년대 편찬된 『여지도서』, 1864년 김정호가 만든 『대동지지』에는 산에 대한 기록이 있다. 이를 살펴보면, 먼저 『세종실록지리지』는 산에 대한 기록이 다른 지리지에 비해 소략하고 수록된 산의 숫자도 적었다. 『신증동국여지승람』, 『여지도서』, 『대동지지』는 수록된 산의 숫자는 다소 차이가 있으나 그 기록 내용이 유사하였다. 그리고 『여지도서』, 『대동지지』 등 후대의 지리지들이 『신증동국여지승람』의 기록에 근거하여 편찬되었다는 사실을 확인할 수 있었다. 이에 따라 조선 중기에 편찬된 『신증동국여지승람』을 기본 자료로 삼고, 조선 전기와 조선 후기에 각각 만들어진 『세종실록지리지』와 『여지도서』를 비교하여 산에 대해 분석하였다.

3종의 지리지에 수록된 산에 관한 기록을 추출하여 정리하는 과정에서 각각의 지리지에 실린 산에 대해 양적으로 분석할 수 있었고, 그 성격을 이해할 수도 있었다. 자연 및 인문지리적 특성에 대한 분석을 위해 남한 지역의 산들은 모두 현대 지형도와 각종 관련 자료를 이용해 위치 비정을 시도하였는데, 이 과정에서 기록이 중복되거나 그 위치를 확인할 수 없는 산이 적지 않았다. 그래서 산의 특성에 대한 상세한 분석은 현재 확인할 수 있는 735개의 산을 대상으로 하였다.

(1) 지리지의 산에 대한 기록

가.『세종실록지리지』

1454년(단종 2)에 편찬된『세종실록지리지』는 세종장헌대왕실록(世宗
莊憲大王實錄)의 제148권에서 제155권에 실려 있다.『세종실록지리지』는
1424년 세종이 대제학 변계량에게 지지(地誌) 및 주·부·군·현의 연혁을 편
찬하여 올리라는 명을 내린 것에서 비롯되었다. 이에 현재 남아 있는『경상도
지리지(慶尙道地理志)』와 같이 각 도별로 지리지가 만들어졌고, 이를 모아
1432년『신찬팔도지리지(新撰八道地理志)』라는 전국 지리지가 편찬되었으
며, 이를 다소 수정하고 정리하여 세종실록에 실은 것이『세종실록지리지』이
다.

현존하는 조선시대의 가장 오래된 전국 지리지인『세종실록지리지』는 그
이후에 편찬된 전국 지리지들과 체계가 상당히 다르다. 대부분의 전국 지리지
가 모든 군현에 걸쳐 대동소이한 내용 체계에 따라 여러 개의 독립된 항목으
로 구성되어 있는 데 비해,[2]『세종실록지리지』는 항목이 명확하게 구분되어
있지 않다. 따라서 '산천(山川)'이라는 독립된 항목 안에 주요 산이 기록되어
있는 다른 지리지와 달리,『세종실록지리지』는 아래의 양주도호부 사례와 같
이 각 군현마다 제일 먼저 쓰여 있는 연혁에 대한 설명 다음에, 별다른 표제어
없이 고개·하천·연못·나루·곶 등 지형지물과 함께 산을 기록하고 있다. 그
리고 그다음에는 군현의 사방 경계에 대한 설명이 뒤따른다.

(양주도호부는) 본래 고구려의 남평양성(南平壤城)인데,…현종(顯宗) 무오
에 양주(楊州) 임내(任內)에 붙였다가, 뒤에 포주(抱州)에 옮겨 붙였으며, 금

---

[2]『신증동국여지승람』,『여지도서』 등은 '건치연혁(建置沿革)'·'군명(郡名)'·'성씨(姓氏)'·'산
천(山川)' 등의 항목으로 내용이 구분되어 있다.

상(今上) 원년(元年) 기해에 다시 본부
(本府)에 붙였다. 삼각산(三角山)은 부
(府) 남쪽에 있다. 일명(一名)은 화산(華
山)이니, 세 봉우리가 우뚝 빼어나서 높
이 하늘에 들어가 있다. 오봉산(五峯山)
은 부 남쪽에 있다. 천보산(天寶山)은 부
동쪽에 있다. 소요산(逍遙山)은 부 북쪽
에 있다. 양진(楊津)은 부 남쪽에 있으니,
곧 한강의 남쪽이다. 단(壇)을 쌓고 용왕
(龍王)에게 제사지낸다.…사방 경계는
동쪽으로 포천에 이르기 18리, 서쪽으로

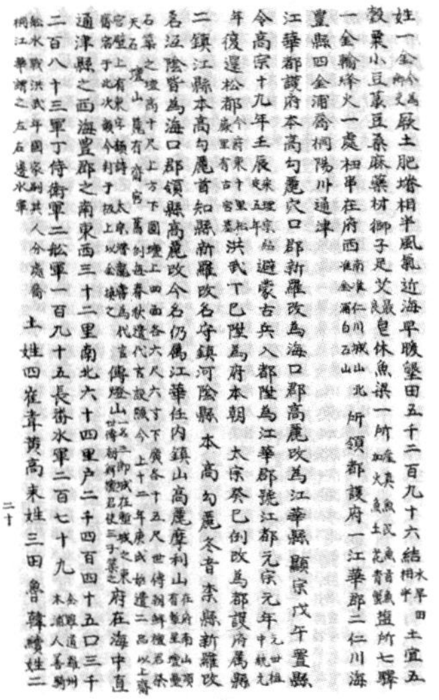

그림 2-1. 『세종실록지리지』 강화도호
부의 진산 기록. '高麗摩利山'으로 기록
되어 있다.

원평(原平)에 이르기 22리, 남쪽으로 광
주에 이르기 47리, 북쪽으로 적성(積城)
에 이르기 83리이다(『세종실록지리지』, 경기, 양주도호부).[3]

그리고 일부 군현에서는 아래의 예와 같이 '명산(名山)' 또는 '진산(鎭山)'이
라는 언급을 시작으로 산이 기록되어 있다. '명산'은 군현에 따라 하나의 산부
터 여러 개의 산이 적혀 있는데, 가장 많은 숫자의 명산이 기록된 군현은 주흘
산·관혜산 등 5개의 산이 쓰여 있는 경상도 문경현이었다. '명산' 뒤에는 '대천
(大川)'이라는 이름으로 주요 하천을 기록한 것이 일반적이다. 한편 '진산'은
군현에 하나씩 기재되어 있으며, 경상도 봉화현과 같이 진산과 명산이 같이 기
재되어 있는 경우도 있다. 산에 대한 설명은 그 위치에 대한 내용이 가장 많으

---

3) 조선왕조실록(http://sillok.history.go.kr/), 이하의 『세종실록지리지』 인용문은 위의 국사편
찬위원회 조선왕조실록 원문 및 번역문 서비스를 이용하였다.

그림 2-2. 전라도 장흥 천관산

며, 산에 얽힌 전설, 명명 유래, 이칭, 산에 대한 제사 여부 등이 기록되어 있다.

명산(名山)은 사불산(四佛山, 산양현(山陽縣) 북쪽에 있다. 혹은 공덕산(功德山)이라고도 한다.)·백화산(白華山, 중모(中牟) 서쪽에 있다.)·구봉산(九峰山, 화령(花寧) 서북쪽에 있다.)이며, 대천(大川)은 낙동강이다(『세종실록지리지』, 경상도, 상주목).

진산(鎭山)은 수인(修因)이며, 부의 북쪽에 있다. 천관산(天冠山)은 부의 남쪽에 있는데, 옛 이름은 천풍(天風)이다(『세종실록지리지』, 전라도, 장흥도호부).

진산(鎭山)은 문수산(文殊山)이요, 명산(名山)은 태백산(太白山)이다. 태백산은 현 동쪽에 있다. 신라 때에 북악(北岳)으로 삼고 중사(中祀)로 하였다(『세종실록지리지』, 경상도, 봉화현).

지리지를 이용한 조선시대 지역지리의 복원

표 2-1. 『세종실록지리지』에 수록된 산의 숫자와 도별 비율

도	명산	진산	산	계	비율
경기도	1	6	19	26	11.8
충청도	4	3	7	14	6.3
경상도	11	20	27	58	26.2
전라도	4	19	1	24	10.9
황해도	1	7	6	14	6.3
강원도	5	14	4	23	10.4
평안도	2	24	4	30	13.6
함길도	3	16	13	32	14.5
총계	31	109	81	221	100

주1: 한성부, 개성유후사의 산은 경기도에 포함하였음.
주2: '산'은 명산, 진산 등의 특별한 언급 없이 수록된 산임.
주3: 중복되어 나타나는 산(경상도 1개, 함경도 1개)이 있음.

『세종실록지리지』에 수록된 산의 숫자는 모두 221개이며,[4] 이를 도별, 유형별로 정리한 것이 표 2-1이다. 경상도의 산이 58개로 가장 많았고, 충청도와 황해도의 산이 14개로 가장 적었다. 각 도의 지형과 산의 절대적인 숫자, 도별 명산·진산·'산'의[5] 비중 등을 감안하면, 『세종실록지리지』가 중앙 정부에 의해 편찬된 전국 지리지였지만 도별로 조금씩 다른 기준을 가지고 산을 수록한 것으로 생각된다. 이것은 앞에서 언급한 바와 같이 따로 작성된 도별 지지를 모아 『세종실록지리지』를 편찬하였기 때문이다.

한편 유형별로는 진산이 가장 많아 각 군현의 진산을 우선적으로 수록한 것으로 생각된다. 특히 전라도와 평안도가 진산의 비중이 높았다. 또한 산에 대한 설명 부분을 검토해 보면, 산천제사의 대상 여부가 또 다른 중요한 수록 기

---

4) 도조(道條)에도 각 도에 속한 명산이 언급되어 있으나, 그 산이 속한 군현에 중복하여 소개되므로 군현조에 실려 있는 산의 숫자만 계산하였다. 또한 사방 경계, 봉화대의 위치 등에 언급된 산도 제외하였다.
5) '산'은 명산, 진산 등의 특별한 언급 없이 수록되어 있는 산을 말한다.

준이 된 것으로 보인다. 진산을 제외한 112개 산 가운데 44개의 산이 대사(大祀)·중사(中祀)·소사(小祀) 등의 대상이 된 곳이었다.

나.『신증동국여지승람』

『신증동국여지승람』은 중종의 명에 따라 이행·윤은보 등이 1530년에『동국여지승람』을 증수하여 편찬한 대표적인 관찬 전국 지리지이다. 이 책은 각 도의 연혁과 관원을 개괄한 후, 여기에 소속된 부·목·군·현의 상황을 건치연혁·관원·군명·성씨·풍속·형승·산천·토산 등으로 항목을 나누어 나열식으로 기술하였다. 산은 고개·골짜기·바위·들관·하천·여울·나루·연못·온천·섬·숲 등의 지형지물과 함께 산천조에 포함되어 있는데,『세종실록지리지』에 비해 수록된 산의 숫자와 서술 내용이 모두 크게 늘어났다.

산에 대한 서술 내용을 살펴보면, 아래의 충청도 연기현의 예와 같이 대부분의 군현에서 가장 먼저 진산을 언급하고 있으며, 주요 산들의 이름과 위치를 서술하였는데, 산의 위치는 읍치와의 거리로 표시하는 사례가 대부분이었다. 그 밖에『세종실록지리지』와 마찬가지로, 산에 따라서 이칭과 명칭 유래, 산과 관련된 전설·역사·제사 등을 소개하고 있다.『세종실록지리지』와 다른 점은 산에 관한 시·기행문 등 문학 작품을 싣고 있고,『세종실록지리지』에서 중요하게 다루어진 명산이 언급되어 있지 않다는 것이다. 그리고 산의 지형적 특징과 산에서 생산되는 특산물을 서술한 경우도 있었다. 전체적으로『세종실록지리지』에 비하면, 보다 일관된 서술 체계로 전국의 산이 정리되고 설명되어 있다.

성산(城山) 현 동쪽 1리에 있는 진산이다. 원수산(元帥山) 현 남쪽 5리에 있다. 고려 충렬왕 17년에 합단(哈丹)이 침범해 왔다. 왕이 구원병을 원나라에 청하니, 세조가 평장사 설도간을 보내어 군사를 거느리고 와서 돕게 하고, 왕

지리지를 이용한 조선시대 지역지리의 복원

표 2-2. 『신증동국여지승람』에 수록된 산의 숫자와 도별 비율

도	경기도	충청도	경상도	전라도	황해도	강원도	함경도	평안도	계
개수	234	322	368	307	159	149	128	210	1,877
비율	12.4	17.2	19.6	16.3	8.5	7.9	6.8	11.2	100

주1: 한성부와 개성부의 산은 경기도에 포함함.
주2: 도내에서 중복되는 산은 숫자에서 제외하였고, 다른 도와 중복되는 산은 숫자에 포함함.

이 한희유·김흔 등으로 하여금 3군을 거느리고 원나라 군사와 함께 합단의 군병과 더불어 본현 북쪽 청주 경계에 위치한 정좌산(正左山) 아래에서 싸워 크게 이기고 공주 웅진까지 추격하니, 땅에 깔린 시체가 30여 리까지 연하였으며, 벤 머리와 노획한 병기 등은 이루 헤아릴 수 없었다. 이래서 세속에서 지금까지도 그 군사가 주둔하였던 곳을 원수산이라 부른다. 윤기의 시에, "말 멈추고 서쪽으로 연기산(燕歧山) 바라보니, 뜬 구름 아지랑이 빛이 어이 그리 푸르른고. 길 가는 나그네 탄식하면서 가다 다시 멈추되, 이곳은 지난 날 큰 싸움터라네. … 어리석은 선비 다행하게도 성대를 만나서, 중천의 일월 빛을 다시 보게 되었다. 다니면서 성군(聖君)의 덕을 노래하고 성군의 수(壽)를 비노니, 원하건대 우리 임금 만세에 수하시고 창성하소서." 하였다. 용수산(龍帥山) 현 남쪽 3리에 있다. 정좌산(正左山) 현 북쪽 15리에 있다. 오봉산(五峯山) 현 북쪽 13리에 있다. 둔지산(屯智山) 현 남쪽 5리에 있다(『신증동국여지승람』 권18, 충청도, 연기현, 산천조).[6)]

한편 『신증동국여지승람』에 실려 있는 산은 모두 1,877개이며, 도별로는 경상도가 368개로 가장 많았다. 경상도·충청도·전라도 등 남부 지방의 3개도의 산이 전체의 53.1%를 차지하여 절반을 넘는다. 일반적으로 산악 지방이라

---

6) 한국고전종합DB(https://db.itkc.or.kr), 이하의 『신증동국여지승람』 인용문은 한국고전번역원의 한국고전종합DB 원문 및 번역문 서비스를 이용하였다.

고 인식하고 있는 강원도·함경도·평안도 등에 비해 남부 지방 3개도의 산이 더 많이 수록되어 있는 점은 주목할 만하다(표 2-2 참조).

다.『여지도서』

『여지도서』는 1757-1765년 사이에 각 군현에서 편찬한 읍지를 모아 책으로 묶은 것으로, 조선 후기 들어 간행된 지 270여 년이나 된 『신증동국여지승람』을 다시 고치고 그동안 달라진 내용을 싣기 위해서 1757년(영조 33) 홍양한의 건의로 왕명에 따라 홍문관에서 간행하였다. 중앙에서 직접 그 내용을 편찬하기보다는 각 군현의 읍지(邑誌)와 영지(營誌), 진지(鎭誌)를 모아 그대로 책으로 묶은 것이 특징이며, 당시 존재하였던 군현 중 39개 군현의 읍지는 누락되고, 총 295개의 읍지와 17개의 영지(營誌), 1개의 진지(鎭誌)가 수록되어 있다.7) 『여지도서』의 내용 구성은 『신증동국여지승람』에 비해 사회 경제적인 내용을 담고 있는 항목이 많이 추가되었으며, 산은 『신증동국여지승람』과 같이 산천조에 수록되어 있다.

『여지도서』는 산에 대한 설명이 『신증동국여지승람』에 비해 더 상세해졌다. 위치·명칭 유래·관련 시문(詩文)·전설 등은 물론이고, 아래의 사례와 같이 수록된 대부분의 산에 대해 다른 산과의 연결 관계를 밝히고 있다. 또한 『세종실록지리지』와 『신증동국여지승람』은 각 군현의 진산만 언급하였으나, 『여지도서』는 주산(主山)·안산(案山)·조산(祖山)까지 기록한 군현이 상당수 있다. 또한 산의 기록에 있어서도 사회 경제적 내용이 강화되어 산에 있는 봉수대와 각종 제단, 유명 인물의 무덤과 주거지 등을 언급하였고, 아래의 예와 같이 임산물 보호를 위해 봉산(封山)으로 지정된 사실을 밝히고 있다.

---

7) 국사편찬위원회가 간행한 『여지도서』 영인본에는 누락된 군현의 읍지를 보유편으로 수록하였다. 이 보유편은 『여지도서』와 비슷한 시기에 편찬된 읍지를 모은 것이다. 이 연구에서도 누락된 군현은 보유편을 이용하였다.

양각산(羊角山)은 관아의 서쪽 20리에 있다. 태백산에서 뻗어 나와 소백산·주흘산·조령·속리산·매곡산·가섭산을 지나 죽산부의 칠현산·구봉산·상량산을 거쳐 북쪽으로 달려서 서쪽으로는 대화산을 이루고 동쪽으로 뻗어 양각산을 이룬다. 양각산 기슭이 북쪽으로 뻗어 나가서 둔지산 기슭을 이루고, 남쪽으로 뻗어 보현산 기슭이 된다(『여지도서』, 경기도, 이천도호부, 산천조).8)

귀룡산(龜龍山)은 관아의 남쪽 2리에 있다. 사굴산에서 마치 거북이와 용과 같이 구불구불 뻗어 나와 읍터의 안산(案山)을 이룬다(『여지도서』, 경상도, 의령현, 산천조).9)

율치산(栗峙山)은 관아의 북쪽 30리에 있다. 임금의 관을 만드는 데에 사용하는 황장목(黃腸木)을 기르기 위해 백성들의 벌채를 금지하는 푯말을 산의 경계에 세웠다. 둘레는 20리이다(『여지도서』, 강원도 영월부, 산천조).10)

『여지도서』에 수록된 산의 숫자는 모두 2,345개로, 『신증동국여지승람』보다 468개가 더 늘어났다(표 2-3 참조). 도별로는 역시 경상도가 523개로 가장

표 2-3. 『여지도서』에 수록된 산의 숫자와 도별 비율

도	경기도	충청도	경상도	전라도	황해도	강원도	함경도	평안도	계
개수	270	317	523	388	205	174	161	307	2,345
비율	11.5	13.5	22.3	16.6	8.7	7.4	6.9	13.1	100

주1: 경기도에는 京兆와 松都의 산을 포함함.
주2: 도내에서 중복되는 산은 숫자에서 제외하였고, 다른 도와 중복되는 산은 숫자에 포함함.

---

8) 김우철 역주, 2009, 여지도서3-경기도 II, 디자인흐름, 195.
9) 변주승 역주, 2009, 여지도서42-경상도보유 II, 디자인흐름, 162.
10) 김우철 역주, 2009, 여지도서15-강원도 I, 디자인흐름, 218.

많았으며, 함경도가 161개로 가장 적었다. 수록된 산의 도별 비율은 충청도의 비중이 약간 낮아진 대신 경상도의 비중이 높아진 점을 빼면, 『신증동국여지승람』과 매우 유사하다.

(2) 지리지에 수록된 산의 지리적 성격

가. 자연 지리적 특성

산의 자연 지리적 특성은 위치와 규모, 지형, 지질, 기후 등의 측면에서 살펴볼 수 있다. 여기에서는 개별 산을 대상으로 하기보다는 지리지에 실려 있는 산의 특성을 도별·군현별로 살펴보기 위하여 규모와 위치를 중심으로 다루었다.

먼저 『신증동국여지승람』에 수록된 남한의 산 중, 위치 비정이 가능했던 735개 산의 높이를 도별로 정리하면 표 2-4와 같은데, 전국적으로 500-600m 사이의 산이 『신증동국여지승람』에 가장 많이 수록되어 있는 것을 알 수 있으며, 300-600m의 산이 전체의 4할 가까이를 차지하고 있다. 도별로는 100m에 못 미치는 산이 전라도와 강원도에 상당수 수록되어 있으며, 1,000m가 넘는 높은 산은 강원도와 경상도에 많이 실려 있는 것이 눈에 띈다. 가장 낮은 산은 강원도 양양도호부의 양야산으로 높이가 30m에 불과하다. 이 산은 바닷가에 솟아 있으며, 봉수대가 설치되어 있었다. 『신증동국여지승람』에 실려 있는 100m이하의 산들은 높이가 낮지만 해안이나 들판에 혼자 솟아 있고, 그래서 봉수대와 성이 있었던 곳이 많다. 가장 높은 산은 1,950m의 제주목 한라산이었으며, 1,000m 이상의 높은 산들은 태백산맥과 소백산맥이 지나는 군현에 주로 실려 있다.

한편 표 2-4의 『신증동국여지승람』에 수록된 남한 지역 산의 평균 높이는 555.1m이며, 도별로는 강원도가 803.6m로 가장 높았고, 그다음은 경상도

표 2-4. 『신증동국여지승람』에 수록된 남한 지역 산의 높이별 숫자

높이(m)	도					계
	경기도	충청도	경상도	전라도	강원도	
100 이하	3	1	4	13	8	29
100–200	14	11	26	30	1	82
200–300	12	15	21	19	2	69
300–400	16	21	24	25	4	90
400–500	17	15	20	32	2	86
500–600	8	21	31	30	2	92
600–700	12	10	26	17	2	67
700–800	3	14	25	15	1	58
800–900	5	9	26	11	8	59
900–1,000	3	6	9	3	7	28
1,000–1,100	0	8	12	3	3	26
1,100–1,200	1	1	9	4	6	21
1,200–1,300	0	1	6	5	1	13
1,300 이상	1	1	7	4	7	20
계	95	134	246	211	54	740

주1: 735개 산 가운데 위치는 확인할 수 있으나, 높이를 알 수 없는 21개 산은 제외함.
주2: 도내에서 중복되는 산은 숫자에서 제외하였고, 다른 도와 중복되는 산(26개)은 숫자에 포함함.

(616.8m), 충청도(543.7m), 전라도(491.7m)의 순이었으며, 경기도가 453.6m 로 가장 낮았다. 이는 산맥의 분포와 지형의 기복 등 각 도의 전반적인 지형 조건을 반영한 결과라 할 수 있다.

앞서 언급한 대로 『세종실록지리지』에는 표 2-5와 같이 명산이 기록되어 있다. 명산이라 하면 높고 웅장한 산을 생각하기 쉬우나, 대성산·금수산·비 백산과 같이 200m 내외의 높이를 지닌 산들도 포함되어 있다. 이것은 조선시 대 사람들이 명산을 꼽는 데는 규모뿐 아니라 다른 여러 가지 요인을 고려하 였음을 의미한다. 또한 위치에 있어 전국적으로 고르게 분포하지 않고 문경· 상주·원주 등 특정 군현에 명산이 집중되어 있는 것은 수록될 산을 선정하는 데 있어 지역별로 다른 기준을 적용한 것으로 보이는 『세종실록지리지』 편찬

표 2-5. 『세종실록지리지』에 수록된 명산의 높이

도	명산의 높이(m)와 소속 군현
경기도	감악산(적성, 675)
충청도	속리산(보은, 1,058), 죽령(단양, 689), 월악산(청풍, 1,097), 계룡산(공주, 845)
경상도	지리산(진주, 1,915), 장산(문경), 재목산(문경), 희양산(문경, 996), 관혜산(문경), 주흘산(문경, 1,108), 구봉산(상주, 877), 백화산(상주, 933), 사불산(상주, 912), 가야산(성주, 1,432), 금오산(선산, 977)
전라도	지리산(남원), 상산(무주, 1,038), 마이산(진안, 680), 변산(부안, 510)
황해도	수양산(해주, 899)
강원도	오대산(강릉, 1,563), 설악산(양양, 1,708), 치악산(원주, 1,288), 거슬갑산(원주, 590), 사자산(원주, 1,120)
평안도	대성산(평양, 270), 금수산(평양, 95)
함길도	비백산(정평, 157), 오압산(안변, 1,268), 백산(경성)

주1: 장산은 경상북도 문경시 호계면의 오정산(810m), 관혜산은 문경시 마성면의 백화산(1,063m)으로 추정되며, 재목산은 위치를 확인할 수 없음.
주2: 거슬갑산은 현재 명칭이 없어졌으나, 강원도 평창군 평창읍의 옥녀봉으로 비정됨.

그림 2-3. 명산으로 꼽힌 충청도 보은 속리산

지리지를 이용한 조선시대 지역지리의 복원

표 2-6. 『신증동국여지승람』에 수록된 각도별 진산의 높이

도	진산의 높이(m)와 소속 군현	평균 높이
경기도	화산(경도, 343), 검단산(광주, 650), 북성산(여주, 262), 설봉산(이천, 394), 정수산(양지, 380), 관악산(과천, 632), 계양산(395, 부평), 비봉산(91, 남양), 소래산(인천, 300), 비봉산(안성, 230), 북성산(김포, 150), 삼성산(금천, 481), 천덕산(양성, 324), 비아산(통진, 376), 불곡산(양주, 469), 성산(파주, 216), 망해산(272, 장단), 고려산(강화, 436)	355.6
충청도	대림산(충주, 489), 인지산(청풍, 531), 가섭산(음성, 710), 성산(영춘, 427), 용두산(제천, 871), 당선산(청주, 338), 왕자산(천안, 252), 마성산(옥천, 409), 사산(직산, 176), 작성산(목천, 496), 공산(공주, 110), 성흥산(임천, 260), 건지산(한산, 127), 마야산(은진, 152), 계족산(회덕, 424), 산장산(진잠, 266), 노산(이산, 348), 부소산(부여, 106), 성산(연기, 157), 월산(홍주, 394), 오산(서천, 127), 비홍산(홍산, 267), 우산(청양, 237), 봉수산(대흥, 483), 평산(결성, 209), 당산(보령, 351), 성산(183, 신창), 금오산(예산, 234)	326.2
경상도	낭산(경주, 100), 무리용산(울산, 451), 성황산(양산, 331), 도음산(흥해, 383), 윤산(동래, 318), 호학산(청하, 512), 운제산(영일, 480), 거산(장기, 252), 고헌산(언양, 1,034), 방광산(청송, 519), 덕봉산(예천, 373), 철탄산(영천, 275), 무둔산(영덕, 228), 마정산(군위, 402), 축산(용궁, 158), 화악산(밀양, 932), 오산(청도, 515), 마암산(경산, 756), 무락산(하양, 589), 유악산(인동, 839), 영취산(영산, 681), 화왕산(창녕, 758), 천봉산(상주, 436), 인현산(성주, 195), 비봉산(선산, 122), 오파산(금산, 328), 감문산(321, 개령), 귀산(지례, 320) 이산(고령, 311), 주흘산(문경, 1,108), 재악산(함창, 774), 비봉산(진주, 142), 백암산(함양, 623), 망운산(남해, 783), 건흥산(거창, 572), 덕산(의령, 238), 양경산(하동, 145), 분산(김해, 375), 첨산(창원, 641), 여항산(함안, 745), 계룡산(거제, 570), 무량산(고성, 583), 청룡산(칠원, 647), 옹산(옹천, 710)	490.3
전라도	건지산(전주, 99), 건자산(익산, 116), 소산(금산, 190), 대둔산(진산, 879), 호산(여산, 500), 봉두산(금구, 279), 발이산(옥구, 91), 모산(용안, 100), 함라산(함열, 241), 죽사산(태인, 133), 금성산(나주, 453), 무등산(광산, 1,187), 군니산(함평, 406), 반등산(고창, 734), 불대산(진원, 636), 승달산(무안, 319), 수인산(장흥, 562), 보은산(강진, 270), 금강산(해남, 488), 한라산(제주, 1,950), 한라산(대정, 1950), 추월산(담양, 731), 추산(순창, 433), 용강산(용담, 404), 용요산(임실, 490), 노산(무주, 420), 동락산(곡성, 737), 부귀산(진안, 806), 설산(옥과, 526), 인제산(순천, 346), 금전산(낙안, 668), 덕산(보성, 260), 지리산(구례, 1,915), 소이산(흥양, 291), 모후산(동복, 920), 나한산(화순, 666)	588.7
강원도	대관령(강릉, 832), 갈야산(삼척, 178), 설악산(양양, 1,708), 치악산(원주, 1,288), 봉산(춘천, 301), 비봉산(정선, 828), 발산(영월, 1,120), 노산(평창, 386), 석화산(홍천, 814), 고암산(철원, 780), 비봉산(양구, 458)	790.2

과정 때문이라 생각된다.

표 2-6은 『신증동국여지승람』에 실려 있는 진산 가운데 높이를 확인한 산들이다. 이를 살펴보면, 100m도 안 되는 산부터 남한에서 가장 높은 한라산까지 다양한 높이의 산들이 진산으로 정해졌음을 알 수 있다. 앞에서 살펴본 『신증동국여지승람』에 수록된 전체 산의 평균 높이와 비교해 보면, 전라도를 제외한 모든 도에서 진산의 평균 높이가 더 낮았다. 진산은 각 군현의 읍치와 밀접한 관련이 있으므로, 절대적인 높이보다는 읍치와의 거리와 읍치의 전체적인 공간 구성 등을 고려하여 결정되었기 때문이다.

지리지에는 산의 위치가 대개 소속 군현의 읍치에서 본 방향과 거리로 표시되어 있다. 『신증동국여지승람』에 쓰여 있는 진산의 위치를 도별로 정리하면, 표 2-7과 같다. 전체 255개의 진산 가운데 절반에 가까운 126개의 진산이 읍치의 북쪽에 있었다. 그다음 방향으로는 49개의 진산이 서쪽에, 40개의 진산이 동쪽에 있었다. 진산이 북쪽에 많은 것은 읍치가 북쪽으로 산을 등지고 남향으로 자리 잡으면, 일조 조건이 유리하고 겨울에 차가운 북서풍을 막을 수 있으며, 풍수지리설의 '배산임수(背山臨水)'에도 부합되기 때문이다. 북쪽에

그림 2-4. 명산인 지리산 주능선의 원경

지리지를 이용한 조선시대 지역지리의 복원

표 2-7. 「신증동국여지승람」에 수록된 진산의 위치

도	읍치를 기준으로 한 방향								계
	북	북동	동	남동	남	남서	서	북서	
경기도	10	0	5	0	1	0	6	0	22
충청도	14	2	4	0	4	0	11	1	36
경상도	30	2	9	1	6	1	11	0	60
전라도	23	2	8	0	4	0	4	2	43
강원도	17	0	1	0	0	0	5	2	25
황해도	14	1	2	0	1	0	3	0	21
평안도	15	3	9	0	2	0	4	1	34
함경도	3	0	2	0	2	1	5	1	14
계	126	10	40	1	20	2	49	7	255

진산을 둘 수 없는 군현은 차선책으로 서쪽에 진산을 두어 읍치가 동향을 취한 것으로 추정된다. 20개의 군현은 남쪽에 진산을 두었는데, 이는 충주목과 대구도호부, 청풍부의 사례와 같이 북쪽에 하천이 흐르는 등의 지형적인 요인이 작용하였다. 도별로 살펴보면, 충청도와 강원도는 다른 도에 비해 서쪽에 진산을 둔 군현이 많고, 반대로 평안도는 동쪽에 진산을 둔 군현이 많았다.

다음으로 읍치로부터 진산의 거리는 표 2-8로 정리하였다. 읍치로부터 5리이내에 있는 진산이 164개로 전체의 64.3%를 차지하였고, 6-10리 사이의 진산이 45개로 17.6%였다. 이와 같이 읍치 가까이에 있는 산을 진산으로 삼은 것은 읍치를 진호하고 상징하는 기능을 수행하기 위해서는 읍치에서 잘 보이는 거리에 진산이 있어야 한다고 생각하였기 때문이다. 또한 풍수적으로 '주산(主山)'의 기능을 담당할 수 있는 거리가 대체로 5리 이내로 간주한 것과 관련이 있다.[11] 풍수지리설에서 주산은 사신사(四神砂)의 현무(玄武)에 해당하며, 명당의 바로 뒤에 위치한 산이다. 『신증동국여지승람』에 기록된 진산 가

---

11) 최원석, 2003, "경상도 邑治 景觀의 鎭山에 관한 고찰," 문화역사지리 15(3), 127.

그림 2-5. 「해동지도」 충청도 청풍
부 부분. 읍치의 남쪽에 있는 진산의
예로, 충청도 청풍부 비봉산이다.
출처: 서울대학교 규장각한국학연구원

표 2-8. 「신증동국여지승람」에 수록된 진산의 읍치로부터의 거리

도	읍치로부터의 거리(리)								계
	0~5	6~10	11~15	16~20	21~25	26~30	30 이상	기록 무	
경기도	15	5	1	0	1	0	0	0	22
충청도	27	5	3	0	1	0	0	0	36
경상도	41	10	4	1	2	0	1	1	60
전라도	25	10	1	4	1	1	1	0	43
강원도	15	1	1	0	1	1	4	2	25
황해도	14	5	1	0	0	0	1	0	21
평안도	20	7	0	1	0	3	3	0	34
함경도	7	2	0	0	3	0	2	0	14
계	164	45	11	6	9	5	11	3	255

운데 읍치로부터 가장 먼 산은 평안도 이산군의 숭적산으로, 읍치로부터 동쪽
으로 125리나 떨어져 있다.

한편 지리지에는 일부 산에 대한 지형적 특징이 서술되어 있다. 중요하게 다
루어진 것은 산의 형태와 동굴·샘·못 등의 존재이다. 산의 형태에 대해서는
"높고 험하다.", "깎아지른 암벽으로 둘러싸여 있다." 등과 같은 일반적인 설
명도 있으나, 봉황·말·소 등 동물이나 가마솥·항아리·종과 같은 사물, 귀공
자·옥녀 등 사람에 비유하여 표현한 사례가 많으며, 이는 명명 유래와 연결되

기도 한다. 산의 형태를 동물이나 사물, 그리고 사람에 비유하여 인식하는 것은 풍수지리설의 형국론(形局論)의 영향이 컸다고 판단된다. 동굴·샘·못의 존재도 지형 그 자체로서의 의미보다 산에 신성함을 부여하는 역할을 하였다. 특히 샘과 못이 있는 산은 기우제를 지내는 곳으로 이용되는 경우가 대부분이었다.

나. 인문지리적 특성

『세종실록지리지』에는 명산, 진산, 그리고 특별한 구분이 없는 산 등 3가지 유형의 산이 수록되어 있다. 그 내용을 분석해 보면, 명산에 대한 서술은 그 규모나 경치에 대한 언급은 거의 없고 전부 제사에 대한 것이다. 대개 신라시대부터 제사를 지냈고 조선시대에도 중앙 정부나 지방 관아의 주도로 제사를 지낸다는 설명이다. 진산에 대해서는 제사에 대한 언급이 별로 없으나, 진산을 수도나 고을을 지켜주는 주요한 산으로 여겨 신라시대부터 제사를 지내온 것은 널리 알려진 사실이다.[12] 뿐만 아니라 특별한 구분이 없이 언급된 산들도 그 설명에서 대부분 "봄·가을에 제사를 지낸다.", "기우 제단이 있다." 등의 설명이 있다. 즉 『세종실록지리지』에 수록된 산들은 대부분 신앙의 대상이 된 산들이었다. 이러한 사실은 조선 초기까지 산은 사람들의 생활 공간이라기보다는 신성한 신의 공간이라는 인식이 더 강하였다는 것을 보여 준다.

『세종실록지리지』에 수록된 산들은 『신증동국여지승람』에도 대부분 수록되어 있다. 그러나 제사에 대한 내용이 상당히 줄었고, 중앙 정부나 지방 관아가 주관하는 제사보다는 기우제에 대한 내용이 주를 이루고 있다. 대신 산을 소재로 한 시와 기행문을 통해 산의 자연 경관을 묘사하고 역사를 설명하는 내용이 추가되었다. 또한 높이가 높지 않아도 성이 존재하거나 봉수대가 설치

---

12) 최원석, 2003, 위의 논문, 122.

된 산들이 거의 빠짐없이 수록되어 있다. 조선 초기에 비해 산이 사람들의 생활과 훨씬 가까워 진 것이다.

『신증동국여지승람』에 기록된 진산들의 인문지리적 특징을 살펴보면, 이러한 경향은 더욱 두드러진다. 먼저 진산은 상징적으로 고을을 지키는 역할뿐 아니라, 실제로 방어 기지 역할을 하였다. 위치를 확인할 수 있는 29개의 충청도 진산 중에 17개 산에 성이 있었으며, 이 때문에 진산의 이름이 '성산(城山)' 이거나 이름에 '성(城)'자가 들어간 사례가 6개에 달하였다. 그림 2-6은 경기도 파주목의 진산인 성산(城山)이다. 역시 진산에 성이 만들어져 있었다.

진산이 종교적인 기능을 가진 것은 이미 설명하였지만, 특히 고을의 수호신을 모시는 성황단과 가뭄 때 비를 기원하는 기우 제단 등 주민들의 생활과 밀접한 제사 기능을 수행하는 경우가 많았다. 경상도의 경우, 무리용산(울산)·운제산(영일)·고헌산(언양)·화악산(밀양)·망운산(남해) 등의 진산에 기우 제단이 있었으며, 양산군·예안현·비안현의 진산에는 성황단이 있어 '성황산(城隍山)'이라는 이름을 붙였다. 또한 '성황'이라는 이름이 붙어 있지 않으나, 진산에 성황단이 설치된 사례도 발견할 수 있다. 경상도 대구도호부의 진산인 연귀산에는 그림 2-7과 같이 성황단이 설치되어 있었다.

이러한 방어와 종교 기능 외에 지리지에 수록된 산들의 인문지리적인 특징으로, 왕릉·태실과 유명인의 무덤이 있다는 점, 유명인이 살았다는 점, 창고가 있거나 특별한 생산물이 있다는 점을 꼽을 수 있다. 이러한 특징은 조선 중기의 『신증동국여지승람』에도 나타나지만, 조선 후기에 발간된 『여지도서』에 특히 많이 언급되어 있다. 예를 들어 고려와 조선 왕실의 태실은 경상도의 산에 많은데, 풍기군의 소백산, 성주목의 조곡산과 선석산, 김산군의 황악산 등이 대표적이다. 유명인의 거주지로는 길재가 살았던 경상도 선산도호부의 금오산과 조식이 살았던 경상도 진주목의 덕산 등이 기록되어 있다. 특별한 물품의 산지로 언급된 산도 적지 않다. 강원도의 고성군 탄둔산, 영월군 율

그림 2-6. 『해동지도』 경기도 파주
목 부분. 진산인 성산에 성곽이 있다.
출처: 서울대학교 규장각한국학연구원

그림 2-7. 『해동지도』 경상도 대구
도호부 부분. 진산인 연귀산에 성황
단이 있다.
출처: 서울대학교 규장각한국학연구원

치산, 횡성현 덕고산은 임금의 관을 만드는 나무의 생산지로, 경기도 가평현
화악산과 경상도 흥해군 도음산은 각각 수레와 선박을 만드는 데 필요한 목재
생산지로 지정되어 사람의 출입이 금지되어 있다고 쓰여 있다. 또한 경상도
울산군의 달천산은 무쇠가 나와서 이것으로 농기구를 만들며, 경상도 의성현
의 황산은 뽕나무가 많아서 인근 주민들이 여기에 의지하여 누에를 길렀다고
기록되어 있다. 이러한 특징들은 산이 사람들의 거주지나 경제 활동의 장소로
인식되었다는 점을 의미한다.

끝으로 지리지에 수록된 산의 특성과 관련해 빼놓을 수 없는 것이 풍수지리설과의 관련성이다. 『신증동국여지승람』은 전라도 나주목의 "재신산(宰臣山)은 목사의 비보(裨補)이며, 시랑산(侍郎山)은 판관의 비보이다."와 진원현의 "불대산(佛臺山)은 지술(地術)을 하는 사람이 산에 달리는 용의 형세가 있다 하여 절을 세우고 상하연(上下淵)이라 일컫고 산세를 다스렸다."라는 사례와 같이 비보풍수와 관련된 일화를 소개하는 정도이지만, 『여지도서』에 이르면, 풍수 용어와 풍수적 설명이 매우 빈번하게 등장한다. 앞 시기의 지리지와 달리 산의 연결 관계를 상세하게 설명하면서 내맥(來脈)·대맥(大脈)·주맥(主脈)·낙맥(落脈)·후맥(後脈) 등의 용어를 사용하며, 산의 특성을 "읍의 청룡(靑龍)이 된다.", "고을의 차주(借主)를 이룬다.", "읍치의 원조(遠朝)가 된다.", "읍치의 바깥 백호(白虎) 줄기를 이룬다."라고 묘사하고 있다. 이와 같은 서술 경향에서 조선 후기에 들어와 산을 이해하고 바라보는 데 풍수지리적인 관점이 더욱 일반화되었고, 나아가 강화되었을 것이라는 짐작이 가능하다.

2) 하천

하천은 인간 생활에 필수적인 물을 공급하는 역할을 한다. 하천은 사람들이 마시고 생활하는 데 필요한 물뿐 아니라, 농사를 짓고 상품을 만드는 데 요구되는 각종 용수를 공급한다. 또한 하천은 고대부터 중요한 교통로였다. 하천 자체가 수상 교통로로서 여객과 화물을 실어 나르는 데 이용되었으며, 육상교통로, 즉 도로도 과거에는 하천을 따라 나 있는 경우가 많았다. 물은 가장 평평한 곳을 따라 흐르므로 이를 따라 도로를 만들면 가장 편한 길이 되기 때문이다. 이와 같이 하천은 사람과 물자가 교류하는 통로 구실을 하였으며, 이러한 교류를 통해 하천을 중심으로 한 생활권, 문화권이 형성되었다.

따라서 우리 선조들은 산만큼 하천도 중요하게 생각하였다. 조선시대에 자연을 인식하는 데에도 이원적인 자연 인식 체계가 있었다. 산을 중심으로 한 체계와 하천을 중심으로 한 체계가 그것이다. 전자의 대표적인 예가 『산경표(山經表)』이며, 후자의 예가 19세기 초 정약용(丁若鏞)이 쓴 『대동수경(大東水經)』이다.[13]

하천에 대한 가장 망라적인 기록은 역시 지리지이다. 산에 대한 기록과 마찬가지로, 『세종실록지리지』는 하천에 대한 기록이 다른 지리지에 비해 적고, 수록된 하천의 숫자도 매우 적다. 『신증동국여지승람』, 『여지도서』, 『대동지지』는 수록된 하천의 숫자는 다소 차이가 있으나 그 기록 내용이 유사하였다. 그래서 앞서 산의 분석과 같이, 『신증동국여지승람』을 기본 자료로 삼고, 조선 전기와 조선 후기에 각각 만들어진 『세종실록지리지』와 『여지도서』를 비교하여 하천에 대해 고찰하였다.

(1) 지리지의 하천에 대한 기록

가. 『세종실록지리지』

앞에서도 살펴보았듯이, 『세종실록지리지』는 항목이 명확하게 구분되어 있지 않다. 하천은 각 군현의 연혁에 대한 설명 다음에, 별다른 표제어 없이 산·고개 등의 지형지물과 함께 수록되어 있다. 『세종실록지리지』에 수록된 지형지물 가운데 물과 관련된 것은 강(江)·천(川)·수(水)·포(浦)·탄(灘)·지(池)·연(淵)·담(潭)·정(井)·도(渡)·진(津) 등 다양하다.[14] 이 가운데 하천으로 볼 수 없는 지(池)·연(淵)·담(潭)·정(井)은 분석 대상에서 제외하고, 강(江)·천(川)·수(水)를 분석하였다. 그리고 일반적으로 여울을 의미하는 탄, 나루를 의미하는 진과 도, 물가를 뜻하는 포의 경우에도 다음과 같이 그 설명으로 미루

---

13) 양보경, 1994, "조선시대의 자연 인식 체계," 한국사시민강좌 14, 일조각, 76-77.
14) 지명의 접미어로 정리하였다.

어 보아 하천으로 간주할 수 있는 것은 분석 대상에 포함하였다.

풍탄(楓灘)은 군(郡) 북쪽에 있다. 진주(晉州) 남강(南江)에서 흘러온다(『세종실록지리지』, 경상도, 함안군).

대천(大川)은 상진(上津)이다. 동쪽으로 영춘(永春)으로부터 와서 군의 북서쪽을 지나 청풍(淸風) 지경으로 들어간다(『세종실록지리지』, 충청도, 단양군).

또한 아래의 같이 하천과 관계가 없어 보이는 교량이나 제방을 뜻하는 량(梁)이나 벼랑을 의미하는 천(遷)으로 끝난 것 중에도 하천으로 추정되는 경우도 있다. 이들도 역시 분석 대상에 포함하였다.

대천(大川)이 1이니, 두령량(頭靈梁)이다. 현의 남쪽 서애(西崖)에 있다. 돌산이 우뚝 서서 강에 임하였는데, 이것이 용진명소(龍津溟所)가 되었다. 봄과 가을에 그 고을에서 제사지낸다(『세종실록지리지』, 전라도, 무안현).

대천(大川)은 관지오지천(串知烏智遷)이다. 그 근원이 둘이니, 하나는 삭주(朔州)로부터 나오고 다른 하나는 옛 구주(龜州) 백령산(白嶺山)으로부터 나와서, 이곳에 이르러 합류하여 박주강(博州江)으로 들어간다(『세종실록지리지』, 평안도, 태천군).

하천과 관련된 또 다른 이름으로 '명소(溟所)', '연소(衍所)'가 있다. 위의 전라도 무안현의 두령량이 용진명소라는 기록을 포함하여 『세종실록지리지』에는 다음과 같이 모두 5개의 명소와 3개의 연소가 수록되어 있다. 명소는 강

지리지를 이용한 조선시대 지역지리의 복원

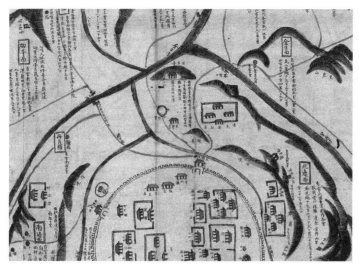

그림 2-8. 「1872년 지방지도」 충청도 충주목 부분. 읍치 서북쪽을 흐르는
남한강 변의 탄금대에 양진명소 제단이 묘사되어 있다.
출처: 서울대학교 규장각한국학연구원

과 바다의 신에게 제사를 지내는 곳이며, 연소도 아래의 『세종실록지리지』와
『신증동국여지승람』의 기록을 볼 때,[15] 역시 제사를 지내는 장소였다. 그러나
아래 양진명소(楊津溟所)와 웅진연소(熊津衍所)의 기록에는 하천의 흐름에
대해 기재되어 있어 하천으로 간주할 수도 있다.

  대천(大川)은 양진명소(楊津溟所)이다. 청풍(淸風)으로부터 시작하여 충주
  서남쪽으로 흘러 여강(驪江)이 된다. 봄과 가을에 나라에서 향축(香祝)을 내
  려 제사를 지내는데, 소사(小祀)로 한다. 양진연소(楊津衍所)는 봄과 가을에
  소재관(所在官)으로 하여금 제사를 지내게 한다(『세종실록지리지』, 충청도,
  충주목).

---

15) 『신증동국여지승람』, 전라도, 광산현, 사묘조(祠廟條)에 "용진연소(龍津衍所) 현의 서쪽 30
  리에 있다. 춘추에 본읍에서 제사를 올린다."라는 기록이 있다.

대천(大川)은 웅진연소(熊津衍所)이다. 연기(燕岐)로부터 와서 주의 북쪽을 지나, 서쪽으로 흘러서 부여(扶餘)에 이르는데, 소재관에게 제사를 지내게 한다(『세종실록지리지』, 충청도, 공주목).

웅진명소(熊津溟所)는 봄과 가을에 소재관에게 제사를 지내게 한다(『세종실록지리지』, 충청도, 서천군).

덕진명소(德津溟所)는 현 북쪽에 있는데, 제전(祭田)을 두고, 소재관에게 제사를 지내게 한다(『세종실록지리지』, 강원도, 이천현).

진명소(津溟所)는 부성(府城) 동쪽 대동문(大同門) 밖의 강변 덕암(德岩)에 있다. 진분소(津墳所)는 부 동쪽 대동강 가의 술당(述堂)에 있다. 진연소(津衍所)는 부의 북쪽 장수역(長壽驛)에 있다(『세종실록지리지』, 평안도, 평양부).

특히 양진명소와 덕진명소는 다음과 같이 『세종실록지리지』의 군현 설명에 앞서 정리되어 있는 각도의 대천 항목에 하천으로 설명되어 있다. 이와 같이 『세종실록지리지』의 명소와 연소 가운데 확실하게 제사 장소뿐 아니라 하천으로도 볼 수 있는 경우에는 하천으로 분류하여 분석하였다.

양진명소(楊津溟所)는 그 근원이 강원도 영서(嶺西)로부터 나와서 며촌(旀村) 방림역(芳林驛)을 지나 평창군 북쪽에 이르러 용연진(龍淵津)이 되고, 영월군 서쪽에 이르러 가근동진(加斤同津)이 되고, 군 남쪽에 이르러 금장강(錦障江)과 합류하여, 영춘·단양·청풍을 지나 충주에 이르러 연천(淵遷)이 되고, 경기 여흥 우음안포(亏音安浦)에 들어간다(『세종실록지리지』, 충청도).

지리지를 이용한 조선시대 지역지리의 복원

이천(伊川) 덕진명소(德津溟所)는 그 근원이 함길도 안변 임내 영풍현(永豐縣) 경계 방장동(防墻洞)에서 시작하여, 남쪽으로 경기 안협에 이르러서 황포(黃浦)가 되니, 곧 임진강(臨津江)의 상류이다(『세종실록지리지』, 강원도).

한편 『세종실록지리지』의 하천 기록의 특징으로, 위의 사례와 같이 '대천(大川)'이라는 언급을 시작으로 하천을 기록한 경우가 많다. 산을 언급할 때, '명산' 또는 '진산'이라고 지칭한 것과 마찬가지이다. 그런데 '대천'은 각 군현의 주요한 강이나 큰 강이라는 의미도 있지만, 앞에서 살펴본 '명산'과 마찬가지로 제사와 관련된 장소에 부여된 명칭이기도 하였다. 여기에 대해서는 뒤에 다시 살펴볼 것이다. 하천에 대한 설명으로는 위의 인용문에서 볼 수 있듯이 발원지와 경유지, 그리고 합류점 등이 적혀있고, 아래의 인용문과 같이 이칭, 고증, 그리고 옛 고사 등이 적혀 있다.

기탄(岐灘)은 현의 북쪽 10리에 있는데, 예전에는 기평도(岐平渡)라 하였다(『세종실록지리지』, 황해도, 강음현).

대천(大川)은 … 웅진도(熊津渡)이다. 예전에 영란진(營瀾津)이 있었는데 이곳이 아닌가 한다(『세종실록지리지』, 충청도, 공주목).

대천(大川)은 청천강(淸川江)이다. 주성(州城) 북쪽을 둘러 있다. 예전에는 살수(薩水)라 일컬었으니, 곧 고구려 을지문덕(乙支文德)이 수(隋)나라 장수 우문술(于文述), 우중문(于仲文) 등 아홉 장군을 패퇴시킨 땅이다. 조준(趙浚)이 일찍이 시(詩)를 짓기를, "살수가 출렁출렁 푸른 하늘에 잠겼는데, 수병(隋兵) 백만이 고기가 되었구나. 지금도 어초부(漁樵夫)의 이야기로 남아 있으나, 한갓 나그네의 웃음거리도 되지 못하네."라고 하였다(『세종실록지리

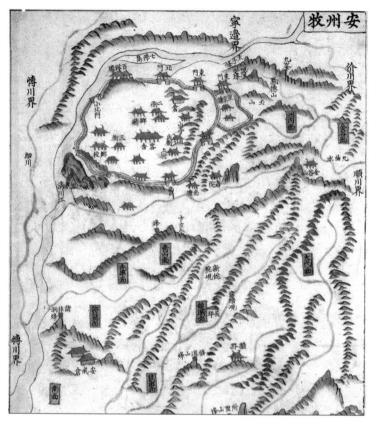

그림 2-9. 「광여도」 평안도 안주목 부분. 청천강이 안주목을 감싸 흐르고 있다.
출처: 서울대학교 규장각한국학연구원

지』, 평안도, 안주목).

『세종실록지리지』에 수록된 하천의 숫자는 모두 96개로, 앞서 살펴본 산의 221개에 비해 훨씬 적었다.[16] 우리나라 지형의 특성상 산 지명에 비해 하천

---

16) 도조(道條)에도 각 도에 속한 대천이 언급되어·있으나, 그 하천이 속한 군현에 중복하여 소개되므로 군현조에 실려 있는 하천의 숫자만 계산하였다. 또한 역, 진도 등 교통과 관련해 언급된 하천도 제외하였다.

지리지를 이용한 조선시대 지역지리의 복원

표 2-9. 『세종실록지리지』에 수록된 하천의 숫자와 도별 비율

도	대천	하천	계	비율
경기도	1	4	5	5.2
충청도	10	3	13	13.5
경상도	10	9	19	19.8
전라도	3	6	9	9.4
황해도	0	7	7	7.3
강원도	6	6	12	12.5
평안도	11	0	11	11.5
함길도	4	16	20	20.8
총계	45	51	96	100

주1: 한성부, 개성유후사의 하천은 경기도에 포함하였음.
주2: '하천'은 대천이라는 언급 없이 수록된 하천임.
주3: 중복되어 나타나는 하천은 1개로 처리함.

지명의 숫자가 적은 것이 반영되었고, 산에 비해 중복되어 기재된 하천이 많은 것도 영향을 미쳤을 것이다.[17] 중복되어 기록된 하천으로는 경상도에서 낙동강(洛東江)이 상주·성주·선산 등 3개 군현에, 남강이 합천·초계·진주 등 3개 군현에, 평안도에서 압록강(鴨綠江)이 의주·여연·자성·무창·우예·위원 등 6개 군현에, 독로강(禿魯江)이 강계·위원 등 2개 군현에, 함길도에서 두만강(豆滿江)이 경원·회령·종성·은성·경흥 등 5개 군현에 기재되었다.

96개 하천의 숫자를 도별로 정리한 것이 표 2-9이다. 함길도가 20개로 하천이 가장 많았고, 그다음은 경상도가 19개였으며, 가장 적은 도는 5개인 경기도였다. 이러한 도별 하천의 숫자는 실제 하천의 숫자를 반영하기보다는 『세종실록지리지』 편찬 때에 수록할 강의 선정 기준에 따른 것으로 보인다. 전체 하천 가운데 대천으로 분류한 것이 절반 가까이를 차지하는 것으로 볼 때, 국가 제사인 중사(中祀)의 대상이었던 독(瀆)과 소사(小祀)의 대상이었던 대

---

17) 중복되어 기록된 하천은 1개로 간주하였다.

천을 우선적으로 기록한 것으로 생각된다. 조선 초의 독은 경성(京城)의 한강(漢江), 경기도의 덕진(德津), 충청도의 웅진(熊津), 경상도의 가야진(伽倻津), 평안도의 평양강(平壤江)과 압록강 등 6곳이었다. 그리고 대천은 경기도의 양진(楊津), 충청도의 양진명소, 강원도의 덕진명소, 황해도의 장산곶(長山串)·아사진송곶(阿斯津松串), 함길도의 비류수(沸流水), 평안도의 청천강·구진익수(九津溺水) 등이었다.[18] 이긍익(李肯翊)의 『연려실기술(燃藜室記述)』과 비교해 보면, 18세기에 독은 두만강이 추가되어 7곳이었고, 대천은 변화가 없었다.[19]

나. 『신증동국여지승람』

『신증동국여지승람』은 산천조에 하천이 기록되어 있다. 그런데 산천조에는 하천뿐만 아니라 여울과 나루 등 하천과 직접 관련이 있는 것들도 같이 포함되어 있다. 하천과 여울, 나루의 구분은 일차적으로 앞서 언급한 바와 같이 그 이름으로 판단할 수 있다. 그러나 이름으로 보아 하천으로 간주할 수 없는 탄(灘)·포(浦)·진(津)·도(渡)·연(淵)·계(溪)·호(湖)·담(潭)·량(梁)·파(派)로 끝나는 경우에도 아래의 예와 같이 하천의 특정 부분을 가리키는 이름으로 사용된 경우가 적지 않다. 그래서 이름 뒤에 따르는 설명을 통해 하천 여부를 판단하여 분석 대상으로 삼았다. 량의 예로 언급된 두령량은[20] 위에서 살펴본 바와 같이 『세종실록지리지』에도 등장한다.

병탄(幷灘)은 군 서쪽 45리 지점에 있다. 여강(驪江) 물과 용진(龍津) 물이 여기에서 합류하기 때문에 병탄이라고 한다(『신증동국여지승람』, 경기도, 양근

---

18) 『태종실록』 권 28, 태종 14년 8월 21일.
19) 李肯翊, 『燃藜室記述』 別集4, 「祀典典故」, 嶽海瀆山川.
20) 두령량은 전라남도 무안군 일로읍과 영암군 학산면 사이의 영산강을 말한다.

지리지를 이용한 조선시대 지역지리의 복원

군).

굴포(堀浦)는 현 동쪽 17리 지점에 있다. 물 근원이 인천부(仁川府) 정항(井項)에서 나오는데, 북쪽으로 흘러 고도강을 지나서 통진현 연미정(燕尾亭)으로 흘러든다. 강에 해마다 다리를 놓는데 그 비용이 적지 않았다. 본현 사람 양성지(梁誠之)가 공조 판서가 되었을 때 계청하여 도선(渡船)을 설치하였다(『신증동국여지승람』, 경기도, 김포현).

다라고비진(多羅高飛津)은 부 남쪽 67리 되는 곳에 있다. 대천과 진위현(振威縣) 장호천(長好川)의 물이 여기에서 합류하여, 또 남쪽으로 흘러 바다에 들어간다(『신증동국여지승람』, 경기도, 수원도호부).

조강도(祖江渡)는 현 동쪽 15리 지점에 있다. 한강과 임진강이 합쳐져서 이 강이 된다(『신증동국여지승람』, 경기도, 통진현).

계원연(鷄原淵)은 쌍벽루(雙碧樓) 아래에 있는데, 물이 두 근원이 있으니, 하나는 원적산(圓寂山)에서 나오고 하나는 범곡부곡(凡谷部曲)에서 나오는데, 이곳에서 합쳐서 호포(狐浦)로 흘러 들어간다(『신증동국여지승람』, 경상도, 양산군).

물야계(勿也溪)는 현 북쪽 18리에 있다. 근원이 문수산에서 나와, 내성현(奈城縣)을 지나, 영천군(榮川郡)의 동쪽에 이르러서 임천(臨川)이 된다(『신증동국여지승람』, 경상도, 봉화현).

금호(琴湖)는 부의 서북으로 11리에 있다. 그 근원이 둘이 있는데, 하나는 영천(永川郡) 보현산(普賢山)에서 나오고, 하나는 모자산(母子山)에서 나와서 서쪽으로 흘러 사문진(沙門津)으로 들어간다(『신증동국여지승람』, 경상도, 대구도호부).

용유담(龍遊潭)은 군 남쪽 40리 지점에 있으며, 임천(瀶川)의 하류이다. 담의 양 곁에 편평한 바위가 여러 개 쌓여 있는데, 모두 갈아놓은 듯하다. 옆으로 벌려졌고 곁으로 펼쳐져서, 큰 독 같은데 바닥이 보이지 않을 정도로 깊기도 하고, 혹은 술 항아리 같은데 온갖 기괴한 것이 신의 조화 같다. 그 물에 물고기가 있는데 등에 가사(袈裟) 같은 무늬가 있는 까닭으로 이름을 가사어(袈裟魚)라 한다. 지방 사람이 말하기를, "지리산 서북쪽에 달공사(達空寺)가 있고, 그 옆에 저연(猪淵)이 있는데 이 고기가 여기서 살다가, 해마다 가을이면 물을 따라 용유담에 내려왔다가, 봄이 되면 달공지(達空池)로 돌아간다. 그 까닭으로 엄천(嚴川) 이하에는 이 고기가 없다. 잡으려는 자는 이 고기가 오르내리는 때를 기다려서, 바위 폭포 사이에 그물을 쳐 놓으면 고기가 뛰어오르다가 그물 속에 떨어진다."고 한다. 달공은 운봉현 지역이다(『신증동국여지승람』, 경상도, 함양군).

두령량(頭靈梁)은 현에서 남으로 60리 떨어져 있다. 서쪽으로 흘러서 영암(靈巖) 바다로 들어간다(『신증동국여지승람』, 전라도, 무안현).

수삼파(水三派)는 고을 서쪽 25리에 있다. 구월산 중턱에서 세 줄기의 물이 각각 다른 골짜기에서 나오니 부연(釜淵), 마연(馬淵), 요연(腰淵)이라 하는데, 합류하여 서쪽으로 바다에 들어간다(『신증동국여지승람』, 황해도, 장련현).

지리지를 이용한 조선시대 지역지리의 복원

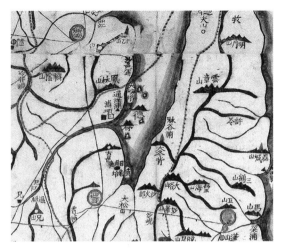

그림 2-10. 『대동여지도』 부분. 『신증동국여지승람』, 영일현, 산천조에 수록된 통양포
(通洋浦)와 임곡포(林谷浦)는 지도상으로 하천이 아닌 것으로 확인된다.

출처: 서울대학교 규장각한국학연구원

또한 포와 진은 하천이 아닌 해안과 관련된 경우도 상당수 발견되었다. 아래
와 같은 예들이 있다. 『신증동국여지승람』의 기재 내용으로 보아 해안으로 추
정되거나, 『대동여지도』 등 고지도를 이용해 해안에 위치한 것이 확인된 포와
진은 분석 대상에서 제외하였다.

개포(介浦)는 현의 동쪽 6리에 있는데, 일찍이 병선(兵船)을 배치했었으나,
해문(海門)이 광활하기 때문에 항상 풍랑의 근심이 있어서, 영일현(迎日縣)
경계인 통양포(通洋浦)로 옮겨 배치했다. 세상에 전하는 말로는, "신라 때
에 군영(軍營)을 설치하고 해안 개포 세 곳에 해자(海子)를 파서 왜적을 막았
다."하였는데, 그 길이는 각각 2리이고, 깊이는 두어 길이 되었으며, 그 유적
이 아직도 남아 있다(『신증동국여지승람』, 경상도, 청하현).

포이진(包伊津)은 고을 북쪽 20리에 있으며, 어량이 있다(『신증동국여지승

람』, 경상도, 흥해군).

『신증동국여지승람』의 하천에 대한 서술 내용은 앞의 사례에서 볼 수 있듯이 읍치로부터의 위치와 발원지, 유로와 경유지 등이 대부분이나, 다음과 같이 명칭 유래, 하천과 관련된 전설, 특산물과 어량(魚梁) 설치, 하천의 특징에 대해 언급한 경우도 있다. 그리고 아래의 성주목 동안진(東安津)의 사례와 같이, 하천을 소재로 한 시·기행문 등 문학 작품을 싣고 있으나, 산에 대한 그것에 비해 숫자가 적다.

축천(丑川)의 축(丑)은 혹 축(畜)으로도 쓴다. 부의 동북방에 시냇물이 들이치므로 마을을 설치할 때에 술자(術者)의 말을 따라서 쇠로 소를 만들어 기세를 누르도록 하였다. 이 때문에 축천이라 부르게 되었는데 그 소는 지금도 남아있다(『신증동국여지승람』, 전라도, 남원도호부).

주진(注津)은 현의 북쪽 15리, 즉 경주 안강현(安康縣) 형산포(兄山浦) 하류에 있으며, 동쪽은 바다로 흘러 들어간다. 전하는 말에 의하면, 매년 겨울이면 청어가 반드시 맨 먼저 여기에서 잡힌다 하는데, 먼저 나라에 진헌한 다음에야 모든 읍에서 그것을 잡았다. 잡히는 것의 많고 적음으로 그 해의 풍흉을 짐작했다 한다(『신증동국여지승람』, 경상도, 영일현).

덕지탄(德之灘)은 군 북쪽 7리에 있다. 그 근원이 둘이 있어서 하나는 관여령에서 나오고, 또 하나는 영흥부 죽전령에서 나와 조장탄(照章灘)과 합류하여 군청 남쪽을 지나 이 여울이 되고 동남쪽으로 흘러 바다로 들어가는데, 어량(魚梁)의 이익이 온 도내의 으뜸이다(『신증동국여지승람』, 함경도, 고원군).

무한천(無限川)은 무한산(無限山) 서쪽에 있는데, 홍주(洪州) 여양천(驪陽川)의 하류이다. 매양 여름철에 물이 넘쳐흐르면 큰 뱀이 산에서 나와 냇물에 잠복하여 사람과 가축에 우환을 준다(『신증동국여지승람』, 충청도, 예산현).

북천(北川)은 고을 북쪽 10리에 있으며, 물이 넘치면 바로 읍성으로 들이닥치기 때문에 둑을 쌓아서 막았다(『신증동국여지승람』, 경상도, 양산군).

동안진(東安津)은 주 동쪽 26리에 있고, 소야강(所耶江)의 하류다. 채련(蔡璉)의 시에, "긴 물결은 출렁거리고 푸른 비늘 물고기는 살쪘는데, 손님에 익숙한 모래 갈매기는 가까이 가도 날지 않는다. 만 리에 길들이기 어려운 것이 너 하나뿐 아니다. 흙먼지가 사람의 옷을 더럽혔다고 무시하지 말라."하였다 (『신증동국여지승람』, 경상도, 성주목).

표 2-10은 이러한 분석과정을 통해 하천으로 분류된 『신증동국여지승람』 산천조의 하천 숫자를 도별로 정리한 것이다. 모두 967개로 『세종실록지리지』에 비해 그 숫자가 훨씬 많다. 가장 많은 하천이 기록된 도는 경상도로 210개였으며, 가장 적은 하천이 기록된 곳은 강원도로 57개였다. 산지에 비해 상대적으로 평지의 비중이 높은 도에 하천의 숫자가 많은 것으로 나타났으나, 이러한 하천 숫자의 도별 편차는 지형과 하천의 숫자를 바로 반영하는 것은

표 2-10. 『신증동국여지승람』에 수록된 하천의 숫자와 도별 비율

도	경기도	충청도	경상도	전라도	황해도	강원도	함경도	평안도	계
개수	125	157	210	148	74	57	83	113	967
비율	12.9	16.2	21.7	15.3	7.7	5.9	8.6	11.7	100

주1: 한성부와 개성부의 하천은 경기도에 포함함.
주2: 중복된 하천은 숫자에서 제외함.

아닐 것이다. 정확하게 말하면, 하천 지명의 숫자 차이이다. 대체로 하나의 산에 하나의 이름이 독립적으로 명명되는 산에 비해, 하천은 하나의 하천이라도 지류와 각 구간에 다른 지명이 붙여진 경우가 많기 때문이다.

다. 『여지도서』

『신증동국여지승람』과 마찬가지로 하천은 『여지도서』에도 산천조에 수록되어 있다. 그렇지만 일관된 편찬 체제가 적용된 『신증동국여지승람』과 달리, 『여지도서』는 각 군현에서 편찬한 읍지를 그대로 모았기 때문에 도와 군현에 따라 기록의 편차가 있다. 더욱이 『여지도서』는 39개 군현의 읍지가 누락되어 있기 때문에 여기에서 자료로 사용한 국사편찬위원회의 영인본에는 유사한 시기에 편찬된 읍지를 보유편(補遺編)으로 함께 묶었다. 따라서 자료의 통일성, 완결성 등의 측면에서는 『여지도서』가 『신증동국여지승람』에 못 미친다고 할 수 있다. 그렇지만 『여지도서』 산천조에 수록된 하천의 숫자는 표 2-11에서 볼 수 있듯이 모두 1,177개로 『신증동국여지승람』에 비해 200여 개 늘어났다. 가장 많은 하천이 기록된 도는 253개의 경상도였고, 가장 적은 하천이 기록된 도는 79개의 함경도였다. 도별로 군현의 숫자의 차이가 많으므로 이를 감안하면, 황해도가 군현당 5.4개의 하천이 기록되어 가장 많았으며, 그다음은 군현당 4개의 하천이 기록된 강원도였고, 군현당 기록된 하천의 숫자가 가장 적은 곳은 평안도로 2.9개였다. 나머지 도들은 3.3개에서 3.6개 사이로 비슷하였다.

표 2-11. 『여지도서』에 수록된 하천 숫자와 도별 비율

도	경기도	충청도	경상도	전라도	황해도	강원도	함경도	평안도	계
개수	134	176	253	186	124	104	79	121	1,177
비율	11.4	15.0	21.5	15.8	10.5	8.8	6.7	10.3	100
군현당 하천 수	3.6	3.3	3.6	3.3	5.4	4.0	3.4	2.9	

주: 도내에서 중복되는 하천은 숫자에서 제외함.

화인진(化仁津)은 관아의 북쪽 26리에 있다. 곧 차탄(車灘)의 하류이다. 한
줄기는 옥천군의 덕대산(德大山)에서 흘러와 화인진의 하류로 유입되고, 한
줄기는 전라도 진산군 서대산에서 흘러와 옥천군 군서면을 지나 화인진 하
류 회인현과의 경계에서 합류하여 회인현을 지나 말흘탄(末訖灘)이 되고, 문
의현과의 경계에서 형각진(荊角津)이 되며, 공주(公州)를 지나 금강(錦江)이
되고 웅진(熊津)이 되며, 부여(扶餘)에 이르러 백마강(白馬江)이 되며, 임천
(林川), 석성(石城) 두 고을 경계에 이르러 고성진(古城津)이 되고, 서천군(舒
川郡)에 이르러 바다로 들어간다(『여지도서』, 충청도, 옥천군).21)

『여지도서』의 하천에 대한 설명은 『신증동국여지승람』과 큰 차이가 없었
다. 위의 인용문과 같이 읍치로부터의 거리와 발원지, 유로와 경유지, 합류점
등을 서술한 것이 대부분이나, 아래의 인용문과 같이 하천의 자연 및 인문지
리적 특징을 기술한 내용도 있다.

경상포(境上浦)는 관아의 서쪽 12리에 있다. 용골산 북동(北洞)에서 흘러나
와 바다로 흘러 들어간다. 이것도 조금만 가물면 이내 물이 마르는 하천이다
(『여지도서』, 평안도, 용천부).22)

적천(赤川)은 관아의 서북쪽 5리에 있다. 물고기를 잡는 어량(魚梁)이 있었으
나 지금은 없어졌다. 서읍령(西泣嶺)에서 흘러나오며, 동쪽으로 구불구불 50
리를 흘러서 바다로 들어간다(『여지도서』, 경상도, 영해도호부).23)

---

21) 김우철 역주, 2009, 여지도서9-충청도 II, 디자인흐름, 196-197.
22) 이철성 역주, 2009, 여지도서19-평안도 II, 디자인흐름, 81.
23) 변주승 역주, 2009, 여지도서36-경상도 VI, 디자인흐름, 214-215.

용왕연(龍王淵)은 관아의 동쪽 30리, 경상도 하동(河東) 화개(花開)와의 경계에 있다. 바닷물이 이곳까지 올라온다. 아래로 흘러 섬진(蟾津)에 이른다(『여지도서』, 전라도, 구례현).[24]

(2) 지리지로 본 조선시대 하천에 대한 인식

현대 지리 교과서나 한국지리 서적에서는 우리나라 주요 하천을 꼽을 때 유로의 길이와 유역 면적을 지표로 삼는다(표 2-12 참조). 이에 따라 압록강·두만강·한강·낙동강·대동강·금강을 6대 하천으로 꼽는다.

그럼 조선시대 사람들은 어느 하천을 주요 하천 내지 대천(大川)으로 인식하였을까? 이익(李瀷)의 『성호사설(星湖僿說)』에는 압록강·대동강·한강을 큰 강으로 꼽고, "이 세 강은 모두 동북에서 서남쪽으로 흘러서 하늘과 서로 들어맞는다."라고 기록하고 있지만,[25] 그보다 훨씬 이른 시기의 『세종실록지리지』의 기록에서 더 자세한 내용을 발견할 수 있다. 『세종실록지리지』에는 각 도마다 별도로 대천을 기록해 놓았는데, 이를 정리한 것이 표 2-13이다.

모두 25개 하천을 꼽았는데, 의외로 강원도가 6개로 가장 많은 숫자를 기록했다. 하천의 이름을 보면, 현재와는 다른 이름으로 불리었던 것이 많다. 충청도의 웅진은 금강을, 양진명소는 그 기록으로 미루어[26] 충주에서 달천(達川)과 합류하는 남한강 상류를 지칭한다. 경상도의 황둔진(黃芚津)은 거창·합천·초계를 흐르는 황강(黃江)을 말한다. 전라도의 남포진(南浦津)은 영산강,

---

24) 변주승 역주, 2009, 여지도서44-전라도 VI, 디자인흐름, 285.
25) 李瀷, 『星湖僿說』卷1, 天地門, 首艮尾坤.
26) 『세종실록지리지』 충청도조의 양진명소에 대한 기록은 다음과 같다.
　　"양진명소는 그 근원이 강원도 영서로부터 나와서 며촌(旀村) 방림역(芳林驛)을 지나 평창군 북쪽에 이르러 용연진(龍淵津)이 되고, 영월군 서쪽에 이르러 가근동진(加斤同津)이 되고, 군 남쪽에 이르러 금장강(錦障江)과 합류하여, 영춘·단양·청풍을 지나 충주에 이르러 연천(淵遷)이 되고, 경기 여흥 우음안포(亐音安浦)에 들어간다."

지리지를 이용한 조선시대 지역지리의 복원

표 2-12. 우리나라 주요 하천

하천	유역면적(㎢)	유로연장(km)	발원지
압록강	62,638.7	790.4	함남 갑산군 보혜면 백두산
두만강	41,242.9	520.5	함북 무산군 삼장면 백두산
한강	26,018.0	481.7	강원 삼척시 하장면 대덕산
낙동강	23,817.3	521.5	강원 태백시 함백산
대동강	16,464.6	431.1	평남 영원군 소백면 낭림산
금강	9,810.4	395.9	전북 장수군 장수읍 사두봉
임진강	8,117.5	254.0	함남 문천군 풍상면 두류산
청천강	6,143.8	212.8	평북 희천군 신풍면 석립산
섬진강	4,896.5	212.3	전북 진안군 백운면 팔공산
예성강	4,048.9	174.3	황해 수안군 서촌면 대각산
재령강	3,670.9	129.2	황해 해주시 나덕면 지남산
대령강	3,634.6	150.1	평북 삭주군 남서면 천마산
영산강	3,371.3	136.0	전남 담양군 용면 용추봉
단천남대천	2,404.8	161.4	함남 갑산군 진동면 화동령
성천강	2,338.4	98.6	함남 신흥군 하원천면 금패령
북청남대천	2,055.7	66.5	함남 북청군 곡이면 통팔령
어랑천	1,897.9	103.4	함북 경성군 주남면 궤상봉
안성천	1,699.6	66.4	경기 안성시 삼죽면 국사봉
삽교천	1,611.7	61.0	충남 홍성군 장곡면 화동령
만경강	1,570.9	74.1	전북 완주군 동상면 원등산

출처: 朝鮮總督府 朝鮮地誌資料(권혁재, 2003, 한국지리, 법문사, 68.에서 재인용)

표 2-13. 『세종실록지리지』에 수록된 도별 대천

도	하천	도	하천
경기도	한강, 임진강	황해도	벽란도(碧瀾渡)
충청도	웅진(熊津), 양진명소(楊津溟所)	강원도	소양강(昭陽江), 모진(母津), 섬강(蟾江), 덕진명소(德津溟所), 금장강(錦障江), 가근동진(加斤同津)
경상도	낙동강, 남강(南江), 황둔진(黃芚津)	평안도	대동강, 왕성강(王城江), 청천강, 박천강(博川江), 압록강
전라도	남포진(南浦津), 잔수진(潺水津), 신창진(新倉津), 동진(東津)	함길도	두만강, 용흥강(龍興江)

그림 2-11. 금강의 이칭인 熊津의 유래가 된 공주 웅진[곰나루]의 水神제단

잔수진(潺水津)은 섬진강, 신창진(新倉津)은 만경강, 동진(東津)은 동진강의
별칭이다. 황해도의 벽란도(碧瀾渡)는 예성강이다. 강원도의 모진(母津)은 소
양강과 합류하기 이전의 북한강 상류를 가리키며, 덕진명소는 임진강의 상류
이며, 금장강(錦障江)은 남한강 상류인 동강의 이칭이었다. 가근동진은 영월
에서 동강과 만나 남한강 상류를 이루는 평창강을 가리킨다. 평안도의 왕성강
(王城江)은 평양을 흐르는 대동강의 이칭이었고, 박천강(博川江)은 대령강의
이칭이다.

앞의 표 2-12와 표 2-13을 비교해 보면, 현대 한국의 주요 강으로 꼽히는
하천이 『세종실록지리지』에도 거의 빠짐없이 기록되었음을 확인할 수 있다.
표 2-12의 15위까지 하천 가운데 『세종실록지리지』에 기록이 없는 것은 재
령강(載寧江), 단천남대천뿐이다. 길이가 길고 하천 유역이 넓은 하천을 조선
초에도 대천으로 정확하게 인식하고 있었던 것이다. 주목할 만한 점은 한강의
경우, 남한강과 북한강은 물론, 그 지류인 소양강·섬강·동강·평창강 등을 모
두 대천으로 간주하였다는 것이다. 한반도의 허리 역할을 하는 한강을 가장

그림 2-12. 남한강과 북한강이 합류하는 두물머리

중요시한 것으로 생각된다. 또한 한강, 낙동강 등은 하나의 강으로 보기보다는 여러 개로 나누어 인식한 것으로 해석할 수 있다. 오늘날보다 하천과 그 유역을 더 작게 나누어 인식한 것이다.

또한 『세종실록지리지』의 대천의 명칭 가운데 웅진·황둔진·남포진·잔수진·신창진·동진·벽란도·모진·가근동진 등 나루 이름을 붙인 명칭이 매우 많다. 이는 하천 그 자체보다도 하천에 있는 나루와 포구를 더 중요하게 생각하였다는 의미이며, 하천을 중요한 교통로이자 지역 간의 통로로 인식한 것에서 비롯되었다고 할 수 있다. 18세기 이후 상공업의 발달과 유통 경제의 확대, 지역 간의 교류 증대 등 사회 경제적 변화를 반영하여 강을 중심으로 한 지역관이 형성되었다는 견해가 있으나,[27] 이보다 훨씬 전부터 산과 달리 하천은 교통 또는 인간 생활과 밀접한 관련 속에서 인식하였음을 알 수 있다. 사실 하천이 교통로로 이용된 것은 고대부터이며, 고려시대에는 이미 하천과 바다를

---

27) 양보경, 1994, 앞의 논문, 92.

이용하여 세미(稅米)를 운반하는 조운로(漕運路)가 운영되었다.[28]

이와 같이 하천은 교통, 경제의 주요한 기반으로 인식되는 한편, 산에서도 볼 수 있듯이 신성한 장소로도 여겨져 제사의 대상이 되었다. 표 2-13의 양진명소와 덕진명소가 대표적인 예이다. 양진명소는 남한강 상류를 이르는 명칭이기도 하지만, 원래 충주 탄금대 부근에 있던 제사 장소였다. 고려시대부터 존재하였으며,[29] 조선 초기에는 『세종실록지리지』의 앞의 인용문에서 보듯이 소사(小祀)로써, 봄과 가을에 제사를 올렸다. 덕진명소도 강원도 이천현 북쪽에 있던, 소사를 올리던 제사 장소였다. 이들 소사의 대상이 된 대천은 기우(祈雨), 치병(治病)을 비롯해 민간에서 발생하는 재앙을 막는 데 도움이 되는 존재로 규정하였다.[30]

이러한 하천에 대한 인식은 대천이 아닌 일반 하천의 명칭에서도 드러난다. 앞에서 살펴본 바와 같이, '산(山)'이나 '봉(峰)'으로 명칭이 한정된 산과 달리 하천은 매우 다양한 명칭으로 불리었다. 3종의 지리지에서 그 용례를 발견할 수 있는 것만 해도 강(江)·천(川)·수(水)·포(浦)·탄(灘)·지(池)·연(淵)·담(潭)·도(渡)·진(津)·계(溪)·호(湖)·량(梁)·파(派)·천(泉) 등으로 매우 다양하다.[31] 이렇게 산에 비해 하천에 다양한 명칭을 부여한 것은 그 자연 및 인문지리적인 특징을 반영하여 명칭을 세밀하게 구분하여 사용할 필요성이 있었기 때문이며, 이는 그만큼 하천이 산에 비해 인간 생활과 밀접한 관련을 맺어왔다는 증거라 할 수 있다. 한편으로, 산은 하나의 산에 대개 하나의 명칭이 붙이는 데 비해, 하천은 지류뿐 아니라 본류의 경우에도 각 구간이나 장소마다 다른 명칭을 붙이는 경우가 많다.

---

28) 안수한, 1995, 한국의 하천, 민음사, 30-32.
29) 『高麗史』卷56, 志10, 地理1, 楊廣道, 忠州牧.
30) 한형주, 2002, 조선초기 국가제례 연구, 일조각, 191.
31) 지명의 접미어로 정리하였다.

한강(漢江)은 그 근원이 강원도 오대산(五臺山)으로부터 나와 영월군 서쪽에 이르러 여러 내를 합하여 가근동진(加斤同津)이 되고, 충청도 충주의 연천(淵遷)을 지나서 계속해서 서쪽으로 흘러 여흥을 지나 여강(驪江)이 되고, 천녕에서 이포(梨浦)가 되며, 양근에서 대탄(大灘)이 되고, 또 사포(蛇浦)와 용진(龍津)이 되었으며, 한 줄기는 인제현의 이포소(伊布所)로부터 나와 춘천에 이르러 소양강(昭陽江)이 되고, 남쪽으로 흘러 가평현 동쪽에서 안판탄(按板灘)이 되고, 양근 북쪽에서 입석진(立石津)이 되며, 또 남쪽에서 용진도(龍津渡)가 되고, 사포(蛇浦)로 들어가서 두 물이 합하여 흘러 광주 경계에 이르러서 도미진(渡迷津)이 되고, 또 광진(廣津)이 되었으며, 서울 남쪽에 이르러 한강도(漢江渡)가 되고, 서쪽에서 노도진(露渡津)이 되며, 서쪽에서 용산강(龍山江)이 되었는데, 경상·충청·강원도 및 경기 상류에서 배로 실어 온 곡식이 모두 이곳을 거치어 서울에 다다른다. 강물이 도성 남쪽을 지나 금천 북쪽에 이르러 양화도(楊花渡)가 되고, 양천 북쪽에서 공암진(孔岩津)이 되며, 교하 서쪽 오도성(烏島城)에 이르러 임진강(臨津江)과 합하고, 통진 북쪽에 이르러 조강(祖江)이 되며, 포구곶이[浦口串]에 이르러서 나뉘어 둘이 되었으니, 하나는 곧장 서쪽으로 흘러 강화부 북쪽을 지나 하원도(河源渡)가 되고, 교동현 북쪽 인석진(寅石津)에 이르러 바다로 들어가니, 황해도에서 배로 실어 온 곡식이 이곳을 지나 서울에 다다른다. 하나는 남쪽으로 흘러 강화부 동쪽 갑곶이나루[甲串津]를 지나서 바다로 들어가니, 전라·충청도에서 배로 실어 온 곡식이 모두 이곳을 거쳐 서울에 다다른다.[32]

위의 내용을 보면, 한강이 각 장소와 구간마다 여강(驪江)·이포(梨浦)·대탄(大灘)·사포(蛇浦)·용산강(龍山江)·조강(祖江) 등 여러 명칭으로 불리었

---

32) 세종대왕기념사업회, 1972, 세종장헌대왕실록 24, 25-26.

표 2-14. 『신증동국여지승람』에 수록된 하천의 명칭에 따른 숫자

명칭	경기도	충청도	경상도	전라도	황해도	강원도	함경도	평안도	계	비율
~천(川)	52	75	106	92	22	26	45	52	470	48.6
~강(江)	9	4	12	3	5	5	9	22	69	7.1
~포(浦)	30	36	29	25	24	1	7	13	165	17.1
~진(津)	12	28	28	13	3	13	5	7	109	11.3
~탄(灘)	11	11	19	6	16	4	12	11	90	9.3
~도(渡)	11	2	–	2	–	–	–	–	15	1.6
~연(淵)	–	–	4	4	1	4	1	3	17	1.8
~수(水)	–	–	3	–	1	2	3	1	10	1.0
~계(溪)	–	1	7	1	–	–	1	–	10	1.0
~천(泉)	–	–	–	–	1	1	–	3	5	0.5
~담(潭)	–	–	1	1	–	–	–	–	2	0.2
기타	–	–	1	1	1	1	–	1	5	0.5
개수	125	157	210	148	74	57	83	113	967	100

주: 기타에는 각각 1개를 기록한 ~지(池), ~정(井), ~호(湖), ~량(梁), ~파(派)가 포함됨.

고, 특별히 곡식을 나르는 조운로로서의 기능을 강조하고 있음을 확인할 수 있다. 그리고 언급된 명칭 중에는 나루와 포구, 여울 등 교통과 관련된 명칭이 많다. 즉 조선시대 사람들은 하천을 하나의 연결된 흐름으로 중요한 교통로이자 교류의 통로로 인식하였으며, 한편으로 이를 소지역 단위로 나누어 구분하여 인식한 것이다. 이러한 경향은 『신증동국여지승람』에 수록된 하천의 명칭을 후부 요소별로 구분하여 그 숫자를 정리한 표 2-14에서도 확인할 수 있다.

『신증동국여지승람』에 수록된 967개의 하천 이름 가운데 ~천이 가장 많은 470개로 절반 가까이를 차지하였다. ~천 다음에는 ~포의 비중이 17.1%로 가장 높았으며, 그다음은 ~진, ~탄, ~강의 순이었다. 하천의 이름으로 많이 쓰일 것으로 추정하는 ~강보다 교통과 관련이 있는 이름인 ~포, ~진, ~탄의 비중이 높게 나타났다. 그리고 ~천의 비중이 가장 높은 도는 전체 하천 이름 중 62.2%를 점한 전라도였다. ~포의 비중이 가장 높은 도는 전체 하천 명칭의 32.4%를 차지한 황해도였으며, ~진의 비중이 가장 높은 도는 전체의 22.8%

지리지를 이용한 조선시대 지역지리의 복원

그림 2-13. 남한강의 이포

를 차지한 강원도였다. 그런데 강원도에서는 ~포가 한 곳밖에 사용되지 않았다. ~탄의 비중이 가장 높은 도는 황해도였으며, 역시 교통과 관련된 ~도는 경기도에 집중적으로 분포하였다. ~강은 평안도에서 가장 많이 사용되었다.

한편 조선시대 하천을 부르는 명칭이 이렇게 다양한 이유는 아직까지 해명된 바 없다. 정약용의 『대동수경』에서는 하천의 명칭에 대해 다음과 같이 언급하였다.

상고하여 보면, 고금에 강(江)과 하(河)의 이름을 달리 불렀는데 물이 곤륜산(崑崙山)에서 발원한 것은 하(河)라고 하였으며, 민산(岷山)에서 발원한 것은 강(江)이라 하였다. 여러 고경(古經)을 고찰해 보면 서로 명칭을 혼동하지 않았다. 즉 시경(詩經)에 이르길 "하수(河水)가 양양하다."고 하고, 또 이르길 "강이 길다"고 하였다. 한(漢)·진(晋) 이후에는 북방을 물을 통칭하여 하(河)라고, 남방의 물을 강(江)이라 하였다. … 우리나라 사람들은 남북을 막론하고 다 강(江)이라 명명하였으며, 강계(江界), 강동(江東), 강서(江西)의 이름은 북쪽에 있고, 청하(淸河), 하동(河東), 하양(河陽)의 이름은 남쪽에 있어 모두 중국의 명칭과 상반된다. 또한 임진강(臨津江), 동진강(東津江), 달천강(達川江), 청천강(淸川江), 신연강(新淵江), 사호강(沙湖江) 등 명칭의 중첩이 심하다. 그러므로 지금 선생은 수경(水經)에서 그 옛 명칭을 모두 떼어버리고 일정한 이름을 정하였는데, 곧 압록강은 녹수(淥水)로 하고, 두만강은 만수(滿水)로 하였다. 이 지역 내의 물은 다 이 사례를 적용하였다.[33]

즉 『대동수경』이 저술된 19세 초까지도 하천 이름의 명명에 대한 일관된 기준이 없었던 것이다. 중국에서는 대체로 회수(淮水)를 기준으로, 그 북쪽의 하천에는 하, 남쪽의 하천에는 강을 붙였으나, 우리나라는 그러한 기준이 없었다. 또한 진(津), 천(川), 연(淵), 호(湖) 등 하천에 붙이는 명칭과 강을 중복하여 이름 지은 경우도 많다고 지적하며, 수(水)라는 명칭으로 통일하여 사용할 것을 제안하였다.

---

33) 丁若鏞(강서영 외 역), 1992, 대동수경, 과학원출판사(여강출판사 영인), 7-10.

2. 기후와 토양

1) 기후

기후는 기온·강수·바람·습도 등의 기후 요소에 의해 결정되며, 인간 생활에 많은 영향을 미친다. 특히 기후는 지형·토양·식생 등 다른 환경 요소보다 인간 생활에 즉각적일 뿐만 아니라 장기적으로 영향을 준다. 기후의 중요성은 크게 정적인 면과 동적인 면에서 찾아볼 수 있다. 정적인 면에서 기후 환경은 인간의 의식주에 직·간접적으로 미치는 영향이 크며, 특히 농업에 끼치는 영향이 지대하다. 기후가 다른 환경 요소와 확연히 구별되는 점은 공간적으로나 시간적으로 매우 동적이라는 점이다. 다른 환경 요소에 비해 빠른 속도로 변화하며 크고 작은 변화가 계속되고 있다. 기후는 공간적으로 다양하게 바뀌면서 지표면의 경관을 다양하게 만들고 있다.[34]

흔히 우리나라 기후의 특징을 꼽을 때 가장 강조하는 것은 사계절이 뚜렷하

---

34) 이승호, 2007, 기후학, 푸른길, 28-30.

다는 점이다. 사계절이 뚜렷하게 나타나는 까닭은 여름이 매우 덥고 겨울이 매우 추워서 봄과 가을이 부각되기 때문이다. 이러한 기온의 변화는 특히 농업에 매우 큰 영향을 미친다. 그중에서도 중요한 것이 겨울 기온이었다. 겨울 기온에 따라 재배하는 작물이나 논의 그루갈이 등이 결정되기 때문이다.[35] 오늘날과 같이 기온을 극복할 수 있는 여러 가지 시설이나 방법이 없었던 조선시대에는 농업에 있어 기온이 절대적인 요소였다.

이 때문인지 지리지 가운데 유일하게 『세종실록지리지』에는 일부이긴 하나 군현의 기후를 기온을 중심으로 기록한 부분이 있다. 이 절에서는 이러한 기록을 통해, 당시 사람들이 각 지역의 기후 특성을 어떻게 이해하고 있었는지 살펴보자.

(1) 『세종실록지리지』의 기후 기록

앞서 언급한 바와 같이 『세종실록지리지』는 다른 지리지와 달리 항목이 명확하게 구분되어 있지 않다. 그렇지만 모든 군현이 거의 동일한 체제와 순서로 내용이 구성되어 있는데, 기후에 대한 기술은 다음과 같이 토양에 대한 기술 다음에, 농경지 면적에 앞서 등장한다. 이러한 서술 방식과 순서는 당시 사람들이 기후를 토양과 함께 농업과 관련지어 중요시하였음을 보여 준다. 그리고 당시에는 기후, 날씨를 '풍기(風氣)'라는 용어로 불렀던 것으로 보인다.

> 厥土堉, 山峻早寒, 墾田四千三百四十三結(『세종실록지리지』, 경기도, 양근군)

> 厥土肥堉相半, 近海風氣早暖, 墾田四千三百四十八結(『세종실록지리지』, 경기도, 남양도호부)

---

35) 권혁재, 2003, 앞의 책, 111–117.

표 2-15. 도별 기후 기록이 있는 군현 수

군현 수	경기	충청	경상	전라	황해	강원	평안	함길	전체
기후기록이 있는 군현	19	25	56	14	17	18	15	4	168
기후기록이 없는 군현	22	30	10	42	7	6	32	17	166
전체	41	55	66	56	24	24	47	21	334

주: 경도한성부와 구도개성유후사는 제외하였다.

그런데 『세종실록지리지』의 기후에 대한 기술은 토양에 대한 그것보다 더 적다. 『세종실록지리지』에 수록되어 있는 경도한성부와 구도개성유후사와 전국 334개 부·목·군·현 가운데 기후에 대한 기술이 있는 군현의 수는 표 2-15와 같이 거의 절반에 해당하는 168개이다. 경도한성부와 구도개성유후 사는 기록이 없으며, 함길도는 21개 군현 중에 4곳의 기록만 있다. 이에 비해 총 66개 군현 가운데 56곳의 기후를 기록한 경상도가 기록이 가장 많은 도이 다. 그다음은 총 24개의 군현 중에 각각 18곳과 17곳의 기후를 기록한 강원도 와 황해도이다.

『세종실록지리지』라는 하나의 책 속에 이렇게 도별로 기후 기록이 차이가 나는 것은 당시 자료의 유무나 기록의 세밀함에 있어서의 편차 탓으로 볼 수 도 있으나, 기후에 있어 다른 지역과 다른 특징이 나타나는 군현 위주로 서술 을 하였기 때문일 수도 있다. 이를 확인하기 위해서는 기후를 구체적으로 어 떻게 서술하였는지를 살펴보아야 한다.

『세종실록지리지』에서 기후를 표현한 사례를 정리해 보면, 다음과 같이 20 가지의 다양한 유형이 있다.

① 날씨가 가장 춥다(風氣最寒).

② 날씨가 모질게 춥다(風氣苦寒).

③ 날씨가 심하게 춥다(風氣甚寒).

④ 날씨가 많이 춥다(風氣多寒 / 風氣寒多).

⑤ 많이 춥고 서리가 빠르다(多寒早霜).

⑥ 날씨가 몹시 춥다(風氣沍寒).

⑦ 날씨가 춥다(風氣寒).

⑧ 날씨가 춥고 서리가 일찍 내린다(風寒早霜).

⑨ 날씨가 일찍 추워진다(風氣早寒).

⑩ 산이 높아 일찍 추워진다(山峻早寒 / 山高風氣早寒 / 地高風氣早寒).

⑪ 날씨가 일찍 추워지고 늦게 따뜻해진다(風氣早寒晩暖).

⑫ 날씨가 7월에 추워지기 시작하고 4월에 따뜻해지기 시작한다(風氣七月 始寒 四月始暖).

⑬ 산이 높아 서리가 일찍 내린다(山高早霜 / 山高霜早).

⑭ 날씨가 바다에 둘러싸여 춥고 따뜻한 것이 고르지 않다(風氣環海 寒暖 不常).

⑮ 날씨가 춥고 따뜻한 것이 알맞다(風氣寒暖適中).

⑯ 날씨가 빨리 따뜻해진다(風氣早暖).

⑰ 바다와 가까워 날씨가 빨리 따뜻해진다(近海風氣早暖/風氣近海早暖).

⑱ 날씨가 조금 따뜻하다(風氣稍暖).

⑲ 날씨가 따뜻하다(風氣暖).

⑳ 날씨가 많이 따뜻하다(風氣多暖).

앞에서 언급한 바와 같이 농업에 영향을 미치는 기온과 관련된 표현이 대부분을 차지하며, 따뜻함이나 더위보다는 추위와 관련된 표현이 더 다양하다. 추위와 같은 겨울 기온이 농업에 더 결정적인 영향을 미치기 때문에 이를 더 자세히 분류하고 묘사한 것으로 생각된다. 추위와 더위 외에 서리와 관련된 표현이 많은 것도 같은 이유이다. 서리는 농작물에 상해(霜害)를 입히며, 봄의 마지막 서리부터 가을의 첫서리 사이의 기간, 즉 서리가 내리지 않는 기간인 무상 기간(無霜期間)은 농작물의 생육 기간과 밀접한 관계가 있기 때문이다.

또한 20가지 기후 표현 가운데에는 기후의 특징을 지역의 위치, 지형과 관련하여 표현한 것이 적지 않다. '산준조한(山峻早寒)', '산고풍기조한(山高風氣早寒)', '산고상조(山高霜早)'와 같이 산악 지역이어서 일찍 추워지거나 서리가 일찍 내린다는 표현, '풍기근해조난(風氣近海早暖)'과 같이 바다와 가까워 일찍 따뜻해진다는 표현 등이 그러한 예이다. 지형의 고저, 수륙의 분포 등이 기후를 결정하는 중요한 원인임을 당시 사람들도 정확하게 파악하고 있었던 것이다. 한편으로 이러한 표현들은 다른 지역과 상대적인 비교를 통해 얻어진 것이다. 따라서 조심스럽지만, 기후에 대한 서술이 생략된 군현은 다른 곳과 뚜렷하게 구분되는 특징이 없는 지역이었다고 가정할 수도 있다.

20가지 유형 중에 가장 빈도가 높은 표현은 ⑲의 '풍기난(風氣暖)'으로 57개 군현이 이에 해당하였으며, 이어 34개 군현이 ⑦의 '풍기한(風氣寒)'이었다. 29개 군현의 ⑨'풍기조한(風氣早寒)', 14개 군현의 ④의 '풍기다한(風氣多寒)' 또는 '풍기한다(風氣寒多)'가 그 뒤를 이었다. ①은 함길도 온성도호부, ⑤는 평안도 양덕현, ⑧은 평안도 여연군, ⑪은 황해도 안악군, ⑭는 경기도 교동현, ⑯은 경기도 강화도호부, ⑱은 충청도 청산현, ⑳은 충청도 태안군에서만 사용된 표현이다. 그리고 ②는 갑산군·회령도호부 등 함길도의 2개 군현에서만, ③은 자성군·무창군·우예군 등 평안도의 3개 군현에서만, ⑬은 황주목·평산도호부·토산현·문화현·송화현 등 황해도의 5개 군현에서만, ⑮는 괴산군·청주목·옥천군·문의현 등 충청도의 4개 군현에서만, ⑰은 남양도호부·부평도호부·인천군·해풍군·김포현 등 경기도의 5개 군현에서만 사용되었다.

(2) 도별 기후의 특징

지역별 기후의 특징을 살펴보기 위해 위의 20가지의 기후에 대한 표현 중 유사한 것들을 합쳐보았다. 어감의 차이는 분명히 있으나, 위의 ①부터 ⑥까지를 묶어 '다한(多寒)'으로 하였고, ⑦과 ⑧을 합쳐 '한(寒)', ⑨에서 ⑫까지를 묶어 '조한(早寒)', ⑬·⑭·⑮는 각각 별도로 '조상(早霜)', '한난불상(寒暖不常)', '한난적중(寒暖適中)', ⑯과 ⑰을 합쳐 '조난(早暖)', ⑱과 ⑲를 묶어 '난(暖)', 그리고 ⑳을 '다난(多暖)'으로 하였다. 모두 9개 유형인데, 여기에 기록이 없는 군현까지 포함하여 도별 비율을 정리한 것이 표 2-16이다.

기록이 없는 군현까지 포함하여 비율을 분석한 것은 그 숫자가 전체 군현의 절반에 가깝고, 위에서 추정한 바와 같이 기후 기록이 없는 군현을 그 지역의 평균적인 기후를 보이거나, 특별한 특징이 없는 곳이라고 가정할 수 있기 때문이다. 따라서 그 숫자까지 넣어 분석해야만 각 도의 전반적인 특징이 드러날 것이다.

먼저 전국적으로는 기록이 없는 군현이 49.7%로 가장 많았고, 그다음은 '난' 즉 날씨가 따뜻한 군현이 17.3%였으며, '조한' 즉 날씨가 일찍 추워지는 군현이 10.8%로 그 뒤를 이었다. 그러나 '다한'·'조한'·'한'·'조상' 등 상대적으로 추운 날씨를 가진 군현의 비율을 합치면 29.4%로, '조난'·'난'·'다난' 등 온난

표 2-16. 각 도의 기후 유형별 비율

기후	도별 기후 유형의 비율(괄호 안은 군현 수)								계
	경기	충청	경상	전라	황해	강원	평안	함길	
多寒	–	14.5(8)	–	–	8.3(2)	12.5(3)	12.8(6)	14.3(3)	6.6(22)
寒	–	16.4(9)	13.6(9)	5.4(3)	4.2(1)	41.7(10)	6.4(3)	–	10.5(35)
早寒	29.3(12)	3.6(2)	–	10.7(6)	37.5(9)	–	12.8(6)	4.8(1)	10.8(36)
早霜	–	–	–	–	20.8(5)	–	–	–	1.5(5)
寒暖不常	2.4(1)	–	–	–	–	–	–	–	0.3(1)
寒暖適中	–	7.3(4)	–	–	–	–	–	–	1.2(4)
早暖	14.6(6)	–	–	–	–	–	–	–	1.8(6)
暖	–	1.8(1)	71.2(47)	8.9(5)	–	20.8(5)	–	–	17.3(58)
多暖	–	1.8(1)	–	–	–	–	–	–	0.3(1)
기록 無	53.7(22)	54.6(30)	15.2(10)	75.0(42)	29.2(7)	25.0(6)	68.0(32)	80.9(17)	49.7(166)
합계	100(41)	100(55)	100(66)	100(56)	100(24)	100(24)	100(47)	100(21)	100(334)

지리지를 이용한 조선시대 지역지리의 복원

한 날씨를 가진 군현의 비율을 합친 19.4%보다 높았다.

도별로 살펴보면, 가장 다양한 유형의 날씨가 나타나는 도는 충청도였다. 충청도는 '한난적중', 즉 춥고 따뜻한 것이 알맞은 날씨가 유일하게 분포하는 도이기도 하였다. 그리고 '난'이 71.2%를 차지한 경상도를 제외한 모든 도는 따뜻한 날씨를 특징으로 하는 군현보다 추운 날씨를 특징으로 하는 군현의 비율이 높았다. 남부 지방의 전라도도 기록이 없는 군현이 절반 가까이를 차지하긴 하나, '난'이 8.9%인데 비해, '한'과 '조한'을 합쳐 16.1%였다.

경기도는 '한'과 '난'은 없는 대신, '조한'과 '조난'이 각각 29.3%와 14.6%를 점하였다. 다른 지역에 비해 날씨가 빠르게 변화한다고 할 수 있다. 강원도는 '한'이 41.7%, '난'이 20.8%를 차지하여 지역에 따른 기온의 차이가 심한 것을 추정할 수 있고, 황해도·평안도·함길도는 '다한'·'한'·'조한'·'조상'만 나타나 역시 추운 날씨를 반영하고 있다. 황해도는 '조한'의 비율이 가장 높아 경기도와 마찬가지로, 날씨의 변화가 빠르다는 것을 알 수 있으며, 평안도와 함길도는 '다한'의 비율이 높았다.

(3) 군현별 기후의 특징

표 2-17은 위의 9개 기후 유형에 따라 전국의 군현을 정리한 것이며, 그림 2-14는 이를 지도화한 것이다. 예상과 달리, '다한'으로 기록된 군현이 가장 많은 도는 충청도였다. 충청도에서 '다한'으로 기록된 군현은 서해에 면한 결성현을 제외하고 모두 동부 및 중부의 내륙에 위치한 곳들이었다. 영춘현·연풍현·황간현 등은 소백산지에 있으며, 청안현·회인현·전의현도 산간 분지에 있어 겨울 기온이 상대적으로 낮은 지역이다.

충청도 다음으로는 평안도에 '다한'인 군현이 많았다. 강계·자성·무창·우예 등은 모두 평안도 최북단의 자강고원(慈江高原)에 속하는 산악 지역이며, 평안도 동남단에 위치한 양덕현도 낭림산맥이 동쪽으로 지나가는 고원 지대

표 2-17. 기후 유형별 군현

기후	기후유형별 군현(괄호 안은 군현 숫자)								계
	경기	충청	경상	전라	황해	강원	평안	함길	
多寒	–	연풍, 영춘, 천안, 청안, 전의, 황간, 회인, 결성(8)	–	–	수안, 곡산(2)	정선, 홍천, 김화(3)	평양, 양덕, 강계, 자성, 무창, 우예(6)	갑산, 회령, 온성(3)	22
寒	–	청풍, 음성, 죽산, 평택, 신창, 아산, 이산, 서산, 해미(9)	영천(榮川), 의성, 예안, 기천, 봉화, 진보, 문경, 함양, 안음(9)	진산, 고산, 장수(3)	옹진(1)	횡성, 회양, 금성, 평강, 이천, 춘천, 낭천, 양구, 인제, 간성(10)	의주, 여연, 위원(3)	–	35
무寒	양근, 적성, 포천, 가평, 철원, 삭녕, 영평, 장단, 안협, 임강, 마전, 연천(12)	단양, 제천(2)	–	금산, 용담, 임실, 운봉, 무주, 진안(6)	안악, 해주, 재령, 장연, 강령, 신천, 연안, 풍천, 은율(9)	–	중화, 상원, 삼등, 순안, 철산, 벽동(6)	함흥(1)	36
早霜	–	–	–	–	황주, 평산, 토산, 문화, 송화(5)	–	–	–	5
寒暖 不常	교동(1)	–	–	–	–	–	–	–	1
寒暖 適中	–	괴산, 청주, 옥천, 문의(4)	–	–	–	–	–	–	4
早暖	남양, 부평, 강화, 인천, 해풍, 김포(6)	–	–	–	–	–	–	–	6

지리지를 이용한 조선시대 지역지리의 복원

暖	–	청산(1)	경주, 밀양, 양산, 울산, 청도, 흥해, 대구, 경산, 동래, 창녕, 언양, 기장, 장기, 영산, 현풍, 영일, 청하, 영해, 순흥, 상주, 성주, 선산, 합천, 초계, 김산, 고령, 개령, 함창, 용궁, 군위, 지례, 진주, 김해, 창원, 함안, 곤남, 고성, 거제, 사천, 거창, 하동, 진성, 칠원, 산음, 삼가, 의령, 진해(47)	장흥, 순천, 낙안, 고흥, 제주(5)	–	삼척, 평해, 고성, 통천, 흡곡(5)	–	–	58
多暖	–	태안(1)	–	–	–	–	–	–	1
합계	19	25	56	14	17	18	15	4	168

주: 기후 기록이 없는 군현은 제외하였다.

여서 겨울 기온이 낮은 전형적인 대륙성 기후를 보이는 지역이다. 함길도는 온성도호부·갑산군·회령도호부가 '다한'이었는데, 우리나라 최북단인 온성은 '풍기최한(風氣最寒)'이라 기록되어 당시에도 가장 추운 지역으로 인식하였다. 황해도에서 '다한'으로 분류된 곡산군과 수안군은 황해도 북동부의 내륙 산간 지역이다.

 '한'으로 분류된 군현들을 살펴보면, 충청도의 9개 군현은 이산현을 빼고 모두 북부에 위치하는 공통점을 가지나, 서해안의 서산군·해미현에서부터 평지가 많은 평택현·아산현을 거쳐 동부 내륙 산지의 음성현·청풍군까지 지형에 관계없이 분포하였다. 경상도에서 '한'으로 기록된 군현은 9곳으로, 문경현·기천현·영천(榮川)군·봉화현·예안현·진보현·의성현 등 7곳은 북부 내륙 지방에 있으며, 서남부의 안음현과 함양군은 지리산을 끼고 있는 산간 지역이다. 전라도의 진산군·고산현·장수현 역시 내륙에 위치한 군현들이다. 강원도는 전체 18개 군현 가운데 '한'으로 분류된 곳이 10곳으로 절반을 넘었다. '난'으로 분류된 통천·고성·흡곡·삼척·평해 등 동해안의 5개의 군현들을 제외하면, 대부분의 지역이 '한'과 '다한'이었다.

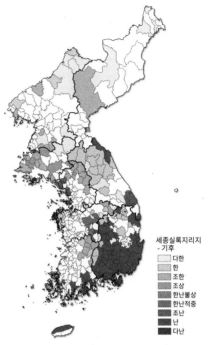

그림 2-14. 『세종실록지리지』에 수록된 군현별 기후의 특징

'조한'으로 분류된 군현은 경기도와 황해도에 특히 많았다. 경기도의 12개 군현은 대부분 동북부의 산간 지역에 위치한 곳들이다. 중동부에 속하는 양근군은 산지와 한강의 영향으로 추위가 심한 곳이다. 이와는 대조적으로 황해도에서 '조한'으로 분류된 9개 군현은 서부의 해안 지역을 중심으로 분포하였다. 충청도와 전라도에서 각각 '조한'으로 분류된 단양군·제천현과 금산군·용담현·임실현·운봉현·무주현·진안현은 모두 내륙 산지에 있는 군현들이었다. '조한'으로 분류된 평안도의 6개 군현에는 평양부 주변의 순안현·삼등현·중화군·상원군 등과 서해안 북부의 철산군과 압록강 변의 벽동군이 있었다.

'조상'은 황주목·평산도호부·토산현·문화현·송화현 등 황해도에만 5개 군현이 있었는데, 특별한 경향성 없이 도내에 고루 분포하였다. 괴산군·청주목·옥천군·문의현 등 '한난적중'으로 분류된 충청도의 4개 군현은 동부 내륙

    지리지를 이용한 조선시대 지역지리의 복원

에 남북으로 길게 연결되어 있는 지역이었다. '조난'으로 분류된 경기도의 6개 군현은 모두 서해안에 있는 군현이었다.

'난'으로 분류된 전국 58개 군현 가운데 47개 군현은 경상도에 있었다. 경상도는 북부 내륙 지역과 지리산 인근 지역을 제외한 대부분의 군현이 '난'에 해당하였다. 전라도에서는 5개 군현이 '난'으로 분류되었으며, 이중 장흥도호부·순천도호부·낙안군·고흥현은 남해안에 있으며, 제주목은 우리나라에서 가장 기후가 온난한 제주도에 있다. 통천·고성·삼척·평해·흡곡 등 '난'인 강원도의 5개 군현도 모두 동해안에 있다. 그러나 충청도에서 유일하게 '난'으로 분류된 청산현은 동부 내륙 지역에 있어 예외적이다.

2) 토양

(1) 조선 사회에서 토양의 가치

토양이란 암석이 물리·화학적, 그리고 생물학적 작용을 받아 부스러지고 분해된 물질로,[36] 암석의 풍화 산물에서 비롯하는 점토·실트·모래 등의 광물질 이외에 수분·유기물·미생물 등으로 이루어져 있다. 이러한 것들은 모두 토양의 비옥도를 좌우한다.[37] 농업 사회였던 조선시대에는 토양이 매우 중요한 자연 요소였다.

우리나라는 온난습윤한 기후 조건과 함께, 토양의 모재가 되는 암석 중 산성암인 화강암과 화강편마암이 전 국토 면적의 2/3를 차지한다. 그래서 토양 종류가 많지 않을 것으로 생각되지만 지형이 복잡하여 토양 종류가 많은 편이다.[38] 화강암은 석영·장석·운모 등 구성 광물의 입자가 커서 제 자리에서 생

---

36) 김종욱 외, 2012, 한국의 자연 지리, 서울대학교출판문화원, 207.
37) 권혁재, 2003, 한국지리—총론(제3판), 법문사, 164.
38) 김종욱 외, 2012, 앞의 책, 220.

성된 화강암 지역의 토양은 대개 사질 토양(砂質土壤)이고, 각종 염기가 씻겨 나가 척박하며 산성을 띠는 경향이 있다. 이에 비해 편마암·편암지역에는 일 반적으로 점토질 토양(粘土質土壤)이 생성된다. 편마암과 편암은 화강암보 다 구성 광물의 입자가 작기 때문이다. 점토질 토양은 사질 토양보다 비옥하 다. 산간 지방의 토양에는 암석이 어떻든 돌이 많이 섞여 있으며, 이러한 토양 을 암쇄토(岩碎土)라고 한다.[39]

그런데 조선시대 사람들은 토양을 어떻게 인식하고 분류하였을까? 오늘날 에는 위와 같이 토양의 특성에 가장 큰 영향을 미치는 요소인 토성(土性)을[40] 비롯하여 토양 구조, 점성(粘性), 토양색 등을 기준으로 토양을 분류하고 이해 하지만, 당시에는 더 중요한 기준이 있었다. 그것은 바로 토양의 비옥도였다. 농업을 기반으로 한 당시 사회에서는 농업의 생산성을 좌우하는 토양의 비옥 도가 가장 중요하였다. 그래서 조선시대 일부 농서에는 우리나라 토양을 그 비옥도에 따라 분류하고 설명한 기록이 있다.

우하영(禹夏永)이 쓴 『천일록(千一錄)』이 대표적인 예로, 이 책의 1권인 「건도부산천풍토관액(建都附山川風土關扼)」에는 표 2-18과 같이 각 지역 의 토양 조건이 묘사되어 있다. 전라도가 전국에서 가장 비옥하고, 충청·경 상·황해·평안도 등이 비교적 비옥한 편이며, 경기도와 강원·함경도는 대체 로 척박한 것으로 나타난다. 주목할 점은 제주도의 토성을 '부조(浮燥)'라 한 것으로, 이는 가벼워서 건조하면 바람에 날리기 쉬운 화산회 토양의 물리적 특성을 정확하게 표현한 것이다. 당시 제주도에서는 이러한 토양 조건 때문에 보리나 조 등 밭작물이 싹이 난 뒤 말라죽는 것을 막기 위해, 파종 전에 7-8회

---

39) 권혁재, 2003, 앞의 책, 164-165.
40) 토양을 구성하는 입자의 상대적인 양을 기준으로 분류하는 것으로, 토양의 입자는 굵기에 따라 자갈·모래·실트·점토로 구분한다.

지리지를 이용한 조선시대 지역지리의 복원

표 2-18. 『천일록』에 기록된 각 지역별 토양 및 기후 조건

지역	토양 조건
도성 동북	대개 척박하고 단단함
도성 이서	척박하고, 높은 곳은 건조하고 낮은 곳은 소금기가 있음
도성 이남	안산, 여주, 이천, 안성, 죽산, 양성, 진위 등은 대체로 비옥하나, 금천, 과천은 모래와 돌이 많음
화성부	척박하며, 읍성 근처는 모래와 돌이 많고, 서남쪽은 누런 점토(黃埴)가 많음
강화부	붉은 점토(赤埴土)가 많으며 대체로 비옥하나 바닷가는 소금기가 있음
개성부	돌과 모래가 많고, 단단하며 비옥함
북관	단단하고 거칠며, 찰기가 적음
서관	단단하고 비옥하며, 누런 점토(黃黏)와 검고 윤기 있는 흙이 있음
해서	단단하고 비옥하며, 검고 누런 흙이 섞여 있으며, 찰기와 윤기가 있음
관동	단단하고 척박함
호서	단단하고 비옥함
영남	단단하고 비옥함
호남	전국에서 가장 비옥함
탐라	가볍고 건조함

에 걸쳐 밭을 갈고, 파종 후에는 소와 말을 몰아 4~5차례 밟게 하였다.[41]

이러한 우하영의 지역별 토양에 대한 평가는 이중환(李重煥)이 『택리지(擇里志)』「복거총론(卜居總論)」에서 다음과 같이 팔도의 토양 조건을 언급한 것과 거의 일치하여,[42] 각 지역의 토양에 대한 당시 사람들의 보편적인 평가라 해도 무방할 것이다.

땅이 비옥하다는 것은 오곡과 목화를 경작하기에 알맞은 곳을 말한다. 논에 볍씨 한 말을 심어서 60두(斗)를 수확하는 곳이 제일이고, 40에서 50두를 수확하는 곳이 그다음이며, 30두 이하를 수확하는 곳은 땅이 척박하여 살 만한

---

41) 禹夏永, 『千一錄』, 「建都附山川風土關扼」, 耽羅, 農業條.
42) 李重煥, 『擇里志』, 卜居總論, 生利.

곳이 못 된다. 나라 안에서 가장 비옥한 땅은 전라도의 남원·구례와 경상도의 성주·진주 등 몇 곳이다. 이 지방은 논에 종자 한 말을 심어서 최상은 140두를 수확하고, 다음은 100두를 수확하며, 최하는 80두를 수확하는데, 다른 고을은 그러하지 못하다. 경상도 좌도는 땅이 척박해서 백성들이 가난하지만 우도는 비옥하다. 전라도는 좌도의 지리산 부근이 모두 비옥하다. 하지만 해변에 있는 고을은 물이 없어 가뭄을 많이 탄다. 충청도는 내포와 차령 이남은 비옥한 곳과 척박한 곳이 반반인데, 가장 비옥한 곳이라도 씨 한 말을 심어서 60두 내외를 수확하는 곳이 많다. 차령 북쪽에서 한강 남쪽까지도 역시 비옥한 땅과 척박한 땅이 반반이지만, 차령 남쪽보다는 못해서 비옥하다는 곳도 수확이 40두를 넘지 못하는 곳이 많다. 한강 북쪽으로는 대체로 땅이 척박하다. 동쪽 강원도에서 서쪽 개성부에 이르기까지 논에 종자 한 말을 심어도 수확이 30두에 불과하고, 이보다 못한 곳은 이만도 못하다. 강원도 영동 아홉 고을에서 함경도에 이르기까지는 땅이 더욱 척박하고, 황해도는 비옥한 곳과 척박한 곳이 반반이다. 평안도는 산간 고을은 척박하지만, 바다와 가까운 고을은 제법 비옥해서 충청도보다 떨어지지 않는다.[43]

그렇지만 우하영의 『천일록』, 이중환의 『택리지』의 토양에 대한 서술은 모두 도 단위의 광역적인 범위에서 이루어졌으며, 군현 단위로는 이루어지지 않았다. 그런데 지리지 가운데 군현 단위로, 토양의 비옥도를 기록한 자료가 있으니, 그것이 바로 『세종실록지리지』이다. 이 절에서는 『세종실록지리지』의 토양에 대한 기록을 분석하였다.

---

43) 이중환(이민수 역), 2005, 국한문대역 택리지, 평화출판사, 189–191.

지리지를 이용한 조선시대 지역지리의 복원

(2) 『세종실록지리지』의 토양에 대한 기록

『세종실록지리지』는 다른 지리지와 달리 항목이 명확하게 구분되어 있지 않다. 그래서 토양에 대한 기록은 아래의 예에서 보듯이 각 군현마다 대개 성(姓)에 대한 설명 다음에, 농경지의 면적에 앞서 기록되어 있다.

土姓三 李安金 加屬姓三 朴盧張 … 厥土肥堉相半 墾田一萬六千二百六十九結 水田居四分之一强(『세종실록지리지』, 경기도, 광주목)

『세종실록지리지』에는 경도한성부(京都漢城府), 구도개성유후사(舊都開城留後司)를 포함하여 전국 336개 부·목·군·현이 수록되어 있으나, 모든 지역의 토양이 기록되어 있지는 않다. 경도한성부와 구도개성유후사, 경기도 양지현, 전라도 제주목, 황해도 곡산군, 그리고 함길도의 11개 군현[44] 등 모두 16개 군현의 토양에 관한 기록이 없고, 함길도 경흥도호부는 토양의 비옥도가 아니라, "흙이 축축하고 들떠있다."라고[45] 그 성질이 기재되어 있다. 따라서 토양의 비옥도가 기록되어 있는 군현은 319개 군현이다. 토양의 비옥도를 표현한 사례를 모아보면, 다음과 같이 다양하다.

① 흙은 많이 비옥하다(厥土多肥).

② 흙은 비옥한 것이 많다(厥土肥多).

③ 흙은 비옥하고 두껍다(厥土肥厚).

④ 흙은 비옥하다(厥土肥).

⑤ 흙은 비옥한 곳이 많고, 척박한 곳이 적다(厥土肥多堉少).

⑥ 흙은 비옥하고 척박한 것이 서로 반반이다(厥土肥堉相半).

---

44) 정평도호부, 북청도호부, 영흥대도호부, 고원군, 문천군, 예원군, 안변도호부, 의천군, 용진현, 길주목, 단천군 등이다.

45) 『世宗實錄』卷155, 地理志, 咸吉道 慶興都護府. "厥土沮洳浮虛"

⑦ 흙은 비옥하고 척박한 것이 반반이다(厥土肥塉半之).

⑧ 흙은 2/5가 비옥하다(厥土五分之二肥).

⑨ 흙은 비옥한 것이 1/3이다(厥土肥三分之一).

⑩ 흙은 척박한 것이 2/10이다(厥土塉十分之二).

⑪ 흙은 비옥한 곳이 적고, 척박한 곳이 많다(厥土肥少塉多).

⑫ 흙은 척박하다(厥土塉).

⑬ 흙은 척박한 것이 많다(厥土塉多).

⑭ 흙은 많이 척박하다(厥土多塉).

①은 함길도 갑산군, ②는 전라도 보성군, ⑤는 함길도 회령도호부에서만 사용된 표현이고, ③은 평안도 중화군·상원군·박천군 등 평안도의 3개 군현, ⑬은 충청도 청양현, 전라도 동복현, 강원도 홍천현 등 3개 군현에서만 사용되었다. 그리고 ⑧·⑨·⑩과 같이 분수로 토양의 비옥도를 표현한 군현이 8곳이었는데, 모두 전라도에 속한 군현들이었다. ⑦도 익산군·김제군·임피현·용안현·태인현·낙안군·능성현·화순현·옥과현 등 전라도의 9개 군현에서만 사용된 표현이었다. 대표적인 농업 지역인 전라도에서는 토양의 비옥도를 보다 정밀하게 파악하기 위해 다른 지역에 비해 다양한 표현을 사용한 것으로 생각된다. 한편 평안도 의주목은 "흙이 많이 척박하다. 압록강 변의 흙은 비옥하다(厥土多塉, 鴨綠江邊土肥)."라고 하여 군현 내의 일부 지역의 토양을 따로 기록하였다.

14개 유형 가운데 전국적으로 가장 많은 사례는 ⑫로 111개 군현이 여기에 해당하였으며, 그다음은 ⑥으로 96개 군현이었다. ④가 44개 군현이었으며, ⑭가 31개 군현이었다. 토양이 비옥한 편으로 분류되는 ①에서 ⑤까지의 유형이 50곳인데 비해, 척박한 편으로 분류할 수 있는 ⑪에서 ⑭까지는 156곳으로 척박하다고 평가되는 군현이 훨씬 많았다. 여기에 더해 분수로 비옥도를

지리지를 이용한 조선시대 지역지리의 복원

표현한 8곳 가운데서도 척박한 토양이 더 많은 비율을 차지한 군현이 7곳이었다.[46] 척박한 곳과 비옥한 곳이 절반 정도인 ⑥과 ⑦은 105개 군현이었다.

(3) 도별 토양의 비옥도

앞에서 살펴본 바와 같이 『세종실록지리지』의 토양의 비옥도에 대한 표현이 다양하므로, 지역별 토양의 비옥도를 비교하기 위해서는 몇 개의 유형으로 묶는 것이 필요하다. 그래서 그 표현 중 ①·②를 묶어 '다비(多肥)', ③을 '비후(肥厚)', ④를 '비(肥)', ⑤를 '비다척소(肥多墝少)', ⑥·⑦을 합쳐 '비척상반(肥墝相半)', ⑪을 '비소척다(肥少墝多)', ⑫를 '척(墝)', ⑬·⑭를 묶어 '다척(多墝)' 등 모두 8개 유형으로 구분하였다. 그리고 분수로 표현한 8개 군현 중 비옥한 토양이 절반이 되지 않는 군현 7곳은 '비소척다(肥少墝多)'로, 절반이 넘는 1곳은 '비다척소(肥多墝少)'로 분류하였다. 이렇게 8개 유형으로 구분하여 각 도의 토양을 분류한 결과가 표 2-19이다.

표 2-19. 각 도의 토양 유형별 비율

비옥도	도별 비옥도 비율(괄호 안은 군현 수)								계
	경기	충청	경상	전라	황해	강원	평안	함길	
多肥	–	–	–	1.8(1)	–	–	–	11.1(1)	0.6(2)
肥厚	–	–	–	–	–	6.4(3)	–	–	1.0(3)
肥	7.5(3)	1.8(1)	39.4(26)	18.2(10)	4.3(1)	–	–	33.4(3)	13.8(44)
肥多墝少	–	–	–	1.8(1)	–	–	–	11.1(1)	0.6(2)
肥墝相半	50(20)	47.2(26)	40.9(27)	23.6(13)	8.7(2)	8.4(2)	31.9(15)	–	32.9(105)
肥少墝多	–	14.6(8)	–	12.7(7)	–	–	2.1(1)	11.1(1)	5.3(17)
墝	35(14)	34.6(19)	19.7(13)	34.6(19)	69.6(16)	70.8(17)	23.4(11)	22.2(2)	34.8(111)
多墝	7.5(3)	1.8(1)	–	7.3(4)	17.4(4)	20.8(5)	36.2(17)	11.1(1)	11.0(35)
합계	100(40)	100(55)	100(66)	100(55)	100(23)	100(24)	100(47)	100(9)	100(319)

주: 비옥도가 기록되어 있지 않은 군현은 제외함.

---

46) 전라도 무진군만 "墝十分之二'라고 기록되어 비옥한 토양의 비율이 높았다.

표에서 보면, 전라도는 '비후'를 제외한 7개 유형이 나타나 가장 다양한 토양이 분포한다. 함길도는 9개 군현만 기록이 있으나, 전라도 다음으로 6개 유형이 분포하는 것으로 나타났다. 함길도에 이렇게 다양한 토양이 나타나는 것은 절대 면적이 가장 넓고, 그에 따라 토양의 성질에 영향을 미치는 지질·기후·지형·식생 등이 다른 도에 비해 다양하기 때문으로 추정된다. 우리나라에서 가장 높은 산지가 솟아 있고 한편으로 저평한 해안 평야가 펼쳐져 있으며, 이에 따라 기후와 식생의 차이도 크며, 화산 활동 등의 영향으로 지질도 다양한 곳이 함길도이다. 이에 비해 강원도와 경상도는 3가지 유형의 토양만 분포하여 대조를 이룬다.

도별 비옥도를 살펴보면, 경기도는 '비척상반'이 50%를 차지하여 가장 많았고, '척'이 35%였으며, '비'와 '다척'이 각각 7.5%를 차지하였다. 충청도도 비슷하여 '비척상반'이 47.2%로 가장 많았고, 그다음은 34.6%의 '척', 14.6%의 '비소척다'의 순이었으며, 비옥한 편에 속하는 토양은 1.8%에 불과하였다. 전라도는 '척'의 비중이 34.6%로 가장 높았다. 그러나 '비척상반'이 23.6%로 낮은 대신 비옥한 편에 속하는 '다비'·'비'·'비다척소'를 합한 비율이 21.8%로, 경기도, 충청도에 비해 비옥한 토양이 많았다.

토양이 가장 비옥한 도는 경상도였다. 경상도는 '비'가 39.4%였으며, '비척상반'이 이보다 약간 많은 40.9%였다. 척박한 토양은 19.7%로 다른 도에 비해 현저하게 적었다. 21개 전체 군현 가운데 기록이 남아 있는 군현이 9곳밖에 되지 않아 신뢰도가 떨어지긴 하나, 함길도 '비'가 가장 높은 33.4%를 차지하여 토양이 비옥한 도였다. 평안도는 '다척'이 36.2%로 가장 높은 비율을 점하였고, 그다음은 '비척상반'이 31.9%였다. 이에 비해 강원도와 황해도는 '척'의 비율이 각각 70.8와 69.6%로 가장 높았으며, 두 도 모두 '다척'의 비율이 그다음이었다.

표 2-20은 보다 명확하게 토양의 비옥도를 도별로 비교하기 위해 표 2-19

표 2-20. 각 도의 토양의 비옥도 비율

비옥도	도별 비옥도 비율(괄호 안은 군현 수)								계
	경기	충청	경상	전라	황해	강원	평안	함길	
비옥	7.5(3)	1.8(1)	39.4(26)	21.8(12)	4.3(1)	–	6.4(3)	55.6(5)	16.0(51)
비척상반	50.0(20)	47.2(26)	40.9(27)	23.6(13)	8.7(2)	8.4(2)	31.9(15)	–	32.9(105)
척박	42.5(17)	51.0(28)	19.7(13)	54.6(30)	87.0(20)	91.6(22)	61.7(29)	44.4(4)	51.1(163)
합계	100(40)	100(55)	100(66)	100(55)	100(23)	100(24)	100(47)	100(9)	100(319)

주: 비옥도가 기록되어 있지 않은 군현은 제외함.

를 단순화한 것이다. 표 2-19의 '다비', '비후', '비', '비다척소'를 합하여 '비옥'
으로 분류하고, '비척상반'은 그대로, 그리고 '비소척다', '척', '다척'을 합하여
'척박'으로 분류하였다. 결과를 보면, 전국 319개 군현 중 비옥한 편에 속하는
군현은 51개이고, 척박한 편에 속하는 군현은 163개였다. 토양이 척박한 군현
이 비옥한 군현보다 3배 이상 많다. 즉 조선 전기 사람들은 우리나라의 토양을
척박하다고 평가하는 경우가 많았다.

 다시 도별로는 함길도가 '비옥'이 55.6%로 가장 비옥한 것으로 평가할 수 있
으나, '비척상반'이 없이 나머지 44.4%가 '척박'으로 분류되어, 척박이 19.7%
에 그친 경상도에 비해 더 비옥하다고 평가하기 어렵다. 따라서 '비옥'이
39.4%로 함길도에 못 미치지만, 경상도가 토양이 가장 비옥한 지역으로 평가
하는 것이 맞을 것이다. 경상도 · 함길도 외에는 '비옥'의 비율이 '척박'의 비율
보다 높은 도가 없다. 경상도, 함길도 다음으로 '비옥'의 비율이 높은 전라도도
'비옥'이 21.8%인데 비해, '척박'이 54.6%로 2배 이상 높다.

 국토의 중앙에 있는 경기도는 '비척상반'의 비율이 50%로 가장 높은 도이
다. 그 나머지는 '척박'이 42.5%로, 7.5%의 '비옥'에 비해 매우 높았다. 충청도
도 '비척상반'의 비율이 47.2%로 높은 편이며, '비옥'은 1.8%에 지나지 않아
'비옥'이 전혀 없는 강원도 다음으로 낮았다. 강원도 · 황해도 · 평안도는 '척박'
의 비율이 높은 도들이다. 특히 강원도는 '척박'이 91.6%에 달해 전국에서 가

장 토양이 척박한 도로 평가되었다. 황해도도 '척박'이 87.0%로 이에 못지않았다.

(4) 군현별 토양의 비옥도

위에서 구분한 8개의 토양 비옥도 유형별로, 군현을 분류한 것이 표 2-21와 그림 2-15이다. 전국에서 가장 토양이 비옥한 군현으로 기록된 곳은 '다비'에 해당하는 전라도 보성군과 함길도 갑산군이었다. 토양이 가장 척박한 '다척'으로 기록된 군현은 경기도 이천현·영평현·안협현, 충청도 청양현, 전라도 고부군·순창군·곡성현·동복현, 황해도 안악군·신천현·평산도호부·은율현, 강원도 강릉대도호부·양양도호부·홍천현·김화현·춘천도호부 등 35곳이었다.

도별로 그 특징을 살펴보면, 먼저 경기도는 양주도호부, 강화도호부, 교하현이 '비'로 분류되었다. 강화도호부는 갯벌을 간척한 땅이 많아 비옥한 것으로 정평이 나 있으며, 교하현도 한강과 임진강이 만든 충적 평야가 넓은 부분을 차지하고 있어 비옥하다. '비척상반'으로 분류된 20개 군현을 살펴보면, 광주목·여흥도호부·음죽현·용인현 등 내륙에 위치한 군현도 있지만, 해풍군·원평도호부·통진현·김포현·고양현·부평도호부·양천현·인천군·안산군·남양도호부·수원도호부와 같이 대부분은 저평한 서해안과 서부에 있는 군현들이었다.

이에 비해 '척'으로 평가된 군현은 상대적으로 산이 많은 도의 동부에 많았다. 삭녕군·연천현·마전현·적성현·포천현·가평현·양근군·지평현 등이 그러한 예이다. 충청도와 경계 부분에 나란히 위치하며 평지가 넓은 안성군·양성현·진위현의 토양을 '척'으로 기록한 것은 이례적이다.

충청도 군현들의 토양도 경기도의 그것과 유사한 양상을 보인다. '비'는 서해안에 위치한 결성현이 유일하였으며, '비척상반'으로 분류된 26개 군현 가운데 19개가 서해안을 따라 서부에 집중적으로 분포하였다. 평택현·직산현·천안군·아산현·당진현·면천군·태안군·신창현·온수현·덕산현·예산현·홍주목·보령현·남포현·비인현·서천군·한산군·임천군·부여현 등이 그것이다.

내륙에 해당하는 중부와 동부에서는 충주목·괴산군·청주목·회덕현과 서로 붙어 있는 이산현·연산현·은진현 등 7개 군현이 '비척상반'으로 분류되었다. 그리고 '비소척다'는 중부에 편중되어 공주목을 중심으로 이와 인접한 대흥현·연기현·정산현·홍산현·석성현·진잠현이 '비소척다'로 평가되었고, 산지가 많은 동부에 '척'으로 분류된 군현이 집중적으로 분포하였다. 제천현·영춘현·단양군·청풍군·연풍현·음성현·청안현·진천현·목천현·전의현·문의현·회인현·보은현·청산현·황간현·영동현·옥천군이며, 서부에서는 해미현과 서산군만 '척'으로 분류되었다. 정리하면, 조선 전기 경기도와 충청도의 군현들은 서쪽에서 동쪽으로 갈수록, 즉 해안에서 내륙 산지로 갈수록 토양이 척박해진다는 평가를 받았다.

경상도 군현들의 토양 비옥도 평가도 일정한 방향성이 나타난다. 남쪽에서 북쪽으로 갈수록 토양이 척박해지며, 역시 해안에서 내륙으로 갈수록 토양이 척박한 것으로 평가되었다. '비'로 평가된 군현은 곤남군·사천현·거제현·김해도호부·양산군·동래현 등 남해안과, 함양군·하동현·진성현·산음현·삼가현·진주목·의령현·함안군·창원도호부·밀양도호부·언양현 등 남부, 그리고 기장현·울산군·영일현·장기현 등 동해안 남부를 따라 분포하였다. 중부에서는 선산도호부·김산군·개령현·성주목 등 인접한 4개 군현만 '비'로 평가되었고, 북부에서는 '비'가 한 곳도 없었다.

'비척상반'으로 평가된 군현은 전도에 걸쳐 비교적 고르게 분포하였으나 중부에 가장 많았다. 대구군을 중심으로 그 주변의 인동현·의흥현·신녕현·영천군(永川郡)·하양현·경산현·경주부·청도군·창녕현·현풍현·고령현·초

표 2-21. 토양 유형별 군현

비옥도	비옥도별 군현(괄호 안은 군현 숫자)								계
	경기	충청	경상	전라	황해	강원	평안	함길	
多肥	-	-	-	보성(1)	-	-	-	갑산(1)	2
肥厚	-	-	-	-	-	-	중화, 상원, 박천(3)	-	3
肥	양주, 교하, 강화(3)	결성(1)	밀양, 양산, 울산, 동래, 언양, 기장, 장기, 영일, 성주, 선산, 김산, 개령, 진주, 김해, 창원, 함안, 함양, 곤남, 거제, 사천, 거창, 하동, 진성, 산음, 삼가, 의령(26)	옥구, 부안, 정읍, 영광, 무장, 무안, 광양, 장흥, 순천, 고흥(10)	강령(1)	-	-	경성, 경원, 온성(3)	44
肥多堉少	-	-	-	무진(1)	-	-	-	회령(1)	2
肥堉相半	광주, 여흥, 음죽, 천녕, 금천, 원평, 고양, 임진, 수원, 남양, 안산, 용인, 장단, 임강, 부평, 인천, 해풍, 김포, 양천, 통진(20)	충주, 괴산, 청주, 천안, 직산, 평택, 온수, 신창, 아산, 임천, 한산, 서천, 남포, 비인, 은진, 연산, 회덕, 부여, 이산, 홍주, 태안, 면천, 당진, 덕산, 예산, 보령(26)	경주, 청도, 흥해, 대구, 경산, 창녕, 영산, 현풍, 영해, 예천, 영천(永川), 영덕, 하양, 인동, 의흥, 신녕, 비안, 상주, 합천, 초계, 고령, 지례, 함창, 칠원, 안음, 진해(27)	전주, 익산, 김제, 임피, 용안, 태인, 해진, 영암, 함평, 낙안, 능성, 화순, 옥과(13)	해주, 연안(2)	평해, 울진(2)	순안, 증산, 함종, 강서, 용강, 성천, 자산, 순천, 영유, 은산, 정주, 용천, 곽산, 태천, 강계(15)	-	105

肥少墝多	–	죽산, 연기, 공주, 정산, 홍산, 석성, 진잠, 대흥(8)	–	금구, 만경, 나주, 강진, 흥덕, 남원, 창평(7)	–	–	평양(1)	종성(1)	17
墝	양근, 과천, 지평, 적성, 포천, 가평, 안성, 진위, 양성, 철원, 삭녕, 마전, 연천, 교동(14)	단양, 청풍, 음성, 연풍, 제천, 영춘, 옥천, 문의, 목천, 청안, 전의, 영동, 황간, 회인, 보은, 청산, 진천, 서산, 해미(19)	청하, 안동, 순흥, 청송, 영천(榮川), 의성, 예안, 기천, 봉화, 진보, 용궁, 문경, 군위(13)	진산, 금산, 함열, 고산, 여산, 남평, 고창, 장성, 용담, 구례, 임실, 운봉, 장수, 무주, 진안, 담양, 진원, 정의, 대정(19)	황주, 서흥, 봉산, 수안, 신은, 재령, 옹진, 장연, 배천, 우봉, 토산, 강음, 풍천, 문화, 송화, 장련(16)	정선, 평창, 원주, 영월, 횡성, 회양, 금성, 평강, 이천, 삼척, 낭천, 양구, 인제, 간성, 고성, 통천, 흡곡(17)	삼등, 맹산, 양덕, 철산, 선천, 삭주, 운산, 자성, 무창, 우예, 위원(11)	부령, 삼수(2)	111
多墝	이천, 영평, 안협(3)	청양(1)	–	고부, 순창, 곡성, 동복(4)	안악, 신천, 평산, 은율(4)	강릉, 양양, 홍천, 김화, 춘천(5)	강동, 삼화, 안주, 숙천, 개천, 덕천, 의주, 인산, 수천, 가산, 정녕, 영변, 창성, 벽동, 이산, 희천, 여연(17)	함흥(1)	35
합계	40	55	66	55	100(23)	100(24)	100(47)	100(9)	319

계군·합천군 등이 모두 여기에 해당하였다. 북부에서는 상주목·함창현·예천군·비안현, 남부에서는 진해현·고성현·칠원현, 그리고 동해안 북부에서는 영해도호부·영덕현의 토양이 '비척상반'으로 평가되었다. 한편 '척'은 북부에만 분포하였는데, 문경현·용궁현·안동대도호부·예안현·기천현·순흥도호부·영천군(榮川郡)·봉화현·진보현·의성현·청송군·군위현 등이다.

전라도의 군현별 토양 비옥도의 특징은 경상도의 그것과 비슷하였다. 해안에서 내륙으로 갈수록 토양이 척박해지며, 남쪽보다는 북쪽에 위치한 군현들의 토양이 더 척박하였다. '다비'의 보성군을 비롯하여 '비'로 분류된 광양현·순천도호부·고흥현·장흥도호부는 남해안에 위치하였고, 역시 '비'로 분류된 옥구현·부안현·무장현·영광군·무안현은 서해안에 위치하였다. '다비'와 '비'로 분류된 전라도의 11개 군현 가운데 내륙에 위치한 곳은 정읍현이 유일하였다.

'비척상반'으로 평가된 13개 군현 중에는 해안이나 해안에서 멀지 않은 곳에 있는 경우가 많았다. 김제군·함평현·해진군·영암군·낙안군은 바다에 면한 군현이었고, 용안현·임피현·익산군·전주부·태인현·능성현은 해안에서 가까운 군현이었다. '비소척다'로 분류된 7개 군현도 남원도호부·창평현을 제외한 만경현·금구현·흥덕현·나주목·강진현은 바다에 면하거나 바다에서 가까운 군현이었다. 이와 비교해, '척'으로 분류된 19개 군현 가운데 바다에 접한 군현은 제주도의 정의현·대정현밖에 없었다. 바다에서 멀지 않은 군현은 함열현·고창현 정도이며, 나머지는 모두 내륙에 위치한 군현들이었다. 특히 진산군·금산군·고산현·무주현·용담현·진안현·장수현·임실현·운봉현·구례현 등 동부 산간 지역에 위치한 군현들이 많았다.

황해도의 경우는 '비'는 강령현이 유일하며, '비척상반'으로 해주목과 연안도호부가 평가되었는데, 3곳 모두 도의 가장 남쪽 서해안에 있는 군현이다. 나머지 군현은 모두 '척'과 '다척'으로 분류되었는데, 4곳의 '다척' 가운데 평산도호부를 제외한 은율현·안악군·신천현은 서북부에 서로 인접해 있다.

강원도는 전체 24개 군현 중 원주목을 비롯한 17개 군현이 '척'으로 분류되었다. 남북이나 동서, 해안과 내륙을 가리지 않고, 대부분 군현의 토양이 척박하였다. 도의 중앙부에 동서의 띠 모양으로 연결된 춘천도호부·홍천현·강릉대도호부·양양도호부는 특히 '다척'으로 평가받았다. 강원도에서는 '비척상반'으로 분류된 곳이 2곳뿐이었는데, 동해안의 가장 남쪽에 나란히 위치한 울진현과 평해군이었다.

평안도는 '비후'가 중화군·상원군·박천군의 3곳으로, 중화군과 상원군은 도의 최남단에 자리 잡고 있다. '비척상반'으로 분류된 15개의 군현 중에는 서해안과 그 주변에 있는 곳들이 많았다. 용천군·곽산군·정주목·태천군·영유현·순안현·증산현·함종현·강서현·용강현 등이 모두 그러하다. 이에 비하여 '척'과 '다척'으로 분류된 군현들은 특별한 경향성을 보이지 않고, 전도에 걸쳐 고루 분포하였다.

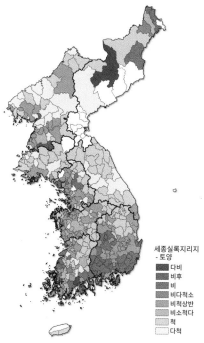

세종실록지리지
- 토양

■ 다비
■ 비후
■ 비
□ 비다척소
▨ 비척상반
▩ 비소척다
▨ 척
□ 다척

그림 2-15. 『세종실록지리지』에 수록된 군현별 토양의 특징

끝으로 함경도는 전체 21개 군현 중에 9개 군현만 토양 비옥도에 관한 기록이 있어 그 경향성을 파악하기 어렵지만, 북쪽에 위치한 온성도호부·경원도호부·경성군·갑산군·회령도호부의 토양이 비옥한 것으로 나타나 다른 도의 군현과는 차이가 있다. 이에 비해 남쪽에 위치한 함흥부의 토양은 '다척'으로 분류되었다.

3. 소결

　조선 전기의 『세종실록지리지』, 조선 중기의 『신증동국여지승람』, 조선 후기의 『여지도서』에 수록된 산에 대한 내용을 비교해 보면, 후대로 갈수록 그 숫자가 늘어나고 내용이 풍부해졌음을 알 수 있다. 이는 조선시대에 걸쳐 시간이 흐를수록 산에 대한 사람들의 지식이 축적되었음을 의미한다. 또한 지역별로 수록된 산의 숫자가 남부 지방이 많고 북부 지방이 적은 것은 인구가 많은 지역의 산, 즉 사람과 가까이 있는 산에 대해 더 많은 관심을 가지고 있었던 결과로 해석할 수 있다.

　지리지에 수록된 산들의 자연 지리적인 특성을 살펴본 결과도 이와 비슷하였다. 먼저 높이가 100m에도 못 미쳐 객관적으로 산이라 볼 수 없는 것도 많았다. 달리 말하면, 우리 조상들은 산을 상대적인 개념으로 인식하였고, 절대적인 고도보다는 주변보다 우뚝 솟아 있는 높은 땅을 산으로 여긴 것이다. 여기에 성이나 봉수대 등이 설치되면 사람들이 느끼는 산으로서의 중요성은 배가되었다. 산의 위치를 지역의 중심지인 읍치로부터의 방향과 거리로 표현한 것도 산을 단순한 지형지물이 아니라 사람들과의 생활과 관련지어 인식한 중

거라 할 수 있다. 진산 가운데 읍치의 북쪽에 위치한 산, 그리고 읍치로부터 5리 이내에 위치한 산이 다수를 차지하는 것은 주민 생활의 편의를 도모하고 풍수지리설의 명당의 조건에 부합되는 공간 구성을 위한 것이었다. 또한 조선 후기의 『여지도서』에는 산의 지형을 설명하는 데 있어 산을 단절되고 고립된 봉우리로 보기보다 흐름을 가지고 이어지는 맥세(脈勢)로 이해하는 지형 인식이 드러난다. 이는 풍수지리설이 널리 보급되어 산을 보는 중요한 시각으로 일반화된 것과 깊은 관련이 있을 것이다.

시기별 지리지가 담고 있는 산에 대한 인문지리적인 내용은 조선시대에 걸쳐 산에 대한 사람들의 인식과 태도가 시간 경과에 따라 상당히 변화해왔음을 보여 준다. 『세종실록지리지』가 편찬된 조선 전기에는 산을 사람들의 생활 공간이라기보다는 신성한 신앙 공간으로 인식하는 경향이 강하였다. 그러나 시간이 흐르면서 산이 지닌 군사적, 사회 경제적 의미가 강조되었으며, 산이 사람들의 거주 공간이나 휴식 공간이라는 인식이 확장되었다. 이러한 분석 결과를 종합해 볼 때, 조선시대 사람들의 산에 대한 인식은 산을 자연의 일부 또는 단순한 지형지물로 보지 않고, 여기에 인문적 의미를 더한 것이었다고 할 수 있다.

한편 조선시대 사람들은 하천을 자연 그 자체로 보다 인간 생활과의 관계를 중심으로 인식하였다. 산과 마찬가지로, 하천도 중요한 제사 장소였으며, 이러한 신성한 하천을 하천의 규모와 상관없이 '대천(大川)'으로 인식하였다. 그리고 당시에는 하천에 오늘날보다 훨씬 다양한 명칭을 부여하였다. 오늘날에는 강, 천 정도가 하천을 부르는 명칭이지만, 조선시대에는 그 자연적, 인문적 특성에 따라 수·탄·진·도·연·계·담·량·과 등 여러 명칭을 부여하였다. 당시 사람들이 하천을 인간 생활과 관련하여 세밀하게 구분하였다는 것을 보여 주는 증거이다. 또한 오늘날보다 하천과 그 유역을 더 작게 나누어 인식하였으며, 이에 따라 지류는 물론, 본류에도 각 구간이나 장소마다 별도의 명칭을 붙였다.

　다음으로『세종실록지리지』의 기후 기록을 통해 당시 사람들이 각 지역의 기후를 어떻게 인식하고 구분하였는지를 살펴보았다. 당시 사람들은 기온, 서리 등 농업과 직접적인 관련이 있는 기후 요소들을 중심으로 지역의 기후를 파악하였다.

　당시 사람들이 파악한 각 지역의 기후는 오늘날 객관적인 측정 자료를 통해 파악하고 있는 각 지역의 기후와 크게 다르지 않았다. 위도에 따라 기온의 차이가 생겨 북쪽으로 갈수록 추워지고, 남쪽으로 갈수록 따뜻하여 평안도와 함경도의 국경 지역이 가장 춥고, 남해안 지역이 가장 따뜻한 지역으로 파악하였다. 그리고 해안 지방이 내륙 지방보다 따뜻하고, 평지가 산지보다 따뜻한 것으로 이해하였다. 그러나 당시 사람들은 객관적인 자료보다는 지역 간의 상대적인 비교를 통해 날씨를 이해하였기 때문에 실제 기후와 맞지 않게 기록한 경우도 있다. 전국으로 유일하게 '다난'으로 기록한 곳이 충청도 태안인 것이 그러한 예이다.

　끝으로『세종실록지리지』의 토양에 관한 기록을 통해, 조선 전기 사람들이 우리나라 각 지역의 토양의 비옥도를 어떻게 평가하고 인식하고 있었는지를 살펴보았다. 당시 사람들은 8도 가운데 경상도가 토양이 가장 비옥한 지역으로 평가하고 있었으며, 특히 경상도 남부의 해안 지역이 비옥한 곳으로 판단하였다. 경상도 다음으로는 함길도, 전라도 순으로 비옥하다고 평가하였다. 경기도와 충청도는 중간 정도로 평가하였으며, 강원도·황해도·평안도는 토양이 척박한 지역으로 인식하였다. 특히 강원도는 전국에서 토양이 가장 척박한 지역으로 생각하였다.

　한편 군현별 토양의 비옥도의 특징을 정리하면, 대체로 바다를 끼고 있거나 바다에서 가까운 군현이 내륙의 산간 지방의 군현보다 토양이 비옥한 것으로 평가되었다. 그리고 상대적으로 북쪽보다는 남쪽에 위치한 군현의 토양이 더

　　　　　　　　　　　　　　　지리지를 이용한 조선시대 지역지리의 복원

비옥하다는 평가를 받았다. 일반적으로 산지의 토양보다는 해안이나 큰 하천 변의 충적지의 토양이 비옥하므로 이러한 조선 전기의 토양의 비옥도에 대한 인식이 오늘날의 그것과 크게 다르지 않다고 할 수 있다. 그러나 군현 별로 꼼 꼼히 들여다보면, 오늘날의 평가와 맞지 않는 지역도 적지 않다. 따라서 『세 종실록지리지』의 토양의 비옥도에 대한 평가는 토양의 성질만을 대상으로 한 객관적인 평가에, 농경지의 분포와 기후·농업 양식 등 다른 요소의 영향도 받 는 농업 생산성에 대한 평가가 더해져 이루어진 것으로 보는 것이 맞다.

III. 인구

1. 인구와 인구 자료

1) 인구의 중요성

한 시대의 문화상과 사회상을 이해하기 위한 가장 기초적인 작업은 그 기반이 되는 인구 현상의 파악일 것이다. 인구에 대한 지식이 없이는 정치·경제·사회·문화 현상의 변동을 올바로 해석하는 것이 불가능하기 때문이다. 그러나 우리나라의 인구사(人口史) 연구에는 일정한 한계가 있는데, 그것은 신뢰할 수 있는 인구 통계가 집계되기 시작한 것이 채 100년이 안되었다는 점[1] 때문이다. 잘 알려져 있는 대로 그 이전, 즉 조선시대 인구 통계들은 그 신뢰성에 있어 많은 문제들을 내포하고 있다. 그럼에도 불구하고 학계에서는 조선시대의 각종 통계 자료를 이용하여 당시의 인구 상황을 보다 정확하게 파악하기 위해 노력을 경주해 왔다.[2]

---

1) 대다수의 학자들은 1925년에 이루어진 간이국세조사(簡易國勢調査)를 최초의 근대적 인구 센서스로 간주하고 있다.

2) 정치영, 2004, "조선후기 인구의 지역별 특성," 민족문화연구 40, 27-28.

지금까지 조선시대 인구 연구는 시대별로 전국적인 인구 숫자를 추산하고, 이를 통해 시간 흐름에 따른 인구 변동을 분석하는 데 몰두하였다.[3] 그 결과 연구자에 따라 편차가 있지만, 조선이 건국한 14세기 말의 전국 인구는 550만 명에서 750만 명 정도로, 조선 후기인 19세기 말의 전국 인구는 1,700만 명 내외로 추정하고 있다.[4] 또한 왕조실록 등에 실려 있는 전국 인구 통계를 자료로 인구의 증감 추세를 살펴보고, 농업 생산력의 향상, 의학의 발달, 자연재해와 질병, 전쟁 등에서 그 원인을 찾은 연구들이 진행되었다.[5]

이에 비해 인구의 지역적 분포에 대한 연구는 상대적으로 적은 편이다. 『세종실록지리지』의 기록을 이용해 호당 구수(口數)의 지역별 분포를 밝힌 연구,[6] 도별 통계를 이용해 인구 분포와 경지 분포의 상관관계를 고찰하고 인구밀도를 추산한 연구,[7] 『호구총수(戶口總數)』 등을 이용해 군현별 인구 규모를 살핀 연구[8] 등이 손꼽힌다.

---

3) 대표적인 연구로는 다음과 같은 것들이 있다.
    김재진, 1967, 한국의 호구와 경제발전, 박영사.
    권태환·신용하, 1977, "조선왕조시대 인구추정에 관한 一試論," 동아문화 14, 서울대학교 동아문화연구소, 289-330.
    한영우, 1977, "조선전기 호구총수에 대하여," 인구문제와 생활환경, 서울대학교 인구 및 발전문제연구소, 24-41.
    방동인, 1981, "인구의 증가," 한국사 13-조선: 양반사회의 변화, 국사편찬위원회, 279-321.
    이호철, 1992, "조선시대의 인구규모 추계," 농업경제사연구, 경북대학교 출판부, 64-91.
    한영국, 1997, "인구의 증가와 분포," 한국사 33- 조선 후기의 경제, 국사편찬위원회, 13-33.
    박상태, 1987, "조선후기의 인구-토지압박에 대하여," 한국사회학 21, 101-121.
4) 권태환·신용하, 앞의 논문, 303-316.
    이호철, 앞의 논문, 67-91.
    한영국, 앞의 논문, 13-33.
5) 박상태, 앞의 논문, 101-121.
    Tony Michell(김혜정 역), 1989, "조선시대의 인구변동과 경제사- 인구통계학적인 측면을 중심으로," 부산사학 17, 75-107.
    이태진, 1993, "14-16세기 한국의 인구증가와 신유학의 영향," 진단학보 76, 1-17.
6) 이호철, 1986, 조선전기농업경제사, 한길사, 294-305.
7) 방동인, 앞의 논문, 304-321.
8) 한영국, 앞의 논문, 20-32.

지역별 인구 분포를 파악하는 데 있어 가장 좋은 방법은 단위 면적에 대한 인구수 즉 인구 밀도를 구해 지역 간을 비교하는 것이다. 그러나 앞의 선행 연구들은 인구의 절대 숫자를 이용하거나, 인구 밀도를 구한 경우에도 일제강점기 자료를 참고하여 도별 인구 밀도만을 추산해 비교하는 데 머물렀다. 그 이유는 지금까지 조선시대 행정 구역인 각 군현의 면적을 정확하게 알 수 없었기 때문이다. 그런데 근래에 이루어진 선행 연구들에 의해 조선시대의 지방 행정 구역을 복원이 이루어졌고,[9] 그 결과, 조선시대 330 여개 군현의 면적을 비교적 정확하게 계산할 수 있게 되었다.[10]

본 절에서는 이러한 성과를 활용해 조선 각 시기 전국에 걸쳐 군현별 인구를 비교하는 동시에, 행정 구역 복원 결과를 바탕으로 당시 인구 밀도를 구하여 지역별 인구 분포를 파악하였다. 이때 당시의 지역별 호수, 구수 등 각종 인구 수치를 정확하게 추정하기보다는 지역별 경향성을 이해하는 데 초점을 맞추었다.

2) 조선시대 인구 자료

조선시대에는 정기적으로 인구 조사가 이루어졌으며, 지금도 그 결과물이 남아있다. 가장 대표적인 것이 원칙적으로 3년마다 실시된 호구 조사의 결과물인 호적대장(戶籍臺帳)이다. 호구 조사의 내용은 가구의 소재지, 호주의 이름·나이·본관·신분, 호주와 그 부인의 사조(四祖),[11] 가족과 소유 노비의 이름·나이·부모 등이었다. 현재까지 발견된 조선시대 호적대장은 630여 책으

---

9) 조선시대 행정 구역의 복원과정은 아래의 연구들에 자세히 언급되어 있다.
  김종혁, 2003, "조선시대 행정 구역의 변동과 복원," 문화역사지리 15(2), 97-124.
  김종혁, 2003, "조선시대 행정 구역 복원과 베이스맵 작성," 민족문화연구 38, 97-110.
10) 정치영, 앞의 논문, 29.
11) 아버지와 할아버지, 증조할아버지, 외할아버지를 뜻한다.

로, 이중 1896년의 갑오개혁 이전에 작성된 구식 호적이 420여 책, 1896년부터 1908년 사이에 만들어진 신식 호적이 210여 책이다.[12] 호적대장이 350여 군현에서 400여 년에 걸쳐 3년마다 만들어졌다는 점을 고려하면, 현존하는 양이 매우 적다고 할 수 있다. 그리고 현재 남아있는 구식 호적은 모두 17세기 이후에 만들어진 것으로, 18-19세기의 것이 대다수를 차지하며, 지역적으로는 경상도 군현의 호적대장이 대부분이다. 이러한 시공간적인 한계는 인구 연구의 제약으로 작용한다.[13]

호적대장 이외에도 호구와 관련된 호구단자, 준호구(準戶口), 호적중초(戶籍中抄) 등이 인구 연구의 자료가 된다. 호구단자는 호주가 자신의 호구 상황을 작성하여 관아에 제출한 문서이며, 준호구는 소송 시의 첨부 자료 또는 노비 소유권 확인, 신분 유지의 자료로 활용하기 위해 호주의 요청으로 해당 관청에서 발급해 준 문서로, 최근 없어진 호적등본과 유사한 것이다. 이러한 호구단자, 준호구는 전국적으로 남아 있으며, 각 집안이 개별적으로 소장하고 있는 것이 많은데, 당시의 가족 구성, 인구 구조 등을 엿볼 수 있는 자료이다. 한편 호적중초는 마을 또는 면 단위로 작성된 호구 통계로, 해당 기관에 보관하면서 업무에 참고하던 자료이다.[14]

호적 관련 자료 이외에 조선시대 인구 연구에 많이 사용되는 자료로 지리지를 빼놓을 수 없다. 이 책에서는 15세기 중반의 『세종실록지리지』, 16세기 전반의 『신증동국여지승람』, 18세기 중반의 『여지도서』, 그리고 19세기 중반의 『대동지지』 등 4가지 지리지를 기본 자료로 사용하는데, 이 가운데 『신증동국여지승람』에는 인구 기록이 없으므로, 나머지 3종의 자료가 분석 대상이다.

---

12) 1896년 '호구 조사규칙'과 '호구 조사세칙'이 제정되면서 만들어진 신식 호적은 내용에 있어 호주 부인의 사조를 기재하지 않은 것을 빼면 구식 호적과 큰 차이가 없었다.

13) 한국문화역사지리학회 편, 2011, 한국역사지리, 푸른길, 342.

14) 김동전, 2008, "인구와 호적," 지방사연구입문(역사문화학회 편), 민속원, 220.

먼저 1454년에 만들어진 『세종실록지리지』는 1432년(세종 14)경의 전국 군현의 호구 수를 담고 있어 조선 전기 인구의 규모와 지역적 분포를 이해하는 데 가장 기초가 되는 자료이다. 그러나 『세종실록지리지』는 조세 확보 등을 위한 국가의 통치 자료로 만들어졌기 때문에 기재된 호구 수가 당시 실제의 가구와 인구의 수가 아니라, 호수는 '편호(編戶)'의 수,[15] 구수는 '남정(男丁)'의 수로 추정된다.[16]

1757-1765년 사이에 각 군현에서 편찬한 읍지를 모아 묶은 『여지도서』는 방리조(坊里條)에 군현의 면과 리(里)의 호수와 남녀 인구수를 기록하고 있어 당시의 지역별 인구 규모를 추산하는 데 이용할 수 있다.[17] 호구 수는 대부분의 군현에서 '기묘장적(己卯帳籍)'을 기준으로 작성되었으므로, 1759년(영조 35)의 상황을 담고 있다.[18] 전국에 걸친 18세기 후반의 공시적인 기록이라는 점에서 활용 가치가 높은 연구 자료라 평가할 수 있으나,[19] 당시 존재하였던 군현 중 39개 군현의 읍지가 누락되어 있다는 문제점을 지니고 있다.[20]

여기에 더해 『여지도서』의 인구 통계는 각 도에 따라 편차가 있다. 충청도·강원도·평안도는 행정적으로 가장 하부 단위인 리 단위까지 호구 수를 파악하였고, 황해도·함경도·전라도는 면 또는 그에 준하는 방(坊)과 사(社) 단위까지 파악하였다. 반면 경상도는 군현의 총계만 기재하였으며, 경기도는 리와 면 단위의 파악이 혼재되어 있다. 군현의 총계에 있어서도 충청도·경상도·전

---

15) 편호란 각종 역과 세금 등을 부과·징수하기 위해 실제 호수를 참작하여 위로부터 배정되어 편성된 호수이다.

16) 남정이란 16세에서 59세까지의 남자를 말한다.

17) 경상도 등 일부 지역은 면별 인구 통계가 기재되어 있지 않다.

18) 경기도 금천현은 '갑자장적(甲子帳籍)', 충청도 괴산군은 '병자장적(丙子帳籍)'을 기준으로 하고 있어 각각 1684년(숙종 10), 1756년(영조 32)의 호구 통계로 보인다.

19) 『여지도서』의 군현별 인구 통계는 대개 '己卯帳籍'에 따르고 있다고 기록되어 있어, 1759년(영조 35년)에 조사된 것으로 추정된다.

20) 한국문화역사지리학회 편, 앞의 책, 344.

지리지를 이용한 조선시대 지역지리의 복원

라도와 부령을 제외한 함경도는 모두 군현의 총계를 별도로 기재하였으나, 평안도와 황해도의 대부분 군현과 강원도는 별도로 군현 총계를 기재하지 않았다. 또한 호의 구체적인 명칭에 있어서도 충청도·강원도·평안도·황해도·전라도에서는 '편호'를 사용하였으나, 함경도는 '민호(民戶)', 경상도는 '원호(元戶)'를 주로 사용하였고, 경기도에서는 이상의 호칭을 혼용하였다. 호구 수의 기록에서도 대부분의 지역에서는 호수와 남·여 구수를 각각 기록하였으나, 경상도에서는 호수와 남·여 구수 외에 남녀를 합한 인구수를 기록하였다.[21] 이와 같이 호구 기록에 있어 지역에 따라 여러 가지 편차가 있는 것이다.

그러므로 여기에서는 『여지도서』를 보조 자료로 활용하며, 비슷한 시기인 1789년의 인구를 담고 있는 『호구총수(戶口總數)』를 주된 자료로 활용하였다. 『호구총수』는 조선시대 인구 자료 중 가장 널리 활용되고 있는 책이다. 이 책은 정조 대에 간행된 인구 통계집으로 모두 9책으로 구성되어 있는데, 1책에는 1395년부터 1789년까지의 전국의 호구 수가 기재되어 있고, 2-9책은 1789년 당시 전국 군현의 면별 소속 리의 이름, 호수, 구수, 남녀 인구수가 일목요연하게 정리되어 있다. 이 때문에 『호구총수』는 조선시대 인구 통계 중 통시성과 공시성을 고루 갖춘 가장 완성도가 높은 자료로 꼽힌다. 그러나 당시의 호구 파악 능력이나 조사 방법 등을 고려할 때, 호수·구수 등의 수치는 그 완전성이 상당히 떨어질 것으로 판단된다. 『호구총수』에 따르면 1789년 전국의 총호수는 1,752,837가구, 총인구는 7,403,606명인데, 선행 연구에서는 이 수치가 당시 실제 호구 수의 반 정도를 반영하고 있을 것으로 추정하고 있다.[22] 선행 연구에 따르면, 『호구총수』는 1789년 호적대장의 통계를 그대로 옮겨 놓은 것으로 보이는데, 당시 호적대장을 살펴볼 때 『호구총수』에 기록된

---

21) 허원영, 2011, "18세기 중엽 조선의 호구와 전결의 지역적 분포-『여지도서』의 호구 및 전결 기록 분석," 사림 38, 13-14.
22) 김두섭, 1990, "조선후기 도시에 대한 인구학적 접근," 한국사회학 24, 7-23.

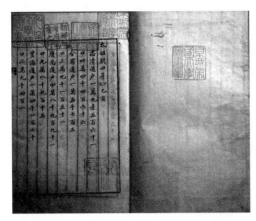

그림 3-1. 「호구총수」
출처: 한국학중앙연구원 한국민족문
화대백과사전

지역별 호구 통계는 많은 호구의 누락과 불균형한 연령대 및 남녀 비율의 인구 분포를 그 내용으로 한다. 그 통계는 편제된 호구의 지역 단위 액수가 고정적으로 설정되고, 그것이 다시 면단위에서 분배, 조정된 결과로 추정되는 것이다.[23]

한편 1864년경에 김정호가 편찬한 『대동지지』에도 별도의 도별 통계표로 평안도를 제외한 전국 각 군현의 호구 수가 정리되어 있다. 책 앞머리에 민호(民戶)의 근거는 "순조무자년(純祖戊子年)의 실수(實數)"라고 적혀 있어 1828년(순조 28)의 통계로 생각된다.

지금까지 살펴본 바와 같이 조선시대의 인구 관련 자료에서는 역사지리학적 연구에 필요한 동시성과 등질성을 구비한 자료를 얻기 어렵고, 동일한 지역에 걸쳐 여러 시기의 사료를 얻는 것 역시 쉽지 않다. 그리고 인구 관련 자료들이 오늘날과 같은 인구 조사의 결과물이 아니라, 징세와 과역을 위해 조사된 자료여서 누락되거나 완전하지 못한 자료가 대부분이다. 호구 자료의 경우에, 세금이나 역을 면하기 위해서 허위 신고를 하는 경우가 많았으며, 높은 유

---

23) 손병규, 2011, "18세기 말의 지역별 '戶口總數', 그 통계적 함의," 사림 38, 68.

아 사망률 때문에 어린 아이가 성인이 되기 전에 신고를 기피하거나, 노비를 고의로 신고하지 않는 사례도 있었다. 한편으로 국가의 입장에서는 징세와 군역 등 정책상 필요한 수치만 파악하는 경우가 많았으며, 지역마다 관례적으로 할당된 호총과 구총이 전제되고, 그 수치에 따라 호적상의 호구가 편제되었다고 추정된다. 즉 납세 능력이 있는 현실적인 호구 수를 고려하여 지역 간 호구 수가 조정, 할당되었을 것이다.[24] 따라서 조선시대 인구 자료가 당시 현존하는 모든 인구를 그대로 수록하고 있다고 생각해서는 안 된다.

또 한 가지 유의할 점은 조선시대 인구 관련 자료의 호와 구가 현재의 가구·인구와 그 의미가 다르고, 자료에 따라서도 의미의 차이가 있다는 점이다. 앞에서 언급했듯이 『세종실록지리지』에 실려 있는 구는 '남정(男丁)'을 의미하는데, 자료에 따라서 이렇게 성인 남자의 숫자만을 기록한 것도 있고, 여기에 성인 여자를 합한 경우, 그리고 어린아이와 노인을 모두 합한 전체 인구를 기록한 경우도 있다.[25] 호구 통계에 나타난 호의 개념에 대해서도 학자에 따라서 여러 주장이 제기되고 있다.[26] 그러므로 이 책에서도 지리지의 인구 자료를 이용하여 당시 인구 규모를 추산하거나, 시간에 따른 인구의 증감을 분석하기보다는 동 시대의 지역별 인구 규모를 검토하는 데 초점을 맞추었다.

---

24) 손병규, 위의 논문, 50-53.
25) 한국문화역사지리학회 편, 앞의 책, 346.
26) 호를 각종 역의 부과와 징세를 위해 일정한 편성 원칙에 따라 만들어진 편호로 보는 경우, 역시 각종 역과 세금을 부과하기 위해 정부에서 실제의 호수를 참작하여 각 도와 군현에 적절하게 배정한 호총(戶總)으로 보는 경우, 농경지를 소유하고 있는 한울타리 내에 위치하는 자연 상태의 가호(家戶)로 보는 경우 등이다.

2. 15세기 전반의 지역별 인구 분포

　위에서 언급한 바와 같이, 『세종실록지리지』에 수록되어 있는 전국 군현의 호구 수는 1432년경의 자료로 추정된다. 그리고 호구 수는 당시 실제의 가구와 인구의 수가 아니라, 호수는 편호, 구수는 남정의 수로 보인다. 『세종실록지리지』에는 호구 수가 아래의 예와 같이 사방 경계에 대한 언급 다음, 군정 앞에 기록되어 있다. 그리고 다음과 같이, 경도한성부는 오부(五部)와 성저십리(城底十里)의 호수만 기록되어 있으며, 구도개성유후사는 도성(都城)과 속현개성(屬縣開城)으로 나누어 호구가 기록되어 있다. 이 가운데 구수, 즉 인구수를 주된 분석의 대상으로 삼았다.

鎭山曰冠嶽 四境 東距廣州十一里 西距衿川十里 南距廣州之境支石十九里 北距漢江二十五里 戶二百四十四 口七百四十三 軍丁 侍衛軍二十一 船軍七十(『세종실록지리지』, 경기도, 과천현)

五部戶一萬七千一十五 城底十里 東至楊州松溪院及大峴 西至楊花渡及

高陽德水院 南至漢江及露渡 戶一千七百七十九(『세종실록지리지』, 경도
한성부)

都城戶四千八百十九 口八千三百七十二 巡綽牌軍丁摠一千名 屬縣開城
戶八百四十四 口二千二十一 馬軍六十八 步軍五 舡軍左右領 幷二十(『세
종실록지리지』, 구도개성유후사)

인구가 기록되어 있지 않은 경도한성부를 제외하고, 『세종실록지리지』에
는 구도개성유후사를 포함하여 전국 335개 부·목·군·현의 구수, 즉 인구가
기록되어 있다. 이 가운데 인구가 가장 많은 곳은 21,815명인 함길도 종성도
호부였으며, 그 뒤를 14,819명인 함길도 길주목, 14,440명인 평안도 평양부
가 이었다. 이에 비해 인구가 가장 적은 군현은 강원도 평강현으로 212명이었
고, 전라도 용담현이 274명이었다. 2만 명대에서부터 2백 명대까지 인구의 편
차가 무척 심하였다. 이와 같이 편차가 커서 단계를 구분하기가 쉽지 않으나,
임의로 인구 규모를 구분하여 도별 군현의 분포를 정리한 것이 표 3-1과 그림
3-2이다.

전국적으로 1,000명대의 인구를 가진 군현이 118곳으로 가장 많았다. 그다
음은 500~1,000명 사이의 인구를 가진 군현이 많았으며, 2,000~4,000명 사
이의 군현이 뒤를 이었다. 도별로 살펴보면, 경기도와 강원도는 500~1,000명
사이의 인구를 가진 군현이 제일 많은데 비해, 충청도·전라도·경상도 등 남
부 지방은 1,000~2,000명 사이의 인구를 가진 군현이 가장 많았다. 황해도와
함길도는 2,000~4,000명 사이의 군현이 가장 많았다.

도별 특징을 보면, 경상도·평안도·함길도는 다양한 인구 규모를 가진 군현
들로 구성되어 있었는 데 비해, 강원도는 인구 규모가 비슷한 군현들로 이루
어져 있었다. 충청도는 1,000~2,000명 사이의 인구 규모를 가진 군현의 비율

표 3-1. 1432년경 인구 규모별 군현 수

인구 (명)	도별 군현 수(주요 군현)								계 (%)
	경기도	강원도	충청도	전라도	경상도	황해도	평안도	함길도	
1만 이상	1(개성)		1(공주)				1(평양)	2(종성, 길주)	5 (1.5)
8천- 1만				2(대정, 제주)	3(성주, 경주, 김해)		1(안주)	3(경성, 함흥, 영흥)	9 (2.7)
6천- 8천			3(충주, 청주, 홍주)		4(안동, 진주, 밀양, 상주)	3(해주, 평산, 봉산)			10 (3.0)
4천- 6천	1(수원)	1(강릉)		4(진주, 남원, 무진, 나주)	6(선산, 예천, 창원, 대구, 창녕, 울산)	2(황주, 서흥)	4(정주, 개천, 선천, 강계)	3(경원, 경흥, 북청)	21 (6.2)
2천- 4천	4(이천, 강화, 광주, 양주)	3(원주, 삼척, 춘천)	6(덕산, 면천, 천안, 목천, 죽산, 직산)	6(순천, 영광, 정의, 김제, 무장, 고산)	16(永川, 청도, 함안, 榮川 등)	11(재령, 수안, 연안, 안악 등)	13(덕천, 수천, 삼화, 성천 등)	7(안변, 정평, 온성, 단천, 예원, 부령, 회령)	66 (19.7)
1천- 2천	13(안성, 양근, 교하, 인천 등)	6(통천, 양양, 울진, 흥천, 회양, 고성)	29(홍산, 진천, 서산, 서천 등)	22(임피, 금산, 담양, 부안 등)	26(비안, 의성, 함양, 흥해 등)	4(송화, 토산, 은율, 강령)	17(상원, 숙천, 강동, 가산 등)	1(고원)	118 (35.2)
5백- 1천	17(가평, 통진, 부평, 금천, 임강, 남양 등)	11(평해, 금성, 낭천, 양구, 흡곡, 영월 등)	15(영동, 남포, 해미, 황간, 음성, 단양 등)	20(고창, 창평, 정읍, 장성, 옥과, 장수 등)	8(진해, 양산, 청송, 장기, 안음, 예안 등)	4(풍천, 옹진, 강음, 장연)	7(양덕, 맹산, 정녕, 증산, 삼등, 철산, 태천)	4(문천, 갑산, 용진, 의천)	86 (25.7)
5백 미만	6(마전, 장단, 영평, 안협, 적성, 연천)	3(정선, 인제, 평강)	1(연풍)	2(동복, 용담)	3(봉화, 거제, 기장)		4(삭주, 우예, 인산, 무창)	1(삼수)	20 (6.0)
계	42	24	55	56	66	24	47	21	335 (100)

지리지를 이용한 조선시대 지역지리의 복원

이 52.7%로 절반을 넘었다.

한편 『세종실록지리지』의 기록으로 본 1432년경 인구 규모에 따른 군현 순위는 표 3–2와 같은데, 함길도의 종성도호부와 길주목이 1·2위를 차지하였다. 이 두 군현 외에도 경성군과 함흥부가 각각 8·9위에 올라 10위 내에 함길도의 군현이 4곳이나 있었다. 이러한 현상은 조선 전기까지 함길도가 인구가 희박한 지역이라고 알려진 것과 배치되는데, 당시에 실제로 이들 군현에 많은 인구가 거주하였기보다는 통계상의 문제로 비롯된 것으로 추정된다. 앞에서도 언급했듯

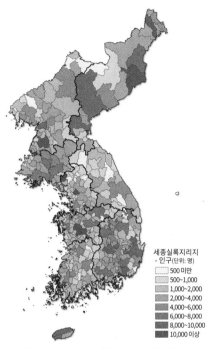

세종실록지리지
- 인구(단위: 명)
500 미만
500~1,000
1,000~2,000
2,000~4,000
4,000~6,000
6,000~8,000
8,000~10,000
10,000 이상

그림 3–2. 1432년경 인구 규모별 군현의 분포

이 『세종실록지리지』의 인구 기록은 16세에서 59세까지의 남자, 즉 '남정'의 숫자일 것이라는 추정을 감안하면, 아무래도 남성 인구가 많은 변경 지대라는 함길도의 특징이 반영된 것으로 볼 수 있다. 또한 표 3–2를 보면, 함길도는 다른 도와 달리, 인구에 비해 호의 숫자가 지나치게 적다. 정확하게는 알 수 없으나 인구 조사와 통계에 있어 다른 도와 다른 기준이나 방법이 적용되었을 가능성도 있다. 이에 덧붙여 조선 전기까지 함길도는 상대적으로 미개발된 지역이어서 행정 구역이 넓게 설정된 군현이 많다는 점도 고려할 만하다.

그 외에 10위까지의 군현들은 평양부·구도개성유후사·경주부와 같이 한때 국가의 수도였거나 공주목·함흥부·안주목과 같이 전통적인 지방 행정 중심지 역할을 수행한 군현들이 대부분이었다. 도별로도 평안도 2곳, 경상도 2

표 3-2. 1432년경 인구 규모에 따른 군현 순위

순위	군현명	인구수	호수	소속도
1	종성도호부	21,815	900	함길도
2	길주목	14,819	1,673	함길도
3	평양부	14,440	8,125	평안도
4	구도개성유후사	10,393	5,663	경기도
5	공주목	10,049	2,167	충청도
6	성주목	9,573	2,446	경상도
7	경주부	9,289	2,332	경상도
8	경성군	9,031	409	함길도
9	함흥부	8,913	3,538	함길도
10	안주목	8,567	2,690	평안도
11	영흥도호부	8,524	2,191	함길도
12	대정현	8,500	1,357	전라도
13	제주목	8,324	5,207	전라도
14	김해도호부	8,039	1,390	경상도
15	안동대도호부	7,667	1,887	경상도
16	진주목	7,522	2,220	경상도
17	충주목	7,452	1,871	충청도
18	해주목	6,814	1,926	황해도
19	밀양도호부	6,785	1,999	경상도
20	청주목	6,738	1,589	충청도
:				
323	인제현	398	197	강원도
324	기장현	397	174	경상도
325	삭주도호부	394	222	평안도
326	적성현	380	212	경기도
327	연천현	360	186	경기도
328	삼수군	348	113	함길도
329	연풍현	341	143	충청도
330	우예군	331	77	평안도
331	인산군	323	138	평안도
332	무창군	291	127	평안도
333	동복현	289	90	전라도
334	용담현	274	86	전라도
335	평강현	212	163	강원도

지리지를 이용한 조선시대 지역지리의 복원

곳, 경기도와 충청도가 각각 1곳으로 고른 분포를 보였다. 11위부터 20위 사이에는 김해도호부·안동대도호부·진주목·밀양도호부 등 경상도의 큰 군현들이 4곳 포함되어 있으며, 충청도의 충주목과 청주목도 들어가 있다. 흥미로운 점은 현재의 제주도에 해당하는 전라도의 대정현과 제주목이 각각 12, 13위를 차지한 것이다.

『세종실록지리지』에 인구가 400명 미만으로 기록된 군현은 13곳이었다. 인구가 가장 적은 곳은 212명인 강원도 평강현이었으며, 그다음은 274명의 전라도 용담현, 289명의

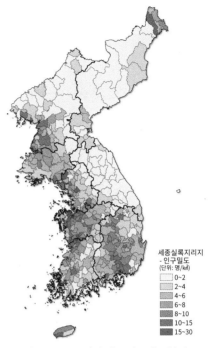

그림 3-3. 1432년경 인구 밀도별 군현의 분포

전라도 동복현의 순이었다. 도별로는 13곳의 군현 가운데 평안도가 무창군·인산군·우예군·삭주도호부 등 4개 군현이 포함되어 가장 많았고, 강원도·전라도·경기도가 각각 2곳씩 포함되었다. 인구가 적은 군현 중에는 산간 지역에 위치한 곳이 많았다.

한편 그림 3-3은 앞서 언급한 조선시대 행정 구역 복원 결과로 구한 각 군현의 면적을 이용하여 1432년경 인구 밀도를 구한 것이다. 충청도·전라도·경상도 등 삼남 지방의 인구 밀도가 다른 지방에 비해 높은 것을 볼 수 있으며, 서해안 지역이 북부 및 동부의 산악 지역에 비해 인구 밀도가 훨씬 높은 것을 확인할 수 있다.

인구 밀도가 가장 높은 군현 그룹인 15~30명/㎢에는 개성유후사와 충청도

평택현·석성현·면천군·덕산현·한산군, 전라도 대정현·용안현, 평안도 수천군, 황해도 강령현, 함길도 종성도호부 등 11개 군현이 포함되었다. 인구 밀도가 2명/㎢ 미만인 군현은 전국적으로 72곳이었다. 인구 밀도가 가장 낮은 하위 10위권에는 강원도 이천현·인제현·평강현, 평안도 우예군·삭주도호부·희천군·무창군, 함길도 부령도호부·삼수군·갑산군이 들어갔다.

3. 18세기 후반의
지역별 인구 분포와 경지 면적과의 상관성[27)]

1) 군현별 인구 규모

『호구총수』에 기록되어 있는 1789년 전국 군현의 인구 규모를 살펴보면, 가장 인구가 많은 곳은 한성부로 189,153명이었으며, 인구가 제일 적은 곳은 강원도 흡곡현으로 2,789명이었다. 즉 전국의 군현은 인구 규모에서 그 편차가 매우 컸다. 이를 도별로 나누어 정리한 것이 표 3-3이다.

한성부를 제외한 334개 군현 중 인구 규모 1만-2만 명에 달하는 곳이 가장 많아 36.2%를 차지하였으며, 그다음으로는 5천-1만 명 규모와 2만-3만 명 규모의 군현이 각각 21.3·19.5%를 점하였다. 이를 모두 합하면 7할이 넘어 당시 군현의 인구 규모는 대개 5천-3만 명 정도였다는 것을 확인할 수 있다. 앞에서 언급했듯이 『호구총수』의 통계 숫자가 실제 인구를 반 정도 반영하고

---

27) 2004년 6월 『민족문화연구』 40호에 게재한 논문인 "조선후기 인구의 지역별 특성"을 수정, 보완한 것이다.

표 3-3. 1789년 인구 규모별 군현 수

인구 규모 (명)	도별 군현 수(주요 군현)								계(%)
	경기	강원	충청	전라	경상	황해	평안	함경	
10만 이상	한성						1(평양)		1(0.3)
9만-10만									0(0.0)
8만-9만			1(충주)				1(의주)		2(0.6)
7만-8만				1(전주)	2(경주, 상주)			1(함흥)	4(1.2)
6만-7만	1(양주)				2(진주, 대구)	1(해주)	1(강계)	1(길주)	6(1.8)
5만-6만	2(수원, 광주)		1(홍주)	1(나주)	3(성주 등)	2(황주, 안악)	3(성천 등)	1(영흥)	13(3.9)
4만-5만	1(개성)		2(청주, 공주)	4(순천 등)	2(선산, 고성)		2(안주, 초산)	3(경성 등)	14(4.2)
3만-4만	2(강화, 여주)	2(원주, 강릉)	1(진천)	4(제주 등)	8(의령 등)	3(평산 등)	5(벽동 등)	4(단천 등)	29(8.7)
2만-3만	4(이천 등)		2(서산 등)	17(영암 등)	14(창원 등)	6(장연 등)	18(순천 등)	4(경성 등)	65(19.5)
1만-2만	13(안성 등)	11(춘천 등)	30(은진 등)	15(여산 등)	28(연일 등)	7(풍천 등)	10(삼화 등)	7(정평 등)	121(36.2)
5천-1만	12(지평 등)	11(홍천 등)	16(문의 등)	14(정읍 등)	10(비안 등)	4(옹진 등)	1(증산)	3(삼수 등)	71(21.3)
5천 미만	3(연천 등)	2(평창, 흡곡)	1(회인)		2(봉화, 예안)				8(2.4)
계	38	26	54	56	71	23	42	24	334(100)

있다고 가정한다면, 2만-4만 명 정도의 인구 규모를 지닌 군현이 가장 많았을 것이다.

인구 규모에 따른 군현의 순위는 표 3-4와 같다. 한성부를 제외하면 10만 명 이상의 인구가 거주하는 곳은 평양이 유일하고, 의주·충주·전주·경주· 함흥·상주·진주·길주의 순으로 10위권을 형성하였다. 그다음에는 해주·대 구·양주·강계·성천·나주·수원·영흥·성주·황주·홍주 등이 뒤를 잇고 있

표 3-4. 1789년 인구 규모에 따른 군현 순위

순위	군현명	인구수	소속도
1	평양	107,592	평안도
2	의주	89,970	평안도
3	충주	87,331	충청도
4	전주	72,505	전라도
5	경주	71,956	경상도
6	함흥	71,182	함경도
7	상주	70,497	경상도
8	진주	69,495	경상도
9	길주	65,202	함경도
10	해주	63,472	황해도
11	대구	61,477	경상도
12	양주	60,425	경기도
13	강계	60,419	평안도
14	성천	58,956	평안도
15	나주	57,783	전라도
16	수원	57,660	경기도
17	영흥	57,560	함경도
18	성주	54,365	경상도
19	황주	54,061	황해도
20	홍주	52,761	충청도
:	:	:	:
325	고성	5,187	강원도
326	진잠	5,150	충청도
327	봉화	4,900	경상도
328	연천	4,778	경기도
329	평창	4,554	강원도
330	회인	4,468	충청도
331	예안	4,188	경상도
332	마전	3,605	경기도
333	양천	2,793	경기도
334	흡곡	2,789	강원도

다. 당시에 각 도의 감영이 위치한 곳들이 거의 포함되어 있으며, 부·대도호부·목·도호부 등이 설치되어 상위 행정 및 군사 중심지 역할을 수행하던 곳

들이 대부분이다.[28] 그리고 지금도 지방 중심 도시로서 기능하는 곳들이다. 한편 인구가 적은 군현들로는 흡곡을 비롯하여 양천·마전·예안·회인 등이 하위 순위를 차지하였다.

도별로는 상위 20위권 내에 경기도 2곳, 충청도 2곳, 전라도 2곳, 경상도 5곳, 황해도 2곳, 평안도 4곳, 함경도 3곳이 각각 포함되었고, 강원도는 한 곳도 들지 못하였다. 인구 규모가 큰 군현들이 도내 군현 수에 비하여 평안도·함경도·황해도 등 북부 지방에 많이 나타나고 충청도·전라도·경상도 등 삼남 지방에는 적다는 특징을 발견할 수 있다. 자연조건이 양호하고 농경지가 넓은 삼남 지방에 인구 규모가 큰 군현이 상대적으로 많이 존재할 것이라는 예상과는 배치되는 결과이다.

다음으로 인구가 적은 군현들의 경우에는 산지가 많아 인구가 희박한 지역으로 알고 있는 강원도에 하위 10개 군현 중 3곳이 존재하였다. 반면 북부 지방의 군현은 한 곳도 포함되지 않았고 대신 경기도 3곳, 경상도 2곳, 충청도 2곳이 들어갔다. 이것도 의외의 결과이므로 보다 면밀한 해석이 필요할 것이다.

2) 군현별 인구 밀도

위의 군현별 인구 규모의 해석에서 석연치 않았던 부분들은 아마 인구 밀도와의 비교를 통해 어느 정도 해명할 수 있을 것이다. 앞서 언급한 조선 후기 행정 구역 복원을 통해 계산한 각 군현의 면적을 이용하여 1789년의 군현별 인구 밀도를 구한 결과, 당시 인구 밀도가 가장 높은 곳은 한성부로 802.70인/㎢이었으며, 가장 낮은 군현은 함경도 장진으로 2.17인/㎢이었다. 이를 다시 몇

---

28) 당시 평양·전주·경주·함흥 등은 부, 의주·양주·충주·홍주·상주·진주·성주·나주·길주·황주·해주 등은 목, 영흥은 대도호부였다.

표 3-5. 1789년 인구 밀도별 군현 수

인구 밀도 (인/km²)	도별 군현 수(주요 군현)								계 (%)
	경기	강원	충청	전라	경상	황해	평안	함경	
200 이상	한성			1(만경)	1(동래)				2 (0.6)
175-200							1(함종)		1 (0.3)
150-175	1(교동)			1(옥구)	1(웅천)				3 (0.9)
125-150			3(평택 등)	4(여산 등)		1(강령)			8 (2.4)
100-125	6(강화 등)		2(당진, 한산)	4(임피 등)	1(사천)	1(연안)	1(영유)		15 (4.5)
75-100	3(죽산 등)		15(서천 등)	9(전주 등)	15(영산 등)	2(안악, 은율)	11(숙천 등)		55 (16.5)
50-75	13(안성 등)		16(대흥 등)	15(진도 등)	27(고성 등)	5(풍천 등)	6(강서 등)		82 (24.6)
25-50	10(여주 등)	4(평해 등)	15(옥천 등)	21(보성 등)	19(장기 등)	8(옹진 등)	11(곽산 등)	6(덕원 등)	94 (28.1)
0-25	5(양근 등)	22(철원 등)	3(연풍 등)	1(곡성)	7(영해 등)	6(평산 등)	12(위원 등)	18(함흥 등)	74 (22.1)
계	38	26	54	56	71	23	42	24	334 (100)

개의 단계로 나누어 도별로 정리한 것이 표 3-5이다.

인구지리학에서는 일반적으로 인구 밀도의 차이에 따라 지역을 크게 희박 지역(인구 밀도 1인/km²미만)·희소 지역(인구 밀도 1-25인/km²)·소밀 지역(인구 밀도 25-100인/km²)·과밀 지역(인구 밀도 100인/km² 이상)으로 구분한다.[29] 이에 따르면, 1789년 전국 334개 군현 중 인구 밀도가 100인/km²이 넘어 과밀

---

29) Jordan, G. Terry and Domosh Mona, 2003, *The Hunan Mosaic; 9th edition*, New York: W. H. Freeman and Company, 218-220.

지역에 속하는 곳은 모두 29곳으로, 8.7%를 점하였다. 그리고 소밀 지역에 속하는 군현은 231곳으로, 69.2%를 차지하였으며, 나머지 74개 군현이 희소 지역이었다.

이를 지도화한 것이 그림 3-4인데, 100인 이상의 인구 밀도를 지닌 지역은 대부분 서·남해의 해안 지방에 위치해 있으며, 인구 밀도 50-100인의 군현들도 역시 해안 지방에 치우쳐 분포하는 것을 알 수 있다. 반면 인구 밀도 25인 이하의 군현들은 대부분 동북쪽에 위치하고 있어, 만약 서북단에 위치한 용천과

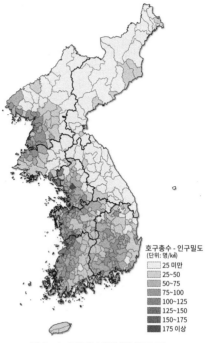

호구총수 - 인구밀도
(단위: 명/㎢)
- 25 미만
- 25~50
- 50~75
- 75~100
- 100~125
- 125~150
- 150~175
- 175 이상

그림 3-4. 1789년 군현별 인구 밀도

동남단에 위치한 동래를 잇는 임의의 선을 긋는다면, 당시 인구의 대부분이 그 선의 서남부에 분포하였을 것으로 추정된다.

이러한 양상은 인구 밀도에 따른 군현의 순위를 정리한 표 3-6에서도 잘 나타나, 20위권 내에 든 군현들은 대부분 해안의 평야나 도서에 위치해 있는 곳들이었다. 또한 표 3-4와 비교해 보면, 인구 규모 20위권과 중복되는 군현이 한 곳도 없음을 확인할 수 있다. 인구 밀도가 높은 군현들은 읍격(邑格)에 있어서도 부·목 등 상위 읍격이 대부분이었던 인구 규모 상위권의 군현들과는 달리, 대부분 군·현 등 하위 읍격이었다. 다만 해안 지방에 위치한 것들이 많아 방어의 필요성 때문에 도호부로 지정된 곳이 몇 곳 있었다.[30]

---

30) 당시 동래·교동·여산 등이 도호부였으며, 강화는 전략적인 요충지로써 유수부였다.

지리지를 이용한 조선시대 지역지리의 복원

표 3-6. 1789년 인구 밀도에 따른 군현 순위

순위	군현명	인구 밀도(인/㎢)	소속도
1	동래	250.87	경상도
2	만경	211.20	전라도
3	함종	188.09	평안도
4	웅천	174.47	경상도
5	교동	171.41	경기도
6	옥구	166.61	전라도
7	평택	147.23	충청도
8	여산	137.22	전라도
9	함열	136.05	전라도
10	용안	133.68	전라도
11	은진	132.33	충청도
12	석성	132.33	충청도
13	강령	131.78	황해도
14	김제	128.51	전라도
15	임피	123.15	전라도
16	당진	118.79	충청도
17	강화	117.45	경기도
18	익산	115.48	전라도
19	연안	115.05	황해도
20	사천	114.55	경상도
:	:	:	:
325	회양	7.63	강원도
326	양양	7.50	강원도
327	홍천	7.35	강원도
328	고성	6.22	강원도
329	경성	6.08	함경도
330	무산	5.80	함경도
331	삼수	5.21	함경도
332	인제	4.46	강원도
333	갑산	3.60	함경도
334	장진	2.17	함경도

　　도별로는 상위 20위권 내에 전라도 8곳, 충청도 4곳, 경상도 3곳, 경기도 2곳, 황해도 2곳, 평안도가 1곳이 포함되었다. 인구 규모의 순위와는 달리, 역시 자연조건이 양호하고 농경지가 넓은 삼남 지방의 인구가 조밀하다는 것을

확인할 수 있다. 이것은 『호구총수』를 비롯한 여러 통계를 통해 구한 18·19세기의 삼남 지방, 한성부 및 중부 지방(경기도·강원도), 북부 지방의 인구 비율이 51·32·17%라는[31] 사실에도 어느 정도 부합된다. 한편 하위 10위권은 강원도와 함경도가 5곳씩을 차지해 양분하고 있다. 산지가 많고 기후가 열악한 자연조건을 잘 반영하고 있다. 이러한 경향은 표 3-5에서 더 잘 드러난다. 당시 강원도와 함경도는 인구 밀도가 50인/km²이 넘는 군현이 하나도 존재하지 않았음을 알 수 있다. 이 같은 결과를 통해, 앞의 인구 규모 부분에서 의외로 나타났던 사실들을 어느 정도 해명할 수 있게 되었다.

그리고 당시 군현별 인구 규모와 인구 규모의 순위에는 또 다른 요인이 중요하게 작용하는 것으로 판단되는데, 그것은 각 군현의 절대 면적이다. 먼저 인구 규모의 순위는 각 군현의 절대 면적에 따라 인구 밀도에 비해 과장되는 경우가 많았다. 표 3-7은 군현의 면적과 인구 규모 및 인구 밀도와의 관계를 정리한 것이다. 면적으로 1-10위를 차지한 군현들은 강릉과 강계를 제외하면 모두 함경도에 속한 군현들로 인구 규모 면에서는 대개 100위권 안이나, 인구 밀도는 대개 300위권으로 최하위의 그룹에 속하였다. 즉 면적이 넓은 군현들이 대체로 인구 규모 순위에서 상위권을 차지하고 있는 것이다. 북부 지방의 군현들이 인구 규모가 큰 것으로 집계된 것도 이 때문이다. 당시 평안도·함경도·황해도 군현의 평균 면적은 각각 917.4km²·2355.3km²·712.6km² 정도인데 반해, 충청도·전라도·경상도 군현의 평균 면적은 각각 284.9km²·371.1 km²·437.3km² 가량으로 추산된다. 또한 표 3-4와 3-7에서 나타나듯이, 상위 행정 중심지들이 인구 규모가 큰 것도 이들 행정 구역의 면적이 상대적으로 넓기 때문이다.

---

31) 한영국(1997)이 1717년부터 1900년까지 30년 간격의 도별 인구 통계를 이용하여 구한 평균치이다.

표 3-7. 군현의 면적과 인구 규모 및 인구 밀도와의 관계

면적순위	군현명	인구 규모 순위	인구 밀도 순위
1	경성(함경도)	29	329
2	갑산(함경도)	101	333
3	무산(함경도)	49	330
4	장진(함경도)	212	334
5	강계(평안도)	13	314
6	북청(함경도)	40	308
7	강릉(강원도)	56	309
8	함흥(함경도)	6	264
9	단천(함경도)	48	306
10	영흥(함경도)	17	265
⋮	⋮	⋮	⋮
325	마전(경기도)	331	214
326	웅천(경상도)	177	4
327	옥구(전라도)	193	6
328	석성(충청도)	268	12
329	만경(전라도)	192	2
330	강령(황해도)	292	13
331	양천(경기도)	332	166
332	교동(경기도)	298	5
333	용안(전라도)	322	10
334	평택(충청도)	320	7

한편 인구 밀도 역시 군현 면적과 상관관계가 높아, 인구 밀도가 높은 군현들은 대개 면적이 좁은 곳들이었다. 표 3-7에서, 면적으로 하위 10위권에 속한 군현들은 인구 규모 면에서도 하위권에 속하나, 인구 밀도로는 마전·양천을 제외한 8개 군현이 상위 10위권 내외를 차지하였다.

3) 인구 분포와 농경지 규모의 관련성

(1) 인구 밀도와 농경지 밀도의 상관관계

오늘날과 달리 농업이 국가 경제의 근간이었던 조선에서는 인구의 분포 양

상이 무엇보다도 농경지의 분포와 긴밀한 관계를 지니고 있었을 것이다. 앞에서 살펴보았듯이 전라도·경상도·충청도 등 삼남 지방의 인구 밀도가 다른 지역에 비해 높은 것도 상대적으로 이 지역에 많은 농경지가 분포하기 때문일 것이다. 조선 후기 각 도별 인구수의 백분비와 전결수의 백분비를 구해 이를 비교해 본 선행 연구에 따르면,[32] 이 둘이 서로 비례하여 농경지가 많은 지역에 인구가 많이 거주하였다. 그림 3-5는 『여지도서』에 실려 있는 각 군현별 수전(水田), 즉 논과 한전(旱田), 즉 밭의 결수(結數)

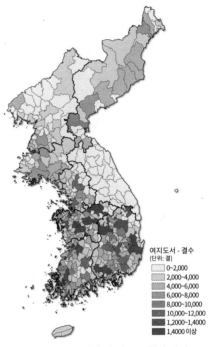

여지도서 - 결수
(단위: 결)
- 0~2,000
- 2,000~4,000
- 4,000~6,000
- 6,000~8,000
- 8,000~10,000
- 10,000~12,000
- 12,000~14,000
- 1,4000 이상

그림 3-5. 18세기 후반 전국 군현별 경지 규모(結)

를 합해 이를 지도화한 것이다. 전라도·경상도·충청도 등 삼남 지방의 군현에 많은 농경지가 분포하며, 북부 지방의 경우에는 일부 해안 지방을 제외하고는 농경지의 면적이 협소함을 알 수 있다.

여기에서는 인구 분포와 농경지 규모와의 상관관계를 규명하기 위해 먼저 각 군현의 경지 밀도를 구하였다. 경지 밀도는 『여지도서』에 실려 있는 군현별 전결수와 행정 구역 복원을 통해 얻은 각 군현의 면적을 이용해 구하였으며 1㎢당 전결수를 말한다. 표 3-8은 경지 밀도의 군현별 순위를 정리한 것인데, 수전과 한전을 합한 전체 농경지 밀도의 순위를 살펴보면, 전라도 만경현

---

32) 한영국, 앞의 논문, 22-24.

이 1위를 차지하였으며, 20위권 내에 전라도·충청도·경상도·경기도의 군현이 각각 8·10·1·1곳씩을 점하였다. 또한 수전 밀도에서는 20위권 내에 전라도의 군현이 11곳을 차지해 상대적으로 많은 수전이 분포하였음을 알 수 있다. 한전 밀도의 순위는 20위권 내에 충청도의 군현이 12곳이나 포함되었고, 경상도가 4곳을 차지하였다. 한편 표 3-6의 인구 밀도 20위권의 군현들을 표 3-8과 비교해 보면, 무려 15곳이 표 3-8에 포함되어 인구 밀도와 경지 밀도가 서로 긴밀하게 연관되어 있음을 증명하고 있다.

이러한 각 군현의 인구 밀도와 경지 밀도의 관계를 명확하게 규명하기 위해

표 3-8. 경지 밀도의 군현별 순위

순위	1㎢당 농경지 결수	1㎢당 수전 결수	1㎢당 한전 결수
1	만경(전라도)	임피(전라도)	김제(전라도)
2	김제(전라도)	평택(충청도)	석성(충청도)
3	평택(충청도)	김제(전라도)	오천(충청도)
4	임피(전라도)	한산(충청도)	직산(충청도)
5	석성(충청도)	용안(전라도)	당진(충청도)
6	한산(충청도)	고부(전라도)	덕산(충청도)
7	용안(전라도)	석성(충청도)	만경(전라도)
8	서천(충청도)	서천(충청도)	은진(충청도)
9	은진(충청도)	교동(경기도)	함종(평안도)
10	고부(전라도)	옥구(전라도)	서천(충청도)
11	익산(전라도)	익산(전라도)	아산(충청도)
12	덕산(충청도)	여산(전라도)	예산(충청도)
13	여산(전라도)	동래(경상도)	신창(충청도)
14	아산(충청도)	금구(전라도)	하양(경상도)
15	오천(충청도)	은진(충청도)	회덕(충청도)
16	직산(충청도)	임천(충청도)	평택(충청도)
17	이산(충청도)	이산(충청도)	현풍(경상도)
18	금구(전라도)	광주(전라도)	경산(경상도)
19	교동(경기도)	함열(전라도)	임피(전라도)
20	동래(경상도)	나주(전라도)	영산(경상도)

주: 굵은 글씨체로 표시한 군현은 인구 밀도 순위 20위권 내에 포함된 군현이다.

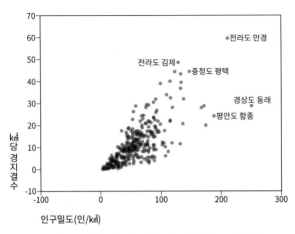

그림 3-6. 인구 밀도와 경지 밀도 간의 산포도(전국)

표 3-9. 인구 밀도(인/㎢)와 경지 관련 변수들의 상관관계

전국/도	통계량	경지 결수/㎢	수전 결수/㎢	한전 결수/㎢
전국	상관 계수	.771(**)	.734(**)	.658(**)
	군현 수	329	327	329
경기도	상관 계수	.638(**)	.702(**)	.365(*)
	군현 수	37	37	37
경상도	상관 계수	.767(**)	.858(**)	.496(**)
	군현 수	71	71	71
강원도	상관 계수	.666(**)	.417(*)	.708(**)
	군현 수	26	26	26
전라도	상관 계수	.864(**)	.836(**)	.773(**)
	군현 수	53	52	53
충청도	상관 계수	.879(**)	.852(**)	.756(**)
	군현 수	54	54	54
평안도	상관 계수	.856(**)	.905(**)	.765(**)
	군현 수	42	42	42
함경도	상관 계수	.776(**)	.552(**)	.766(**)
	군현 수	23	22	23
황해도	상관 계수	.701(**)	.523(*)	.697(**)
	군현 수	23	23	23

** 상관 계수가 1% 유의수준에서 유의미함을 나타냄.
* 상관 계수가 5% 유의수준에서 유의미함을 나타냄.

지리지를 이용한 조선시대 지역지리의 복원

피어슨 상관 분석(Pearson's correlation analysis)을[33] 실시하였으며, 그 결과가 그림 3-6과 표 3-9이다. 그림 3-6을 살펴보면, 전국에 걸쳐 인구 밀도와 경지 밀도 간에 정적(正的) 상관관계가 있음을 시각적으로 확인할 수 있다. 표 3-9를 통해 보다 구체적으로 살펴보면, 먼저 전국 329개 군현의 자료를 분석한 인구 밀도와 1㎢당 경지 결수와의 상관 계수는 0.771로, 두 변수 사이에 정적인 상관관계가 상당히 높음을 알 수 있다. 즉 경지 밀도가 높은 곳일수록 인구 밀도도 높다는 것을 의미한다. 도별로는 상관관계가 상대적으로 높은 곳이 충청도·전라도·평안도 등이었고, 낮은 곳은 경기도와 강원도였다.

한편 각 도별로 인구 밀도와 수전 또는 한전 밀도와의 상관관계를 살펴보면, 경기도·경상도·전라도·충청도·평안도는 한전보다는 수전 밀도가, 강원도·함경도·황해도는 수전보다 한전 밀도가 인구 밀도와 더 밀접한 상관관계를 보이고 있다. 이것은 각 도의 수·한전 비율 등과 깊은 관련이 있을 것이다.

(2) 지리적 인구 밀도

'지리적 인구 밀도(地理的 人口密度)'는 행정 구역의 면적을 토대로 한 통계적 인구 밀도의 단점을 보완하기 위해 농업 생산의 기초가 되는 경지 면적을 단위로 인구와 토지와의 비율을 산출하여 얻은 지표로,[34] '생리적 밀도(Physiological Density)'라고도 한다. 지리적 인구 밀도는 인구가 거주하기 어려운 지역을 제외하고 경작이 가능한 토지만을 고려하기 때문에 각 지역이 실질적으로 지니고 있는 인구 부양력을 보여 준다는 점에서 큰 의미가 있다. 특히 농업 사회였던 조선 후기의 인구 상황을 파악하는 데는 매우 유효한 지표

---

33) 피어슨 상관 분석은 두 변수 간의 직선적인 결합 강도를 측정하기 위한 분석법으로, 여기에서는 각 군현의 인구 밀도와 경지 관련 변수들 즉 농경지 밀도, 수전 밀도, 한전 밀도와의 상관관계를 측정하였다.
34) 이희연, 1986, 인구지리학, 법문사, 167.

라 할 수 있다. 그래서 『여지도서』의 경지 및 인구 자료를 이용하여 군현별 지리적 인구 밀도를 구하였다. 일반적으로 한 지역의 지리적 인구 밀도는 인구 수를 경지 면적으로 나누어 구한다.[35] 여기서는 『여지도서』의 군현별 인구 수를 수전과 한전을 합한 전체 농경지 결수(結數)로 나누어 지리적 인구 밀도를 계산하였으며, 그 결과를 도별로 그리고 순위별로 나누어 정리한 것이 표

표 3-10. 18세기 후반 지리적 인구 밀도별 군현 수(『여지도서』)

지리적 인구 밀도 (人/結數)	도별 군현 수(주요 군현)								계 (%)
	경기	강원	충청	전라	경상	황해	평안	함경	
25 이상		11(회양 등)					4(벽동 등)		15 (4.4)
20-25		4(강릉 등)					10(강계 등)		14 (4.2)
15-20	1(지평)	6(원주 등)					10(철산 등)	2(경원, 홍원)	19 (5.7)
12-15	2(가평, 송도)	2(양양, 이천)				3(은율 등)	7(의주 등)		14 (4.2)
9-12	7(과천 등)	2(춘천, 고성)		4(진안 등)		8(강령 등)	3(순안 등)	1(이성)	25 (7.5)
6-9	6(교동 등)	1(횡성)	4(단양 등)	12(광양 등)	19(거제 등)	5(곡산 등)	7(중화 등)	10(함흥 등)	64 (19.2)
3-6	18(용인 등)		38(홍주 등)	35(전주 등)	51(고성 등)	5(재령 등)	1(강동)	10(영흥 등)	158 (47.3)
3 미만	2(양성, 진위)		11(청주 등)	2(금구, 여산)		2(금천, 배천)			17 (5.1)
미상	2(고양 등)		1(청안)	3(제주 등)	1(사천)			1(장진)	8 (2.4)
계	38	26	54	56	71	23	42	24	334 (100)

주: 미상은 『여지도서』에 인구 또는 경지 자료가 누락되어 있어 계산이 불가능한 군현임.

---

35) 따라서 지리적 인구 밀도는 농경지 1km²당 인구수, 또는 농경지 1acre당 인구수 등으로 표시된다.

지리지를 이용한 조선시대 지역지리의 복원

표 3-11. 18세기 후반 지리적 인구 밀도에 따른 군현 순위

순위	군현명	소속도	지리적 인구 밀도 (인/결수)
1	회양	강원도	72
2	금성	강원도	62
3	김화	강원도	61
4	안협	강원도	44
5	낭천	강원도	38
6	평강	강원도	36
7	정선	강원도	34
8	벽동	평안도	32
9	영원	평안도	31
10	인제	강원도	31
11	이산	평안도	30
12	양구	강원도	29
13	가산	평안도	26
14	흡곡	강원도	26
15	울진	강원도	25
16	삭주	평안도	24
17	홍천	강원도	23
18	강릉	강원도	22
19	개천	평안도	22
20	삼척	강원도	22
:	:	:	:
319	서산	충청도	2
319	면천	충청도	2
319	배천	황해도	2
319	회인	충청도	2
319	청주	충청도	2
319	천안	충청도	2
319	서천	충청도	2
319	직산	충청도	2
319	금천	황해도	2
319	진위	경기도	2
319	예산	충청도	2
319	양성	경기도	2
319	금구	전라도	2
319	여산	전라도	2
319	이산	충청도	2
319	공주	충청도	2

3-10과 3-11이며, 지도화한 것이
그림 3-7이다.

먼저 표 3-10과 그림 3-7을 보면,
강원도의 군현들이 지리적 인구 밀
도가 가장 높은 편이며, 평안도·함
경도·황해도의 군현들도 비교적 높
은 것으로 나타났다. 반면 경상도·
전라도·충청도는 상대적으로 지리
적 인구 밀도가 낮은 편이다. 지리적
인구 밀도가 높다는 것은 인구와 경
지의 상관관계에서 인구에 비해 경
지가 적거나 경지에 비해 인구가 지
나치게 많아 인구 부양력이 낮다는
의미이며, 지리적 인구 밀도가 낮으
면 그만큼 그 지역의 인구 부양력이
높다는 뜻이다.

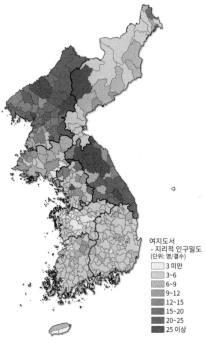

그림 3-7. 18세기 후반 군현별 지리적
인구 밀도

도별로 지리적 인구 밀도에 따른 군현의 숫자를 살펴보면, 그 경향을 보다
명확하게 파악할 수 있다. 강원도의 경우, 지리적 인구 밀도가 25인 이상인 군
현이 무려 11곳으로 가장 큰 비중을 차지하고 있으며, 평안도도 15인 이상의
군현이 24곳으로 전체 42개 군현의 반 이상을 점하고 있다. 그러나 경지 면적
이 좁은 함경도는 예상보다 지리적 인구 밀도가 높지 않게 나타났는데, 이것
은 농경지도 적지만 인구가 매우 희박하기 때문일 것이다. 한편 경상도·전라
도·충청도는 3~9명 정도의 범위에 속하는 군현이 압도적으로 많으며, 비교
적 고른 분포를 보이고 있다. 지리적 인구 밀도에 따른 군현의 순위도 이와 같
은 양상을 잘 반영하고 있다(표 3-11 참조). 1위부터 20위까지는 강원도가 14

지리지를 이용한 조선시대 지역지리의 복원

곳, 평안도가 6곳을 차지하고 나머지 도는 한 곳도 없다. 지리적 인구 밀도가 가장 낮은 군현으로는 2명을 기록한 곳이 모두 16곳이었는데, 이 중 충청도가 10곳을 차지하였으며, 전라도·경기도·황해도가 각각 2곳을 점하였다.

4. 19세기 전반의 지역별 인구 분포[36]

앞에서 언급한 바와 같이, 1864년경에 편찬된 『대동지지』에는 평안도를 제외하고 각 도별 군현에 대한 서술이 끝난 마지막 부분에 부록 형식으로 강역(疆域)과 전민(田民)이라는 표가 수록되어 있다.[37] 강역은 각 군현의 인접한 군현 경계와의 거리를 동·동남·남·서남·서·서북·북·북동 등 8개 방향으로 나누어 표시한 것이며, 전민은 각 군현의 전답(田畓)·민호(民戶)·인구(人口)·군보(軍保)의 숫자를 표로 정리한 것이다. 전민에 대해서는 책 앞부분의 '문목 이십이(門目 二十二)'에 "해마다 증감이 일정한 수치가 없기 때문에 지금은 순조무자년(純祖戊子年)의 실수(實數)를 기록하고 표시하였으므로 그 대강을 알 수 있을 것이다."라고 적혀 있어 이 숫자들이 1828년(순조 28)의 통계로 생각된다.

평안도는 전체 전민표가 없으나, 전체 42개 군현 중 19개 군현만 '호구(戶

---

36) 2019년 8월 『문화역사지리』 31권 2호에 게재한 논문인 "『대동지지』로 본 19세기 초 인구의 지역적 분포"를 수정, 보완한 것이다.
37) 강원도의 경우, 군현에 대한 서술에 앞서 앞부분에 전민표가 수록되어 있다.

지리지를 이용한 조선시대 지역지리의 복원

口)'라는 항목으로 호수, 구수, 남자구수, 여자구수를 기재하였다. 그리고 한성부의 호구는 따로 호 45,700, 구 283,200으로 기록되어 있다. 따라서 『대동지지』에는 한성부를 포함하면, 전국 312개 군현의 호구 수가 기록되어 있다. 앞서 살펴본 전국 334개 군현의 호구 수가 수록되어 있는 『호구총수』와 비교해 『대동지지』에는 평안도의 23개 군현의 기록이 누락되고, 함경도의 후주도호부(厚州都護府)가 새롭게 추가된 숫자이다. 『대동지지』의 호구 수 기록의 또 다른 특징은 군현뿐만 아니라 진(鎭)의 호구 수도 적혀 있는 것이다. 경기도의 영종진(永宗鎭)·화량진(花梁鎭)·주문진(注文鎭)·장봉진(長峯鎭), 충청도의 평신진(平薪鎭) 등 9개 진의 호구 수가 기록되어 있다.

1) 인구 규모로 본 인구 분포

(1) 도별 인구 규모

『대동지지』의 도별 서술의 맨 끝부분에는 '총수(摠數)'라 하여 도별로 방면(坊面)·민호(民戶)·인구(人口)·전답(田畓)·군보(軍保)·장시(場市)·기발(騎撥)·보발(步撥)·진도(津渡)·목장(牧場)·제언(堤堰)·동보(垌洑)·능소(陵所)·원소(園所)·묘소(墓所)·단유(壇壝)·묘전(廟殿)·사액사원(賜額祠院)·창고(倉庫)·황장봉산(黃腸封山)·송전(松田)·전죽도(箭竹島) 등의 총 숫자를 기록해 놓았다. 그런데 황해도와 평안도는 '총수'가 기재되어 있지 않다. 나머지 6개 도의 총수에 기록된 인구는 표 3-12와 같다. 이와 함께 표 3-12에는 전민표에 기록된 군현의 인구를 모두 합한 값도 같이 정리하였다.

표 3-12를 보면, '총수'의 인구와 전민표의 합계가 서로 일치하지 않는 것을 알 수 있다. 경기도·전라도는 '총수'의 인구 기록보다 전민표의 인구를 모두 합친 값이 더 많았고, 나머지 도는 '총수'의 인구가 더 많았다. 『대동지지』를 편찬하는 과정에서 서로 다른 자료를 이용했을 가능성이 있고, '총수'의 인구

는 십 자리의 인구까지는 적지 않아 다른 집계 방법을 이용했을 수도 있다.

1828년 무렵, 자료가 없는 평안도를 제외하고, 인구가 가장 많은 도는 경상도였으며, 그다음은 전라도·충청도·함경도·경기도·황해도·강원도의 순이었다. 전민표의 합계 값을 이용하여 군현당 평균 인구를 계산해 본 결과, 군현당 인구가 가장 많은 도는 28,519.2명의 함경도였으며, 2위는 22,981.7명의 황해도가 차지하여, 북부 지방의 군현들이 인구 규모가 더 컸다. 이는 앞서 『호구총수』를 이용해 분석한 18세기 후반의 상황과 비슷하였다. 이에 비해 군현당 평균 인구가 가장 적은 도는 강원도였다.

한편 도별 인구 규모와 농경지 면적과는 비교적 상관관계가 높은 것으로 나타났다. 인구가 가장 많은 경상도가 경지 면적에서는 2위였으며, 인구에서 2위를 기록한 전라도가 경지 면적이 가장 넓었다. 인구가 가장 적은 강원도는 경지 면적도 제일 좁았다. 한편 군현당 인구에서는 함경도·황해도·경상도·

표 3-12. 1828년경의 도별 인구와 농경지 면적

도	군현 수	'총수'의 인구와 호수		'전민'의 인구		'전민'의 결수	
		총인구 (호수)	군현당 인구 (호수)	총인구	군현당 인구	전체 결수	군현당 결수
경기도	37	616,100(156,200)	16,651.4(4,221.6)	652,700	17,640.5	111,292.2	3,007.9
강원도	26	343,900(80,900)	13,226.9(3,111.5)	334,630	12,870.4	15,987	614.9
충청도	54	868,100(217,400)	16,075.9(4,025.9)	856,247	15,856.4	255,300	4,727.8
전라도	56	910,900(247,007)	16,266.1(4,491.0)	1,020,074	18,215.6	346,876	6,194.2
경상도	71	1,447,800(335,600)	20,391.5(4,726.8)	1,437,240	20,242.8	337,848	4,758.4
황해도	23	–	–	528,579	22,981.7	132,289	5,751.7
평안도	42	–	–	–	(19,595.3)	–	(1,713.6)
함경도	25	713,200(119,300)	28,528.0(4,772.0)	712,980	28,519.2	101,182.4	4,047.3

주1: '총수'의 호수 중 전라도는 제주가 포함되지 않은 숫자임.
주2: '전민'의 인구 중 평안도의 군현당 인구는 인구가 기록된 19개 군현의 평균값임.
주3: 경지 결수 중 전체 결수는 '총수'에 기록된 것이 아니라, '전민' 표의 군현별 전(田)과 답(畓)을 모두 합한 값임. 강원도는 다른 도와 달리 '전', '답', '속전(續田)'으로 나누어 경지 결수가 기록되어 있어 이를 모두 합한 값임.
주4: '전민'의 결수 중 평안도의 군현당 결수는 시기 결수가 기록된 19개 군현의 평균값임.

지리지를 이용한 조선시대 지역지리의 복원

전라도·경기도·충청도·강원도의 순인 데 비해, 군현당 결수에서는 전라도·황해도·경상도·충청도·함경도·경기도·강원도의 순이어서 상관관계가 떨어졌다. 특히 다른 도에 비해 함경도의 상관관계가 낮았는데, 이는 함경도의 인구 중 농업에 의존하는 비중이 다른 도에 비해 떨어지는 것과 관련이 있을 것이다. 함경도는 18·19세기 들어 인구가 급증하였는데, 이 시기 해안 지역을 중심으로 어업과 상업이 비약적으로 발달하면서 장시·포구를 중심으로 인구가 크게 증가하였고, 내륙의 경우에도 채삼(採蔘)이나 광산 개발과 관련된 사람들을 중심으로 인구가 늘었기 때문이다.[38]

(2) 군현별 인구 규모

표 3-13에서 볼 수 있듯이 한성부를 제외하고, 『대동지지』에 기록되어 있는 전국 311개 부·목·군·현 가운데 인구가 가장 많은 곳은 충청도 충주목으로 97,000명이었으며, 그다음은 72,250명인 경상도 경주부, 71,510명의 함경도 함흥부 등의 순이었다. 1위부터 20위까지의 군현 가운데 16위인 황해도 안악군을 제외하고는 모두 부·목·도호부 등 읍격이 높은 군현들이었다. 10위 안에는 목이 6곳, 부가 4곳이었으며, 11위부터 20위까지는 도호부와 목이 3곳, 부가 2곳, 대호부가 1곳이었다. 도별로는 20위 내에 경상도가 5개 군현으로 가장 많이 포함되었고, 경기도와 함경도가 각각 4곳, 충청도·전라도·황해도가 각각 2곳, 그리고 평안도가 1곳이 들어 있었다. 강원도는 한 곳도 없었다.

1789년의 상황을 담은 표 3-4와 비교해 보면, 경상도가 5곳으로 가장 많은 것과 강원도가 한 곳도 들지 못한 것이 일치한다. 표 3-4에서는 평안도가 4곳을 차지하였는데, 『대동지지』에는 평안도 일부 군현의 인구 통계가 누락되어

---

38) 강석화, 1996, "18세기 함경도지역의 개발과 사족," 역사비평 35, 371-373.
   고승희, 2002, "19세기 함경도 상업도회의 성장," 조선시대사학보 21, 139-152.

표 3-13. 1828년경 인구 규모에 따른 군현 순위

순위	군현명	인구수	소속도	면적순위
1	충주목	97,000	충청도	30
2	경주부	72,250	경상도	20
3	함흥부	71,510	함경도	8
4	길주목	68,470	함경도	14
5	진주목	67,610	경상도	36
6	상주목	64,990	경상도	37
7	해주목	64,212	황해도	17
8	개성부	62,328	경기도	133
9	양주목	61,319	경기도	51
10	전주부	60,620	전라도	76
11	제주목	60,450	전라도	57
12	수원부	59,021	경기도	90
13	대구도호부	56,040	경상도	83
14	영흥대도호부	54,970	함경도	10
15	홍주목	54,562	충청도	112
16	안악군	53,546	황해도	105
17	성주목	52,070	경상도	62
18	경성도호부	51,030	함경도	6
19	강계도호부	50,748	평안도	1
20	광주부	50,674	경기도	60
:	:	:	:	:
302	동복현	4,630	전라도	206
303	운봉현	4,490	전라도	233
304	회인현	4,445	충청도	292
305	창평현	4,280	전라도	303
306	예안현	3,990	경상도	205
307	진해현	3,580	경상도	325
308	양천현	3,532	경기도	333
309	흡곡현	3,400	강원도	180
310	마전군	3,017	경기도	328
311	대흥군	871	충청도	273

있어 비교가 어렵다. 평안도 강계도호부를 포함하면, 20위 안에 속한 군현들 중 표 3-4와 표 3-13에 모두 포함된 곳이 15곳이었다. 표 3-4에는 없으나, 표

3-13에는 들어간 군현은 경기도 개성부, 전라도 제주목, 황해도 안악군, 함경도 경성도호부, 경기도 광주부였다.

한편 인구가 가장 적은 군현은 충청도 대흥군으로 871명이었다. 그러나 이것은 기록상의 오류로 추정된다. 대흥군의 호수는 3,362호로 기록되어 있기 때문이다. 상식적으로 인구가 호수보다 적을 수는 없다. 대흥군을 빼면, 인구가 적은 군현은 3,017명의 경기도 마전군, 3,400명의 강원도 흡곡현, 3,532명의 경기도 양천현 등의 순이었다. 표 3-4를 확인해 보면, 1789년에도 흡곡·양천·마전은 인구 최하위 군현들이었다. 40여 년 사이에 군현의 인구 규모에 큰 변화가 없었음을 알 수 있다. 인구의 절대 숫자에 있어서도 표 3-4와 표 3-13에 있어 큰 변화가 나타나지 않는다.

표 3-14를 통해 도별로 군현의 인구 규모를 살펴보면, 경기도에서는 개성부·양주부·수원부·광주부 순으로 인구가 많았다. 모두 서울을 둘러싸고 있는 정치적·군사적으로 중요한 군현들이다. 전체적으로는 1-2만 규모의 인구를 가진 군현과 5천-1만 규모의 인구를 가진 군현이 각각 12곳으로 전체 37개 군현의 절반을 훨씬 넘었다. 인구가 적은 군현은 마전군·양천현·적성현의 순이었다.

강원도는 다른 도에 비해 인구가 많은 군현이 적었다. 인구가 가장 많은 원주목이 34,410명, 그다음 강릉대도호부가 33,500명이었고, 3위인 춘천도호부는 20,530명으로 2만 명이 조금 넘었다. 1-2만 규모의 인구를 가진 군현이 11곳으로 가장 많았다. 가장 인구가 적은 군현은 흡곡현이었고, 그 뒤를 김화현이 이었다. 역시 1만 이하의 인구가 적은 군현들이 서로 모여 있는 경향이 있는데, 남부의 평창·정선·영월이 서로 붙어 있고, 중부의 김화·낭천·양구·인제·양양은 동서로 띠를 이루며 연결되어 있다. 대부분 면적이 좁은 군현들이라는 공통점을 가지고 있다.

충청도는 전국 1위인 충주목의 인구가 압도적으로 많았고, 홍주목·청주

표 3-14. 1828년경 인구 규모별 군현 수

인구 규모 (명)	인구 규모별 군현(군현 순서는 인구 규모 순위)							
	경기	강원	충청	전라	경상	황해	평안	함경
9만-10만	-	-	충주(1)	-	-	-	-	-
8만-9만	-	-	-	-	-	-	-	-
7만-8만	-	-	-	-	경주(1)	-	-	함흥(1)
6만-7만	개성, 양주(2)	-	-	전주, 제주(2)	진주, 상주(2)	해주(1)	-	길주(1)
5만-6만	수원, 광주(2)	-	홍주(1)	-	대구, 성주(2)	안악(1)	강계(1)	영흥, 경성(2)
4만-5만	-	-	청주, 공주(2)	남원(1)	안동(1)	-	의주(1)	명천(1)
3만-4만	강화, 여주(2)	원주, 강릉(2)	진천(1)	흥양, 순천, 영광, 나주, 부안(5)	고성, 선산, 울산, 밀양, 永川, 청도, 창녕(7)	봉산, 평산(2)	정주, 영변(2)	무산, 북청, 단천, 회령, 안변(5)
2만-3만	용인, 남양, 죽산, 이천(4)	춘천(1)	옥천, 서산(2)	대정, 김제, 태인, 영암, 진도, 보성, 금산, 강진, 임피, 장흥, 정의, 광주, 진안(13)	창원, 거제, 의령, 김산, 동래, 함양, 예천, 합천, 거창, 의성, 김해, 함안, 의흥, 신녕(14)	곡산, 장연, 황주, 재령, 문화, 수안, 서흥(7)	선천(1)	갑산, 홍원, 종성(3)
1만-2만	안성, 장단, 과천, 포천, 고양, 안산, 양근, 통진, 부평, 인천, 파주, 지평(12)	회양, 평강, 이천, 철원, 삼척, 금성, 평해, 울진, 횡성, 홍천, 간성(11)	은진, 덕산, 보령, 임천, 목천, 남포, 온양, 직산, 괴산, 보은, 부여, 결성, 홍산, 청양, 제천, 태안, 당진, 천안, 영동, 면천, 연산, 청산, 노성, 연기, 서천, 청안, 회덕, 해미, 예산(29)	임실, 함열, 익산, 장수, 광양, 해남, 고산, 무장, 옥구, 고부, 무안, 무주, 남평, 용담, 만경, 담양, 함평, 순창, 장성, 여산, 능주(21)	개령, 영일, 榮川, 영산, 삼가, 안의, 하동, 웅천, 영덕, 칠곡, 남해, 인동, 경산, 흥해, 현풍, 자인, 영산, 용궁, 초계, 청송, 곤양, 순흥, 영양, 칠원, 고령, 언양, 문경, 군위, 기장, 사천, 지례(31)	풍천, 신천, 은율, 연안, 송화, 장련, 배천, 금천, 옹진(9)	창성, 위원, 초산, 철산, 희천, 곽산, 벽동, 삭주, 가산, 구성, 용천(11)	경원, 부령, 이원, 온성, 경흥, 정평, 삼수, 문천, 덕원(9)

지리지를 이용한 조선시대 지역지리의 복원

5천-1만	양지, 교하, 시흥, 김포, 음죽, 교동, 양성, 진위, 영평, 가평, 삭녕, 연천(12)	낭천, 정선, 양양, 안협, 영월, 양구, 통천, 고성, 인제, 평창(10)	아산, 정산, 문의, 비인, 한산, 청풍, 신창, 음성, 석성, 전의, 황간, 단양, 영춘, 진잠, 평택, 연풍(16)	금구, 진산, 낙안, 곡성, 흥덕, 정읍, 구례, 용안, 옥과, 고창(10)	함창, 단성, 비안, 산청, 영해, 풍기, 장기, 하양, 청하, 진보(10)	토산, 신계, 강령(3)	운산, 태천, 박천(3)	고원, 장진, 후주(3)
5천 미만	적성, 양천, 마전(3)	김화, 흡곡(2)	회인, 대흥(2)	화순, 동복, 운봉, 창평(4)	봉화, 예안, 진해(3)	–	–	–
계	37	26	54	56	71	23	19	25

주: 평안도는 전체 42개 군현 중 19군현만 인구 기록이 있음.

목·공주목이 그 뒤를 이었다. 읍격이 낮고 면적도 중간 정도인 진천현의 인구가 유난히 많은 것이 눈에 띈다. 1-2만 규모의 인구를 가진 군현이 전체의 절반 이상을 점하였다. 인구 1만 이하의 군현들은 면적이 좁은 군현들이 많으나, 지역적으로 편중되어 있지 않다. 다만 서부의 군현들에 비해 영춘·단양·청풍과 같은 동부 산악 지역의 군현들이 면적이 넓은 편이다.

전라도에서는 전주부의 인구가 가장 많았고, 제주목의 인구가 2위인 것이 주목할 만하다. 그다음은 남원도호부·흥양현·순천도호부의 순이었는데, 순천·남원·제주·전주는 면적에서도 나란히 1-4위를 차지하였다. 인구가 적은 군현은 창평현·운봉현·동복현·화순현의 순이다. 전라도는 1-2만의 인구 규모를 가진 군현이 많으나, 다른 도에 비해 다양한 인구 규모를 가진 군현들이 고르게 분포하는 것이 특징이다. 이는 전라도 군현이 다른 도에 비해 면적이 비교적 고른 것과 관련이 있을 것이다. 전반적으로 해안에 위치한 군현들이 내륙에 위치한 군현보다 인구가 많은 편이다.

가장 많은 군현을 가진 경상도는 경주부·진주목·상주목·대구도호부·성주목·안동도호부 등 읍격이 높은 군현의 인구가 특히 많았다. 38,360명의 인구를 가진 고성현이 7위를 차지하였으며, 그 뒤 10위까지는 다시 선산도호부·울산도호부·밀양도호부 등 도호부들이 점하였다. 10위까지의 군현들은 모두 면적도 넓었다. 다른 도와 마찬가지로 1~2만의 인구 규모의 군현이 43.7%를 차지해 가장 많았고, 그다음은 2~3만의 군현이 19.7%를 점하였다. 인구 규모별 군현 수에 있어 경상도와 전라도는 비슷한 분포를 보여 주었다. 인구 1만 이하의 13개 군현들은 모두 면적이 좁은 곳이었다.

　황해도는 해주목의 인구가 64,212명으로 가장 많았고, 그다음은 안악군·봉산군·평산도호부·곡산도호부·장연현·황주목·재령군·문화현의 순이었다. 10위권에 읍격이 낮은 군현이 5곳이나 포함되어 있고, 읍격이 높은 서흥도호부·풍천도호부·연안도호부·옹진도호부가 빠져 있는 것이 특징이다. 인구가 적은 군현들은 남동부에 많은데, 연안·배천·금천·토산·신계 등이 그것이다.

　평안도는 18세기 후반 『호구총수』에서 107,592명의 인구를 기록해 한성과 버금갈 정도로 인구가 많았던 평양부 등의 기록이 누락되어 있어 분석의 의미가 떨어진다. 다만 『호구총수』에서 89,970명으로 전국 2위를 기록했던 의주부의 인구가 『대동지지』에는 절반에도 못 미치는 40,024명으로 기록되어 있어 그 원인의 분석이 필요하다.

　끝으로 함경도에서는 함흥부·길주목·영흥대도호부·경성도호부 순으로 인구가 많았다. 함경도에서 인구가 많은 군현들은 동해안을 따라 분포하며, 상대적으로 내륙의 군현들은 인구가 적다. 또한 다른 도에 비해 군현의 면적과 인구 규모의 관련성이 낮은 것도 함경도의 특징이다. 또 다른 주목할 만한 점은 함경도를 비롯한 평안도·황해도 등 북부 지방에서는 5천 명 미만의 군현이 분포하지 않는 것이다.

2) 인구 밀도로 본 인구 분포

(1) 도별 인구 밀도

조선 후기 행정 구역 복원으로 얻어진 군현의 면적과 『대동지지』에 기재되어 있는 인구를 이용하여 인구 밀도를 구해 보았다. 먼저 표 3-15는 한성을 포함하여 도별 인구 밀도를 구한 것이다. 수도 한성은 당시에는 1202.2인/㎢의 인구 밀도를 보였다. 『호구총수』의 기록을 이용한 1789년의 인구 밀도인 802.7인/㎢인에 비해 크게 증가한 숫자이다.

8도 가운데 인구 밀도가 가장 높은 곳은 55.7인/㎢을 기록한 충청도였다. 2위는 53.4인/㎢으로 계산된 경기도였으며, 3위는 49.1인/㎢인 전라도였다. 산악 지역이 많은 강원도가 12.8인/㎢으로 가장 낮았으며, 다른 지역에 비해 덜 개발된 함경도가 13.0인/㎢으로 그다음으로 낮았다. 한편 평안도는 『대동지지』에 인구 기록이 있는 19개 군현만을 대상으로 인구 밀도를 구한 결과로, 상대적으로 인구가 많은 지역이 포함되지 않아 13.4인/㎢으로 낮았다. 전체적으로 북부 지방에 비해 남부 지방의 인구가 조밀한 편이며, 한성의 주변 지역인

표 3-15. 1828년경의 도별 인구 밀도

도	면적(㎢)	인구(전민표합계)	인구 밀도(인/㎢)
한성	235.6	283,200	1202.0
경기도	12229.8	652,700	53.4
강원도	26110.0	334,630	12.8
충청도	15385.0	856,247	55.7
전라도	20780.3	1,020,074	49.1
경상도	31045.4	1,437,240	46.3
황해도	16388.8	528,579	32.3
평안도	25574.4	372,311	13.4
함경도	54735.5	712,980	13.0

주: 평안도는 『대동지지』에 기록이 있는 19개 군현만을 대상으로 계산한 값이며, 평안도 전체 면적은 40321.9㎢임.

경기도의 인구 밀도가 높았다.

(2) 군현별 인구 밀도

표 3-16은 인구 밀도에 따라 군현의 순위를 정리한 것이며, 그림 3-8은 군현별 인구 밀도를 지도화한 것이다. 1828년경 전국에서 인구 밀도가 가장 높은 곳은 전라도 만경현으로 180.6명/㎢이었으며, 그다음은 173.6명/㎢의 경기도 교동도호부, 168.9명/㎢의 전라도 옥구현의 순이었다. 인구 밀도가 가장 낮은 곳은 함경도 장진도호부로 1.5명/㎢이었다. 인구 밀도 순위를 표 3-13의 인구 규모 순위와 비교하면, 완전히 다른 양상이 나타난다. 표 3-13의 인구 규모 20위 안에 든 군현 가운데 인구 밀도 20위 안에 포함된 군현은 한 군데도 없다. 마찬가지로, 인구 규모 하위 10위도 인구 밀도 하위 10위와 전혀 다르다. 앞선 18세기 후반의 분석 결과와 같이, 인구 규모에서는 상위에 위치한 군현들이 대부분 읍격이 높은 부·목·도호부였으나, 인구 밀도에서는 상위에 포진한 곳들 중 읍격이 낮은 군과 현이 많았다. 인구 밀도 20위 안에 부는 개성과 강화, 도호부는 교동과 남양이 포함되었는데, 개성을 제외하고는 군사적인 목적으로 부와 도호부로 지정된 곳들이었다.

1789년의 인구 밀도 순위를 정리한 표 3-6과 비교해 보면, 순위에 변동은 있었지만, 상위 20위권에 들어간 군현 중 15곳은 서로 겹친다. 1789년에 포함되지 않았다가 1828년에 새로 들어간 군현은 경기도의 개성부·안산군·과천현·남양도호부와 충청도의 결성현으로, 이 기간 동안 경기도의 인구 밀도가 높아졌다는 조심스러운 추정이 가능하다.

상위 20위권 군현의 도별 분포는 전라도가 7곳으로 가장 많고, 경기도 6곳, 충청도 5곳, 그리고 황해도와 경상도가 각각 1곳이었다. 표 3-6과 비교해 경기도가 3곳에서 6곳으로 늘어났고, 경상도가 줄어든 것을 확인할 수 있다. 상위 20위권의 군현들의 위치를 살펴보면, 농경에 유리한 해안이나 하천을 낀

표 3-16. 1828년경 인구 밀도에 따른 군현 순위

순위	군현명	인구 밀도(인/㎢)	소속도
1	만경	180.6	전라도
2	교동	173.6	경기도
3	옥구	168.9	전라도
4	함열	158.0	전라도
5	평택	149.5	충청도
6	용안	136.4	전라도
7	개성	135.0	경기도
8	강령	134.8	황해도
9	은진	134.5	충청도
10	익산	125.0	전라도
11	김제	123.5	전라도
12	웅천	122.7	경상도
13	임피	121.0	전라도
14	강화	117.4	경기도
15	안산	117.3	경기도
16	과천	110.2	경기도
17	석성	109.8	충청도
18	남양	103.5	경기도
19	당진	103.4	충청도
20	결성	99.3	충청도
⋮	⋮	⋮	⋮
302	초산	7.7	평안도
303	삼수	7.3	함경도
304	강계	7.1	평안도
305	희천	6.6	평안도
306	무산	6.2	함경도
307	대흥	4.8	충청도
308	인제	4.7	강원도
309	갑산	4.0	함경도
310	후주	2.7	함경도
311	장진	1.5	함경도

평야에 자리 잡은 군현들이 많다. 먼저 전라도의 7개 군현은 전라도 서북부에 몰려 있는데, 이 일대는 금강과 만경강·동진강 하류의 평야 지역으로 호남평야라고 불리는 곳이다. 경기도의 6개 군현은 교동·강화 등 서해의 섬과 안

산·남양 등 서해안 지역에 많다. 충
청도의 5곳도 금강 변의 석성·은진
과 서해안의 당진·결성, 그리고 안
성천 하류의 평야에 위치한 평택이
었다.

하위 10위권에 속한 군현들은 함
경도에 5곳, 평안도에 3곳, 강원도와
충청도에 각각 1곳이 있었다. 함경
도와 강원도가 5곳씩 포함되었던 표
3-6의 1789년에 비해, 함경도는 그
대로이나, 강원도는 줄어들었다. 함
경도는 경성도호부가 빠지고, 후주
도호부가 새로 들어간 것 외에는 나
머지 4개 군현은 변화가 없었다. 앞

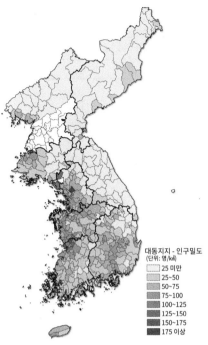

그림 3-8. 1828년경 군현별 인구 밀도

서 언급한 바와 같이 충청도 대흥군은 기록상의 오류로 인한 결과로 생각된
다. 새로 포함된 평안도의 초산도호부·강계도호부·희천군은 모두 산악 지역
에 위치한 군현이다.

표 3-17은 311개 군현을 도별로 인구 밀도에 따라 분류한 것이다. 1789년
의 상황을 담은 표 3-5와 견주어 보면 큰 변화는 없으나, 인구 밀도가 전반적
으로 낮아진 것을 확인할 수 있다. 1789년에는 인구 밀도가 100인/㎢ 이상인
과밀 지역의 비율이 8.7%였는데, 1828년에는 6.1%로 줄었다. 25~100인/㎢인
소밀 지역의 비율은 1789년의 69.2%에서 1828년에는 66.9%로 감소하였다.
대신 1~25인/㎢인 희소 지역의 비율이 1789년 22.1%에서 1828년 27.0%로
증가하였다. 도별로는 경기도에서 인구 밀도가 높아진 군현이 늘어났고, 전라
도와 경상도에서는 인구 밀도가 낮아진 군현이 증가한 것을 확인할 수 있다.

지리지를 이용한 조선시대 지역지리의 복원

도별로 살펴보면, 경기도에서는 과밀 지역에 속하는 군현들이 주로 해안 및 서부 지역에 분포하였다. 희소 지역은 가평군·영평군·양근군·지평현 등 동부 산간 지역과 삭녕도호부·장단도호부 등 북부에 위치한 군현이었다. 표 3-14와 표 3-17을 통해 인구 규모와 인구 밀도의 상관관계를 살펴보면, 개성부과 강화부를 제외하고, 인구 규모에서 상위를 차지하였던 양주목·광주부·여주목 등의 인구 밀도는 그다지 높지 않았다. 소밀 지역으로 분류된 군현의 비율은 67.5%를 차지하며, 그중에는 50-75인/㎢에 속하는 군현이 32.4%로 가장 많았다.

강원도는 전국에서 가장 인구가 희박한 지역이었다. 희소 지역으로 분류된 군현이 전체 군현의 88.5%에 달해 압도적으로 많았다. 과밀 지역으로 분류된 군현은 한 곳도 없고, 소밀 지역으로 분류된 곳은 평해군·안협현·원주목이었다. 3곳은 자연 지리적으로 공통점이 별로 없다. 남부 내륙에 위치한 원주목은 오랫동안 강원도의 중심지 역할을 해왔다. 북부 내륙에 위치한 안협현은 강원도에서 면적이 가장 좁은 군현이며, 남부 해안에 위치한 평해군은 두 번째로 면적이 좁은 군현이다. 좁은 면적이 인구 밀도를 높이는 원인이 된 것으로 보인다.

앞서 보았듯이 충청도는 전국에서 인구 밀도가 가장 높은 도이다. 희소 지역으로 분류된 군현이 4곳으로 도 가운데 가장 적다. 인구 기록에 문제가 있는 대흥군을 빼면, 희소 지역인 연풍현·영춘현·단양군은 모두 소백산맥에 면한 산지에 위치한 군현들이다. 이에 비해 과밀 지역에 속한 군현은 모두 서부의 해안 및 평야 지역에 속한 군현들이며, 75-100인/㎢에 속하는 군현들도 중부에 해당하는 진천현·직산현·연기현을 빼면, 모두 서해와 금강에 연한 서부 및 남부 지역에 속하는 곳들이었다.

전라도는 가장 다양한 인구 밀도를 가진 군현들이 나타나는 지역이다. 인구 밀도에 따른 군현의 지역적 분포는 충청도와 유사한 경향이 나타났다. 과밀 지역에 속한 7개 군현은 서북부의 서해에 인접한 금강, 만경강 하류에 몰려 있다. 75-100인/㎢에 속하는 5개 군현 중에 대정군을 제외한 4개 군현은 과밀 지역의 주변부에 해당한다. 50-75인/㎢으로 분류된 군현들도 대부분 서남해 안에 인접한 곳들이다. 반면, 희소 지역으로 분류된 무주도호부를 비롯한 5개 군현은 동부 산간 지역에 위치한 곳이다. 전체 군현 가운데 25-50인/㎢으로 분류된 군현의 숫자가 절반을 넘었다.

경상도는 전체 군현 가운데 소밀 지역에 속한 군현의 비율이 87.3%를 기록 하였다. 과밀 지역으로 분류된 군현은 남해안의 웅천현이 유일하였다. 75-100인/㎢에 포함된 10개 군현의 위치를 살펴보면, 흥해군·영일현·거제도호부·동래도호부 등 해안 지역과 개령현·대구도호부·창녕현·영산현·창원

표 3-17. 1828년경 인구 밀도별 군현 수

인구 밀도 (인/㎢)	인구 밀도별 군현(군현순서는 인구 규모 순위)							
	경기	강원	충청	전라	경상	황해	평안	함경
175-200	–	–	–	만경(1)	–	–		
150-175	교동(1)	–	–	옥구, 함열 (2)	–	–	–	
125-150	개성(1)	–	평택(1)	용안, 익산 (2)	–	강령(1)	–	–
100-125	강화, 안산, 과천, 남양(4)	–	은진, 석성, 당진(3)	김제, 임피 (2)	웅천(1)	–	–	–
75-100	죽산, 수원, 인천, 김포, 안성 (5)	–	결성, 홍주, 덕산, 온양, 한산, 노성, 임천, 비인, 보령, 부여, 진천, 연기, 직산, 서천, 홍산(15)	부안, 대정, 태인, 전주, 여산(5)	흥해, 영일, 창원, 창녕, 영산, 동래, 개령, 대구, 거제, 신녕 (10)	안악, 은율 (2)	–	–

지리지를 이용한 조선시대 지역지리의 복원

50-75	이천, 통진, 부평, 시흥, 양천, 고양, 양지, 용인, 교하, 광주, 양주, 음죽 (12)	–	신창, 회덕, 청안, 목천, 청양, 남포, 충주, 면천, 예산, 전의, 청산, 천안, 음성, 문의, 괴산, 옥천, 정산, 진잠 (18)	흥양, 진도, 제주, 금구, 영광, 고부, 흥덕, 남평, 광주, 무장 (10)	경산, 의흥, 자인, 고성, 하양, 현풍, 초계, 사천, 함안, 선산, 청도, 榮川, 칠곡, 성주, 용궁, 의령, 김산, 함창, 칠곡, 고령, 永川, 함양, 삼가(23)	장련, 풍천, 문화, 연안, 신천 (5)	정주, 선천 (2)	덕원(1)
25-50	진위, 여주, 양성, 포천, 파주, 적성, 연천, 마전 (8)	평해, 안협, 원주(3)	서산, 연산, 아산, 해미, 청주, 태안, 보은, 공주, 영동, 제천, 청풍, 회인, 황간(13)	나주, 보성, 금산, 남원, 강진, 진산, 영암, 무안, 장수, 진안, 용담, 정읍, 고창, 담양, 옥과, 광양, 정의, 낙안, 임실, 화순, 고산, 순천, 장흥, 함평, 창평, 장성, 능주, 해남, 순창(29)	남해, 진주, 상주, 장기, 기장, 인동, 군위, 거창, 청하, 합천, 곤양, 하동, 언양, 밀양, 예천, 비안, 영덕, 단성, 경주, 울산, 풍기, 지례, 김해, 안의, 진해, 산청, 순흥, 진보, 의성(29)	옹진, 봉산, 재령, 토산, 황주, 송화, 해주, 장연, 배천 (9)	가산, 박천, 철산, 곽산(4)	이원, 홍원, 길주, 명천, 경흥 (5)
0-25	양근, 장단, 지평, 영평, 삭녕, 가평 (6)	철원, 간성, 통천, 울진, 횡성, 평창, 평강, 금성, 낭천, 이천, 춘천, 정선, 양구, 강릉, 양양, 흡곡, 김화, 영월, 삼척, 고성, 회양, 홍천, 인제(23)	연풍, 영춘, 단양, 대흥 (4)	무주, 곡성, 구례, 운봉, 동복(5)	양산, 안동, 영해, 문경, 영양, 청송, 예안, 봉화 (8)	서흥, 수안, 평산, 곡산, 금천, 신계 (6)	의주, 용천, 영변, 위원, 창성, 태천, 벽동, 운산, 삭주, 구성, 초산, 강계, 희천(13)	함흥, 회령, 영흥, 경원, 온성, 종성, 안변, 문천, 경성, 고원, 단천, 정평, 부령, 북청, 삼수, 무산, 갑산, 후주, 장진(19)
계	37	26	54	56	71	23	19	25

주: 평안도는 전체 42개 군현 중 19군현만 인구 기록이 있음.

도호부 등 낙동강과 그 지류의 평야 지역에 위치한 군현들이었다. 희소 지역에는 8개 군현이 속하였는데, 양산군과 영해도호부를 제외한 6개 군현은 모두 북부 산간 지역이었다. 한편 표 3-14에서 인구가 많은 것으로 분류된 경주부·진주목·상주목 등은 25-50인/㎢의 그룹에 속해 인구 밀도가 높지 않은 것으로 나타났다.

황해도는 소밀 지역과 희소 지역으로 분류된 군현의 비율이 각각 69.5%와 26.1%를 차지하였으며, 과밀 지역은 강령현이 유일하였다. 강령현은 황해도 서남단의 반도에 위치한 도에서 가장 면적이 좁은 군현으로, 경지 밀도가 매우 높은 곳이었다. 이에 반해, 희소 지역인 신계현을 비롯한 6개 군현은 모두 동부 산간 지역에 위치해 있으며, 면적도 넓은 곳들이다.

함경도는 희소 지역의 비율이 76.0%로 강원도 다음으로 높다. 소밀 지역은 덕원도호부를 비롯하여 6개 군현으로, 모두 동해에 접해 있으며 다른 함경도의 군현에 비해 상대적으로 면적이 좁은 군현이라는 공통점을 지니고 있다.

19개 군현만 분석한 평안도는 소밀 지역이 31.6%였고, 나머지는 모두 희소 지역으로 분류되었다. 소밀 지역인 정주목·선천도호부 등 6개 군현은 서해안을 따라 나란히 붙어 있는 군현으로 모두 평안도에서 면적이 좁은 편이었다. 이에 비해 인구 밀도가 가장 낮은 희천도호부와 그다음인 강계도호부·초산도호부는 동북쪽 산지에 모여 있으며, 평안도에서 면적이 가장 넓고 경지 밀도가 가장 낮은 군현들이었다.

5. 소결

지금까지 『세종실록지리지』, 『호구총수』, 『대동지지』의 인구 자료와 『여지도서』의 경지 자료를 이용하여 15세기, 18세기 후반, 19세기 전반의 전국 군현의 인구 규모와 분포의 특징, 그리고 18세기 후반의 인구와 경지의 상관관계를 살펴보았는데, 그 결과를 요약하면 다음과 같다.

먼저 인구 규모면에서는 각 도의 감영이 위치하거나, 부·대도호부·목·도호부 등이 설치되어 상위 행정 및 군사중심지 역할을 수행하던 곳들이 많은 인구를 가지고 있었다. 또한 도내 군현 수에 비해 인구 규모가 큰 군현들이 평안도·함경도·황해도 등 북부 지방에 많이 나타나고 충청도·전라도·경상도 등 삼남 지방에는 적었다. 이것은 북부 지방의 군현들이 삼남 지방의 그것에 비해 절대 면적이 컸기 때문이다.

한편 인구 밀도에서는 다른 양상이 나타나 해안의 평야에 위치한 군현들이 인구 밀도가 높았다. 그리고 도별로도 자연조건이 양호하고 농경지가 넓은 삼남 지방의 인구가 조밀한 반면, 강원도·함경도 등 산지가 많고 기후가 열악한 지역은 인구가 성글게 분포하였음을 확인할 수 있었다.

농업 위주의 사회였던 조선시대의 상황을 반영하여 전반적인 인구 분포의 양상은 농경지의 분포와 밀접한 연관이 있음이 드러났다. 통계 기법을 사용하여 인구 밀도와 경지 밀도의 상관관계를 분석한 결과, 경지 밀도가 높은 곳일수록 인구 밀도도 높은 것으로 나타났다. 도별로는 각 도의 농업 양식에 따라 경기도·경상도·전라도·충청도·평안도는 수전 밀도가, 강원도·함경도·황해도는 한전 밀도가 인구 밀도와 더 밀접한 상관관계를 보였다.

　　끝으로 각 지역의 실질적인 인구 부양력을 보여 주는 지리적 인구 밀도는 강원도가 가장 높게 나타났고 평안도·함경도·황해도의 군현들도 비교적 높은 편이어서 당시 이 지역의 인구 부양력이 경상도·전라도·충청도 등 남부 지방에 비해 상대적으로 낮았음을 알 수 있다.

IV. 취락

1. 읍치

1) 지방의 중심지, 읍치

읍취락(邑聚落), 치소(治所)라고도 부르는 읍치(邑治)는 조선시대 부·목·군·현 등 지방 행정 기관의 소재지로서, 중앙에서 파견된 지방관인 수령(守令)이 주재하며 지방 행정을 담당하던 곳이다. 동시에 향청(鄕廳)을 통해 지방 행정을 보좌하고 일정 부분 자치권을 행사하던 재지세력(在地勢力)의 정치활동의 장이기도 하였다. 즉 읍치는 수령에 의한 지방 지배 기능과 재지세력에 의한 자치 기능의 두 가지 역할을 담당하는 정치·행정적 중심지였다. 뿐만 아니라 읍치는 군사적·종교적 기능도 지니고 있었고, 지역 내 물자의 집산지 역할을 수행하였으며, 여기에 지역의 최고 교육 기관인 향교(鄕校)가 설치되어 있었다.[1]

조선시대에는 전 시기에 걸쳐 330여 개의 부·목·군·현이 존재하였고, 따

---

1) 최영준 외, 2000, 용인의 역사지리, 용인시·용인문화원, 164.

라서 전국적으로 330여 개의 읍치가 분포하였다. 이 가운데는 조선시대 내내 변화 없이 유지되었던 경우도 있고, 여러 가지 원인에 의해 없어지거나 이전한 경우도 있었다. 이렇게 읍에 소재하고 있던 행정 기관의 폐쇄 혹은 이전으로 인하여 읍의 행정적 기능을 상실한 취락을 구읍취락(舊邑聚落)이라 한다.[2)]

한편 같은 지방 행정 기관이더라도 부·목·군·현은 그 위계와 중요성 등이 다르기 때문에 그에 따라 규모와 경관 등에서 차이가 있었다. 먼저 부는 종2품관인 부윤(府尹)이 파견되는 부(府), 정3품관인 대도호부사가 파견되는 대도호부(大都護府), 종3품관인 도호부사가 파견되는 도호부가 있었다. 또한 전 왕조의 수도인 개성에는 특별히 개성유수부(開城留守府)가 설치되었다.[3)] 조선시대에 부가 설치된 곳은 시기에 따라 약간의 차이가 있으나, 『경국대전(經國大典)』에 의하면, 부가 4곳, 대도호부가 4곳,[4)] 도호부가 44곳이었다.[5)] 부는 다른 지방 행정 구역보다 파견되는 관원 수, 생도(生徒)의 정원, 약부(藥夫)·아전(衙前)·외노비(外奴婢)의 정원과 관둔전(官屯田)·늠전(廩田)·학전(學田) 등이 많았다. 부에는 부윤 이외에도 종4품인 경력(經歷) 1인, 종5품인 도사(都事) 1인, 종6품인 교수(敎授) 1인이 더 파견되었으며, 대도호부·도호부에는 부사 이외에 교수 1인씩이 파견되었다.[6)]

목은 정3품관인 목사가 파견되어 지방 행정의 중심적인 구실을 하였다. 목

---

2) 李琦錫, 1968, "舊邑聚落에 관한 硏究─경기지방을 중심으로," 地理學 3(1), 34.

3) http://encykorea.aks.ac.kr/(한국민족문화대백과사전) '부(府)'항목.

4) 안동·강릉·안변·영변이었다.

5) 경기도에 수원·강화·부평·남양·이천·인천·장단 등 7곳, 경상도에 창원·김해·영해·밀양·선산·청송·대구 등 7곳, 전라도에 남원·장흥·순천·담양 등 4곳, 황해도에 연안·평산·서흥·풍천 등 4곳, 강원도에 회양·양양·춘천·철원·삼척 등 5곳, 영안도에 경성·경원·회령·종성·온성·경흥·부령·북청·덕원·정평·갑산 등 11곳, 평안도에 강계·창성·성천·삭주·숙천·구성 등 6곳이다.

6) http://encykorea.aks.ac.kr/(한국민족문화대백과사전) '부(府)'항목.

에는 목사 이외 종6품인 교수가 파견되었고, 특별히 광주(廣州) · 여주에는 종 5품인 판관(判官)이 더 파견되었다. 목이 설치된 곳은 전국적으로 모두 20곳 이었다.[7] 목에 지급되는 관둔전(官屯田) · 아록전(衙祿田) · 공수전(公須田) · 학전(學田)은 부와 마찬가지로 각각 20결 · 50결 · 15결 · 10결이었다.[8] 『경국 대전(經國大典)』 당시 종4품의 군수(郡守)가 다스리는 군은 모두 82곳, 현은 175곳이었는데, 이중 종5품 현령(縣令)이 다스리는 큰 현이 34곳, 종6품 현감 (縣監)이 다스리는 작은 현이 141곳이었다.

2) 읍치의 입지

지방의 중심지 역할을 한 읍치는 어떠한 곳에 자리 잡았을까? 조선시대 읍 치의 입지는 수도인 서울의 입지 선정에 적용된 원리들이 그대로 적용되었다. 수도 입지 선정에 적용된 조건을 살펴볼 수 있는 기록으로, 태조가 새로운 수 도 예정지인 계룡산 기슭을 답사하면서 다음과 같이 신하들에게 명한 것을 들 수 있다.

임금이 여러 신하들을 거느리고 새 도읍의 산수(山水)의 형세(形勢)를 관찰 하고서, 삼사우복야(三司右僕射) 성석린(成石璘), 상의문하부사(商議門下 府事) 김주(金湊), 정당문학(政堂文學) 이염(李恬)에게 명하여 조운(漕運)의 편리하고 편리하지 않은 것과 노정(路程)의 험난(險難)하고 평탄한 것을 살 피게 하고, 또 의안백(義安伯) 이화(李和)와 남은(南誾)에게 명하여 성곽(城

---

7) 경기도에 광주 · 여주 · 파주 · 양주, 충청도에 충주 · 청주 · 공주 · 홍주, 경상도에 상주 · 진주 · 성 주, 전라도에 나주 · 제주 · 광주, 황해도에 황주 · 해주, 강원도에 원주, 평안도에 안주 · 정주 · 의주 등 모두 20개 지역에 설치되었다.
8) http://encykorea.aks.ac.kr/(한국민족문화대백과사전) '목(牧)'항목.

郭)을 축조할 지세(地勢)를 살피게 하였다.[9]

　　수도의 입지 조건으로 산수의 형세, 즉 풍수지리(風水地理)를 살펴보고 조운과 도로 등 교통 조건, 성곽 축조 등 방어 조건을 검토한 것이다. 이러한 수도의 입지 조건은 지방 도시의 건설에도 사용되었으며, 특히 1420년대부터 중앙 정부는 읍치를 건설할 때 관리를 파견하여 풍수적 명당 논리에 적합한 터를 잡아주기 시작하였다.[10] 이러한 풍수와 함께 음료수, 그리고 넓은 대지와 비옥한 농경지의 확보 가능성, 편리한 교통 등도 읍치의 입지 조건으로 중요하게 고려되었음을 읍성의 이전을 건의하는 아래의 조선 초기 『조선왕조실록(朝鮮王朝實錄)』의 단편적인 기록을 통해 확인할 수 있다.

　　도순찰사(都巡察使) 최윤덕(崔閏德)이 아뢰기를, "충청도 비인(庇仁), 보령(保寧)의 두 현은 해구(海寇)들이 가장 먼저 발길을 들여놓는 지대인데, 비인의 읍성(邑城)은 평지에 위치하여 있고, 보령의 읍성은 높은 구릉에 위치하고 있어 모두 성터로 맞지 않습니다. 또한 잡석(雜石)을 흙과 섞어서 축조한지라 보잘 것이 없고 협착한데다가 또한 우물과 샘마저 없으니, 실로 장기간 보전할 땅이 아닙니다. 비인현 죽사동(竹寺洞)의 새 터와 보령현 고읍(古邑) 지내리(池內里)의 새 터는 삼면이 험준한 산을 의지하고 있는데다가, 그 내면도 넓고 샘물도 또한 풍족하여 읍성을 설치하기에 마땅할 뿐 아니라, 본현과의 거리도 불과 1리밖에 되지 않아서 진실로 옮겨 가고 오는 폐단도 없사오니, 윗항의 새 터에 본도 중에서 벼농사가 잘된 각 고을에 적당히 척수(尺數)를 안배해 주어 10월부터 역사를 시작하게 하고, 감사와 도절제사로 하여금

---

9) http://sillok.history.go.kr/(조선왕조실록), 태조실록 3권, 태조 2년 2월 9일 갑신.
10) 이기봉, 2017, 고지도를 통해 본 경상지명연구(1), 국립중앙도서관, 216.

그 축조를 감독하게 하옵소서."하니, 그대로 따랐다.[11]

도체찰사 우참찬 이숙치(李叔畤)가 평안도로부터 돌아와서 아뢰기를, "…신이 정녕현(定寧縣)을[12] 전죽동(箭竹洞)과 방산(方山) 두 곳 중에 어느 곳으로 옮김이 좋을까를 살펴보니, 전죽동은 토지가 메말라서 읍을 설치하는 데 적당하지 못하나, 방산은 토지도 비옥하고 주민들도 번성하며 상하로 통하는 도로의 거리도 적당하여 읍을 설치함에 마땅하므로, 신이 방산에 이미 성을 쌓기 위하여 4천 1백 척의 성터를 정했습니다."[13]

도체찰사 정분(鄭笨)이 치계(馳啓)하기를, "신이 거제 읍성(巨濟邑城)을 살펴보니, 주위 둘레가 1천 9백 16척인데, 처음에 법식에 의하여 축조하지 않아서 낮고 매우 좁으니 모름지기 개축한 다음이라야 온 섬의 백성들이 입보(入保)할 수가 있겠습니다. 신이 고정부곡(古丁部曲)을 보건대, 지세가 넓고 평평하고 골짜기가 깊고 은밀하고, 또 우물과 샘이 있어 경작할 수 있고 거주할 수 있는 땅이 자못 많습니다. 청컨대 읍성(邑城)을 여기에다 옮겨 장차 명년 10월까지 쌓아서 만드는 것이 편하겠습니다."[14]

또한 아래의 『신증동국여지승람』의 기록을 통해, 두 군현을 하나로 합칠 때에는 새로운 읍치의 입지는 두 군현의 중간 지점에 정하는 경우가 있었다는 사실을 알 수 있다.

11) http://sillok.history.go.kr/(조선왕조실록), 세종실록 49권, 세종 12년 9월 24일 임술.
12) 조선 초기 평안도에 있던 현으로, 1456년 의주목으로 편입되면서 없어졌다.
13) http://sillok.history.go.kr/(조선왕조실록), 세종실록 95권, 세종 24년 1월 17일 기묘.
14) http://sillok.history.go.kr/(조선왕조실록), 문종실록 4권, 문종 즉위년 10월 28일 무술.

무송현과 강사현을 합해서 한 고을로 하고 여기에 진(鎭)을 설치하여 어질고 재간 있는 사람을 가려 주장(主將)을 삼아 변방을 굳게 하고, 이에 두 현 중간에 땅을 선택하여 성을 쌓아 백성을 살게 하고, 창고와 청사와 군영 또한 모두 자리 잡도록 하였다.15)

태인현은 곧 옛날의 태산(太山)과 인의(仁義) 두 고을인데, 우리 조정에서 두 고을의 이름을 아울러서 태인이라 하였다. 읍내는 옛날 태산의 동쪽 구석에 치우쳐 있었기 때문에, 인의의 백성들이 왕래하는데 병통으로 여겼다. 병신년16) 가을 8월에 현감 황경돈(黃敬敦)이 두 고을의 중간 지점인 거산역(居山驛) 옛 객관을 현의 객관으로 삼았으나, 너무 좁고 누추하였다. 무술년 겨울에 오치선(吳致善)이 이어 와서 드디어 옛 객관의 서쪽에 지세를 살피고, 기해년 가을에 비로소 후청(後廳), 동서침(東西寢), 남청(南廳), 동서행랑(東西行廊)을 세우니, 모두 몇 칸이다.17)

이상과 같이, 풍수를 중요시하고 경제·교통·방어 등의 조건을 고려한 조선시대 읍치가 지형적으로는 어떤 곳에 위치하였는지를 고찰한 선행 연구들이 있다. 먼저『신증동국여지승람』에 수록된 331개 읍치의 위치를 일제 강점기 육지 측량부(陸地測量部)에서 제작한 1:5만 지형도에 모두 옮겨 그 지형 조건을 분석하였는데, 그 결과, 331개 읍치의 지형 조건을 ① 산성형(山城型), ② 산능선형(山稜線型),18) ③ 합류점형(合流點型), ④ 배산형(背山型), ⑤ 배

---

15) 『신증동국여지승람』 권36, 전라도, 무장현, 누정조.
16) 『신증동국여지승람』, 태인현, 건치연혁조에는 태산과 인의를 합쳐 태인을 만든 것은 태종 9년, 즉 1409년 기축년으로 기록되어 있다. 그러나 궁실조에는 병신년으로 기록되어 있는데, 태종 9년에 가장 가까운 병신년은 1416년, 즉 태종 16년이다.
17) 『신증동국여지승람』 권36, 전라도, 태인현, 궁실조.
18) 원 논문에는 尾根型으로 명명되어 있다. 오네(尾根)는 산등성이, 능선을 의미한다.

산임수형(背山臨水型), ⑥ 장풍득수형(藏風得水型), ⑦ 골짜기형[谷奧型] 등 모두 7가지 유형으로 분류하였다(그림 4-1 참조).[19]

산성형은 고위 평탄면 상에 들어선 산성에 읍치가 위치하는 것으로, 경기도 광주와 평안도 재령 등 2개 군현이 여기에 해당한다고 하였다.[20] 산능선형은 산능선의 끝부분에 읍치가 들어선 것으로 산능선을 따라 하천이 흐른다. 경상도 장기가 전형적인 사례이며, 전체의 2.1%에 해당하는 7개 군현을 이 유형으로 분류하였다. 합류점형은 산능선형과 유사한 입지이나, 산능선이 아니라 능선의 연장선상에 있는 산기슭의 하천 합류 지점에 입지하며, 전체의 8.7%인 29개 군현이 여기에 속한다. 이 유형은 교통 요지, 특히 물자 운송을 위한 수운의 이용이 반영된 입지라 할 수 있다. 배산형은 전체의 1.6%인 6개 군현에서 나타났는데, 배후의 산지에 기대어 산록에 입지하여 앞쪽에 평지가 펼쳐져 있으나, 하천에서는 떨어져 있는 입지이다. 배산임수형은 가장 많아 145개 군현, 전체의 43.8%를 차지하였다. 장풍득수형은 75개 군현, 전체의 22.6%를 점하였는데, 배산임수형과의 차이는 한 방향만 평야·하천·바다에 면해 있고 나머지 3방향은 산으로 둘러싸여 있다는 점이다. 장풍득수형은 상대적으로 북부 지방에 많이 분포하였다. 마지막 골짜기형으로 분류된 군현은 32곳으로, 9.6%를 차지하였으며, 골짜기 깊숙한 곳에 읍치가 입지하는 것으로, 전라도와 충청도에 많았다.[21]

이를 종합하면, 조선시대 읍치의 입지 가운데 풍수의 명당에 해당하는 배산임수형과 장풍득수형이 전체의 7할 가까이 점하고 있다는 것을 알 수 있다. 여기에 산능선형, 합류점형도 뒤에 산을 등지고 앞에 하천을 바라보는 지형이

---

19) 渋谷鎮明, 1991, "李朝邑聚落にみる風水地理說の影響," 人文地理 43(1), 5-25.
20) 이는 사실 관계가 잘못되었다. 『신증동국여지승람』이 편찬된 시기에 경기도 광주목의 읍치는 현재의 하남시 교산동 일대에 있었다. 광주시 중부면 산성리, 즉 남한산성(南漢山城)으로 옮긴 것은 1626년의 일이다.
21) 渋谷鎮明, 1991, 앞의 논문, 17-19.

지리지를 이용한 조선시대 지역지리의 복원

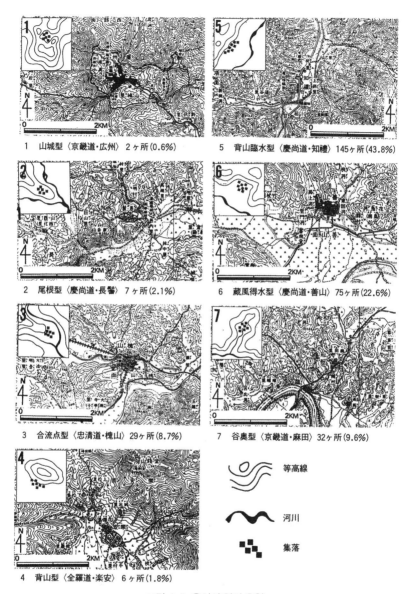

1 山城型 〈京畿道・広州〉 2ヶ所(0.6%)

5 背山臨水型 〈慶尚道・知禮〉 145ヶ所(43.8%)

2 尾根型 〈慶尚道・長瞽〉 7ヶ所(2.1%)

6 蔵風得水型 〈慶尚道・善山〉 75ヶ所(22.6%)

3 合流点型 〈忠清道・槐山〉 29ヶ所(8.7%)

7 谷奥型 〈京畿道・麻田〉 32ヶ所(9.6%)

等高線

河川

集落

4 背山型 〈全羅道・楽安〉 6ヶ所(1.8%)

그림 4-1. 읍치의 입지 유형

출처: 渋谷鎮明, 1991, "李朝邑聚落にみる風水地理説の影響," 人文地理 43(1), 16.

며, 배산형과 골짜기형도 산에 의지하여 읍치가 자리 잡은 것이다. 산 위에 자리 잡은 산성형을 제외하면, 대부분 유사한 입지라 평가할 수 있다.

또 다른 연구로, 경상도의 읍치 91곳의[22] 입지를 지형·풍수·뒷산 배경의 경관 이미지 등 3가지 측면에서 분류한 것이 있다.[23] 우선 지형에 따라 구릉지·산지·평산지·평지 등[24] 4가지 유형으로 분류한 결과, 가장 전형적인 읍치로 이해되는 평산지가 51개로 약 56%를 차지하였으며, 그다음은 평지 28개, 구릉지 8개, 산지 4개의 순이었다. 이는 조선시대 읍치의 입지가 평산지가 대부분일 것이라는 일반적인 인식과 상당히 다른 결과였다. 다음으로 풍수적 형국과의 관련성을 알아보기 위해 내룡(來龍)·장풍(藏風)·득수(得水) 등 3가지 요소를 점수별로 살펴본 결과, 전체 91곳 중 3가지 요소를 모두 갖춘 경우는 44개로 약 48%에 불과하였다. 따라서 일반적으로 인식되는 것처럼 개성이나 서울과 같은 전형적인 풍수적 형국을 갖춘 읍치가 압도적인 다수를 이룬 것은 아니라고 할 수 있다. 마지막으로 읍치의 중심 건물인 동헌과 뒷산과의 경관 이미지 관계를 점수로 계산한 결과,[25] 뒷산과의 관계 속에서 경관 이미지가 잘 나타나는 읍치가 전체의 약 47%인 43개인 반면, 뒷산 배경의 경관 이미지와 전혀 관련이 없는 읍치도 약 25%인 23개였다.[26]

연구 결과를 요약하면, 일반적인 인식과 달리 읍치의 입지 유형이 다양하지만, 역시 개성이나 서울과 유사한 형태, 즉 산지와 평지가 만나는 지점에, 내룡·장풍·득수 등의 풍수적인 형국을 갖추고 뒷산과의 관계를 고려하여 자리

---

22) 조선시대 경상도의 군현 숫자는 71개인데, 읍치가 이동한 경우를 포함하면 모두 91곳의 읍치가 있었다.

23) 이기봉, 2008, 조선의 도시, 권위와 상징의 공간, 새문사, 109-125.

24) '구릉지'는 평지 위에 솟은 언덕 위, '산지'는 평지와 맞닿지 않은 산 속이나 위, '평산지'는 산지와 평지가 만나는 지점, '평지'는 산지에서 상당히 떨어진 평지에 입지한 것이다.

25) 개성 만월대의 궁성과 송악산, 서울 경복궁과 북악산의 관계와 같이, 읍치와 산과의 관계 속에서 시각적으로 드러나는 권위적인 경관 이미지가 어느 정도 나타나는지를 점수화하였다.

26) 이기봉, 2008, 앞의 책, 112-122.

지리지를 이용한 조선시대 지역지리의 복원

그림 4-2. 읍치 입지의 전형인 서울의 경복궁과 북악산과의 관계

잡은 경우가 다수를 차지한다는 것이다. 다시 말하면, 조선시대 읍치의 입지
는 개성과 서울을 원형으로 하는 경우가 많다는 점이다. 그리고 주목할 만한
점은 1430년대를 기준으로 그 이전에 만들어진 읍치는 전형적인 입지와 거리
가 먼 다양한 입지였으나, 그 이후에 조성된 읍치는 서울을 모델로 한 전형적
인 입지가 대부분이었다는 사실이다.[27]

　이런 선행 연구 결과에 추가하여, 표 4-1의 조선 중기 경기도 15개 군현을
사례로, 그 읍치가 구체적으로 어떤 곳에 입지하였는지 살펴보자. 먼저 종5품
현령이 다스리던 용인현의 읍치는 현재의 용인시 기흥구 언남동에 있었다. 이
곳은 1413년(태종 13년) 처인현(處仁縣)과 용구현(龍駒縣)을 합쳐 용인현을
만든 다음 치소를 이곳에 둔 이후, 1895년 지방 관제의 개혁에 따라 용인현을
군으로 고치고 군청 소재지를 현재의 용인시 처인구 김량장동으로 옮길 때까
지 용인현의 읍치였다. 그 입지를 살펴보면, 읍치는 동쪽에서 북서쪽으로 흘

27) 이기봉, 2008, 앞의 책, 140–141.

표 4-1. 경기도 주요 군현의 읍치 위치

군현	위치(현재 지명)	비고
용인현	용인시 기흥구 언남동	1895년 용인현이 용인군으로 바뀌면서 군 소재지를 수여면 김량장리로 옮기면서 구읍이 됨.
양지현	용인시 처인구 양지면 양지리	1914년 양지군이 용인군에 편입되면서 구읍이 됨.
수원도호부	화성시 화산동	1789년 정조의 화성 건설과 수원도호부 이전으로 구읍이 됨.
남양도호부	화성시 남양읍 남양동	1914년 남양군이 수원군으로 편입되면서 구읍이 됨.
안성군	안성시 안성동	현재의 안성시 소재지로 남음.
진위현	평택시 진위면 봉남리	1914년 진위군과 평택군이 병합되어 진위군이 되고, 그 군 소재지가 병남면 군문동이 되면서 구읍이 됨.
양성현	안성시 양성면 동항리	1914년 양성군이 안성군으로 편입되면서 구읍이 됨.
파주목	파주시 파주읍 파주리	1904년 문산읍 문산리로 이전
장단도호부	파주시 군내면 읍내리	한국전쟁으로 황폐화 됨.
적성현	파주시 적성면 구읍리	1914년 연천군으로 편입, 구읍이 됨.
연천현	연천군 연천읍 읍내리	1910년 연천읍 차탄리로 이전
마전군	연천군 미산면 마전리	1914년 마전군이 연천군으로 편입되면서 구읍이 됨.
삭녕군	연천군 중면 삭녕리	1914년 삭녕군이 연천, 철원군으로 편입, 구읍이 됨.
포천현	포천시 군내면 구읍리	1905년 군청이 포천읍 신읍리로 이전
영평현	포천시 영중면 영평리	1914년 포천군으로 편입되면서 구읍이 됨.

주1: 이들 부목군현들은 조선시대를 통해 읍호(邑號)의 승강이 여러 차례 있었으므로, 여기에서는 『신증동국여지승람』에 기재된 것을 기준으로 함.
주2: 진위군은 1938년 평택군으로 그 명칭이 변경됨.
출처: 越智唯七, 『新舊對照朝鮮全道府郡面里洞名稱一覽』, 1917.
한글학회, 『한국지명총람17(경기편 상)』, 1985.
한글학회, 『한국지명총람18(경기편 하)』, 1986.

러가는 탄천(炭川)의 지류인 구흥천(駒興川)을 앞에 두고 해발 170m 내외의 구릉지를 북동쪽으로 파고 들어간 골짜기에 자리 잡았다. 인근의 보정동은 탄천 변의 비교적 넓은 들판을 끼고 있으나, 용인 읍치는 주위가 구릉지로 둘러싸여 평지가 협소하다. 하지만 당시 읍치의 입지를 선정할 때 가장 중요한 조건으로 삼았던 풍수의 측면에서 이상적인 입지인 배산임수와 장풍득수에 부합되는 곳이다. 방어의 측면에서도 주위가 열린 개활지보다는 훨씬 유리하였

지리지를 이용한 조선시대 지역지리의 복원

그림 4-3. 양지현의 읍치. 조선시대 관아가 있던 자리에 현재는 공공기관이 들어서 있다. 뒤쪽으로 정수산이 보인다.

으며, 특히 멀지 않은 곳에 삼국 시대에 축조한 할미성이 있어 유사시에 대피가 가능하다는 점도 입지 선정에 고려되었을 것이다. 가장 중요한 점은 조선시대 가장 중요한 도로였던 서울과 동래를 잇는 영남대로(嶺南大路)가 읍치의 바로 앞을 통과해 지나간다는 것이다. 조선시대 용인이 서울의 길목 역할을 했다는 점을 감안한다면, 중요 교통로에 인접한 곳에 읍치가 들어서는 것이 당연하였을 것이다.[28]

용인현의 동남쪽에 있는 양지현은 종6품 현감이 주재하던 곳이었다. 양지의 읍치는 여러 차례 변화하는데, 고려 때에는 등촌(藤村)[29]이었다가, 조선 초에는 현재의 안성시 고삼면 신창리로 이전했고,[30] 1470년(성종 원년)에는 다시 현재의 용인시 처인구 양지면 추계리의 금박산(金箔山) 아래[31]로 옮겼으며, 1564년(명종 19년)에 서쪽으로 10리 정도 떨어진 정수산(定水山) 아래 현

---

28) 최영준 외, 2000, 앞의 책, 165.
29) 어느 곳인지 확실치 않으나, 현재 양지면 양지리에 藤村이라는 지명이 남아 있어 이곳으로 추정된다.
30) 당시 양지현 고서면 주곡리였다.
31) 당시 양지현 주동면 추계리였다.

재의 양지리 일대에 읍치를 정하였다.32) 양지현 읍치는 1914년 일제에 의해
단행된 행정 구역 개편으로 양지가 용인에 합쳐지면서 구읍이 되었다. 양지현
읍치는 해발 300m 내외의 산지에 의해 둘러싸인 작은 분지 안에 입지해 있으
며, 주위 산지에서 흘러나온 계류가 읍치 앞쪽에서 모여 양지천(陽智川)을 형
성하여 서남쪽으로 빠져나간다. 읍치 전면에 펼쳐져 있는 들은 광활하지는 않
으나, 용인 읍치에 비하면 넓다. 1899년에 간행된 『양지군읍지(陽智郡邑誌)』
에는 "물이 깊지 않으나 맑고 깨끗하고, 들이 넓지 않으나 비옥하여 사람이 살
만한 곳"33)이라고 읍치의 입지를 묘사하였다. 풍수의 측면에서도 용인의 그
것과 크게 다를 바 없으며, 이 곳 역시 영남대로가 취락 앞을 지나가 교통의 측
면에서도 유리한 입지였다. 그러나 주변에 성이 없고 봉수도 멀어서 방어에
어려움이 많은 입지였고, 이로 인해 여러 차례 전쟁을 겪으면서 읍치가 많이
피폐해졌다.34)

용인현 서쪽에 위치한 수원도호부의 읍치는 화성시 화산동에 있었는데,
1789년(정조13)에 정조가 아버지 사도세자의 묘를 이곳에 모시는 대신 새로
화성(華城)을 쌓고 수원도호부를 옮기면서 구읍취락이 되었다. 이 읍치는 화
산(花山)35) 기슭에 들어서 있었으며, 진산인 남쪽의 발점산(鉢岾山)36) 사이
에 비교적 넓은 평지가 있다. 그러나 전면을 흐르는 큰 하천은 없으며, 읍치에
서 동쪽으로 3km 정도 떨어진 곳을 황구지천(黃口池川)이 북쪽에서 남쪽으
로 흐르고 있다.37)

---

32) 『陽智郡邑誌』(1899년), 事蹟條.
33) 『陽智郡邑誌』(1899년), 事蹟條.
34) 최영준 외, 2000, 앞의 책, 165.
35) 해발 108m의 야트막한 산이다.
36) 남쪽 2리 되는 곳에 있으며, 수원도호부의 진산이다(『新增東國輿地勝覽』卷9, 水原都護
府, 山川條.).
37) 화성시사편찬위원회, 2005, 화성시사 I −충·효·예의 고장(건), 화성시사편찬위원회, 275.

지리지를 이용한 조선시대 지역지리의 복원

수원도호부와 이웃한 서해안의 남양도호부의 읍치는 현재의 화성시 남양읍 남양동에 있었다. 남양동은 1914년 일제에 의한 행정 구역 개편으로 남양군이 수원군에 통합되면서 구읍취락이 되었다. 이곳의 입지를 살펴보면, 뒤로는 해발 100m 내외의 구릉지에 의지하고 앞으로는 동쪽에서 서쪽으로 흘러 남양만으로 빠져나가는 남양천(南陽川)을 바라보는 전형적인 배산임수의 위치에 자리 잡았다. 남양천 건너에는 다시 구릉이 나타나므로, 남양도호부의 읍치는 구릉지 사이에 동서로 뻗어있는 골짜기 중 북쪽에 치우쳐 남향으로 잡고 있는 것이다. 앞쪽에 남양천이 만든 평탄한 충적지가 펼쳐져 있어 농경에도 유리한 조건을 갖추고 있다.[38] 그러나 바로 인근에 뚜렷한 산이 없어 동쪽으로 약 3km 정도 떨어진 무봉산(舞鳳山)을 진산으로 삼았다.[39]

충청도와 경계 부분인 경기도 남부에는 안성군, 양성현, 진위현이 나란히 동에서 서쪽으로 자리하고 있다. 『세종실록지리지』를 통해 조선 초기 이들 3개 군현의 규모를 살펴보면, 인구에서는 안성·양성·진위의 순이었고 경지 면적에서도 안성·양성·진위의 순이었다.[40] 그리고 이를 반영하여 안성은 군수가 다스렸고, 양성은 현감이, 진위는 현령이 다스렸다.

먼저 안성의 읍치는 주변이 산지로 둘러싸인 넓은 분지성 지형 중 북쪽 산지의 남사면에 기대어 자리 잡았다. 앞에는 북동쪽에서 남서쪽으로 분지를 관통하여 빠져나가는 안성천(安城川)[41]이 흐르고 있다. 안성천은 분지 내에 넓은 충적지를 만들어 놓았으며, 이 비옥한 충적지는 대부분 농경지로 개간되었다. 즉 안성 읍치의 입지는 산과 물의 배치가 풍수의 명당에 부합될 뿐 아니라, 경제적인 이익도 얻을 수 있는 곳이었다.[42] 이에 대해 서유구(徐有榘)는 『임원

---

38) 화성시사편찬위원회, 위의 책, 275.
39) 『新增東國輿地勝覽』 卷9, 南陽都護府, 山川條.
40) 『世宗實錄地理志』, 安城郡, 振威縣, 陽城縣.
41) 邑誌 등에는 影鳳川이라 기록되어 있는데, 이는 안성의 진산인 비봉산에 상응하기 위한 명명이라 생각된다.

경제지(林園經濟志)』에서, 안성 읍촌(邑村)은 경기도의 80개 명기(名基) 중 하나로 평가하면서, "기호 지방의 해안과 산간 지방의 사이에 위치하고 있다. 화물이 위탁되고 수송되며 공산품·상품·칠기 등이 모여 한강 이남에서 큰 도회를 이루어 이를 영위하여 사는 사람이 많다. 사대부 역시 농장을 설치해 투자하고 있다."[43]라고 평가하였다. 이에 비해 이중환은 『택리지』에서 "안성은 화물이 수송되고 공인, 상인들이 모여들어서 한남의 도회를 이루고 있다."라고 하면서도 "읍치밖은 비록 평탄하나 땅이 살기(殺氣)가 있어서 살 수가 없다."[44]라는 다른 평가를 내렸다.

진위현의 읍치는 앞쪽을 흐르는 진위천(振威川)이 만든 충적지[45]와 구릉성 산지가 만나는 부분에 남향으로 위치하였다. 북쪽에는 무봉산(舞鳳山)·부산(釜山)으로 이어져온 산줄기가 있고, 남쪽에는 동서로 흐르는 진위천 변의 충적지가 펼쳐져 배산임수의 풍수의 기본 원칙을 충실히 따르고 있다. 그리고 남쪽은 진위천의 충적지가 끝나면서 얕은 산지로 막혀 있으나, 동쪽과 서쪽은 진위천의 충적지가 길게 이어지며 트여 있다. 진위현 읍치 입지의 가장 두드러진 특징은 조선시대 서울을 중심으로 한 6개의 간선 도로 중 하나인 서울과 해남을 연결하는 제5로 즉 이른바 '삼남대로(三南大路)'[46]가 읍치 바로 앞을 통과해 지나가 교통이 매우 편리하다는 점이다. 또한 읍치의 진산인 부산에는 삼국 시대에 축성된 것으로 보이는 봉남리산성(鳳南里山城)이 남아 있는데, 그 축성 연대로 미루어 보아 읍치를 보호하기 위하여 산성을 만들었기보다는

---

42) 경기도박물관, 2003, 경기도3대하천유역 종합학술조사Ⅲ- 안성천 Vol.1 환경과 삶, 경기출판사, 213.
43) 徐有榘, 『林園經濟志』, 相宅志 卷2, 八域名基.
44) 李重煥, 『擇里志』, 八道總論, 京畿道.
45) 읍치 앞을 흐르는 진위천을 長好川, 그리고 진위천 변의 충적지를 長好坪이라 불렀다.
46) 이 길은 '호남대로(湖南大路)'라고도 불리며, 도성을 출발해 동작진·과천·안양·수원·오산을 거쳐 진위를 통과하며, 충청도의 천안·공주, 전라도의 정읍·장성·나주 등을 거쳐 해남에 이르게 된다.

지리지를 이용한 조선시대 지역지리의 복원

그림 4-4. 진위현 읍치의 모습(『1872년 지방지도』 경기도 진위현 부분)

출처: 서울대학교 규장각한국학연구원 소장

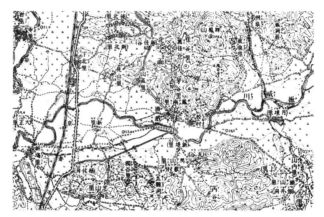

그림 4-5. 진위현 읍치의 입지(『일제 강점기 1: 5만 지형도』, 오산도엽의 일부)

읍치의 입지 선정에 있어 방어상 유리한 기존의 산성의 위치를 고려한 것으로 보인다.[47]

　　양성현의 읍치는 안성천의 지류인 한천(漢川)이 크게 곡류하는 부분을 앞에

---

47) 경기도박물관, 2003, 앞의 책, 213.

두고 해발 100~200m 내외의 구릉지를 북서쪽으로 파고 들어가는 골짜기의 입구 부분에 남동향으로 자리 잡았다. 따라서 북쪽과 동서쪽은 구릉지로 둘러싸여 있고 남쪽만 한천의 충적지로 열려 있어 배산임수·장풍득수의 풍수 원칙에 들어맞는 곳이다. 안성군과 진위현의 읍치에 비해 앞쪽의 들은 넓지 않으나, 한천이 빠져나가는 남쪽으로 넓은 충적지가 있어 경제적으로 부족함이 없는 입지라 할 수 있다.[48]

경기도 북부에 위치한 파주목·장단도호부·적성현·연천현·마전군·삭녕군·포천현·영평현의 읍치는 이 중 장단도호부를 제외하고 모두 20세기 초에 군청의 이전과 일제에 의한 행정 구역 개편으로 모두 구읍취락이 되었다.

이들 읍치의 입지를 살펴보면, 몇 가지 공통적인 특징이 나타난다. 첫째, 모두 배후에 해발 200m 내외의 야트막한 산지를 등지고 있으며, 앞쪽으로는 하천을 끼고 있다는 점이다. 파주목의 읍치는 봉서산(鳳棲山)[49] 기슭에 연풍천(延豊川)을 바라보며 자리 잡았으며, 연천현의 읍치는 군자산(君子山)을[50] 주산(主山)으로, 동쪽으로 차탄천(車灘川)을 바라보며 남동향으로 열린 골짜기 안에 들어서 있다. 적성현의 읍치는 중성산(重城山)을 뒤에 두고 임진강으로 합류하는 작은 지류를 앞에 두고 들어섰다. 이러한 입지는 당시 읍치의 입지를 선정하는 데 있어 제일의 조건으로 작용했던 풍수에서 말하는 이상적인 입지이다. 다만 연천·마전·적성·포천의 읍치는 골짜기 내부의 좁은 공간에 들어서 있어 평지가 협소하며 상당히 폐쇄적인 양상을 띠는 반면, 파주·영평·삭녕의 읍치는 배후의 산지와 각각 연풍천·영평천(永平川)·임진강 등 비교적 규모가 큰 하천이 만나는 부분에 자리 잡아 앞쪽으로 넓은 곡저평야가 펼쳐져 있으며 개방적인 양상을 띤다는 차이가 있다. 이 두 가지 입지는 나름

---

48) 경기도박물관, 2003, 위의 책, 213~214.
49) 해발 215.5m이다.
50) 해발 327.8m이다.

지리지를 이용한 조선시대 지역지리의 복원

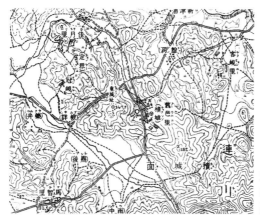

그림 4-6. 적성현 읍치의 입지
(『일제 강점기 1: 5만 지형도』,
문산도엽의 일부)

그림 4-7. 파주목 읍치. 원으로 표현된
파주목 읍치를 남북으로 뻗은 의주로가
관통해 지나간다.(『조선지도』 경기도 파
주목 부분)

출처: 서울대학교 규장각한국학연구원

의 장점을 지니고 있는데, 전자의 경우 방어의 측면에서 주위가 열린 개활지
보다는 훨씬 유리하였으며, 후자의 경우 넓은 농경지를 확보할 수 있어 경제
적인 측면에서 이점이 있었다.[51]

---

51) 경기도박물관, 2001, 경기도3대하천유역 종합학술조사 I - 임진강 Vol.1 환경과 삶, 경기출
판사, 327.

둘째, 조선시대의 주요한 교통로가 읍치를 관통하거나 바로 옆으로 지나간 다는 점이다. 파주와 장단의 읍치에는 조선시대 6대로 중 서울과 의주를 연결 하던 의주로(義州路)가 관통해 지나갔으며, 포천과 영평의 읍치 옆으로는 역 시 6대로 중 하나인 서울과 서수라를 잇는 경흥로(慶興路)가 통과하였다.[52] 또한 연천·적성·마전의 읍치 옆으로는 경흥로에서 분기한 도로가 지나갔는 데, 특히 연천 읍치를 동쪽으로 우회해 통과하던 분기로는[53] 동북 지역과 연 결되는 중요한 도로였다.

셋째, 읍치 인근에 산성이 있는 사례가 많다는 점이다. 읍치를 둘러싸고 있 는 산에 산성이 있는 경우로는 파주의 봉서산성(鳳棲山城), 포천의 반월산성 (半月山城), 적성의 칠중성(七重城)을 들 수 있으며, 마전·연천·영평 읍치 인 근에는 각각 당포성(堂浦城)·군자산성(君子山城)·고소성(姑蘇城)이 있었 다. 이들 성은 그 축조 연대가 대개 삼국 시대로 추정되므로 읍치 방어를 위해 만들어졌다기보다는, 성 인근에 읍치의 입지를 정해 방어의 편의성을 도모한

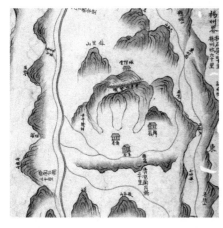

그림 4-8. 포천현 읍치. 바로 북쪽에 반 월산성이 있다.(『해동지도』 경기도 포천 현 부분)
출처: 서울대학교 규장각한국학연구원

---

52) 崔永俊·金鍾赫, 1997, "京畿地域의 交通路와 交通의 發達," 경기지역 향토문화(상), 한국 정신문화연구원, 159-163.
53) 삼방로(三防路)라 불리었다.

것으로 추정된다.54)

지금까지 경기도의 읍치 입지를 검토한 결과, 입지 선정시 공통점으로 풍수, 교통, 방어 등이 중요하게 작용하였음을 확인할 수 있다. 이는 결국 앞에서 살펴본 수도 입지 선정 조건들이 거의 그대로 적용되었음을 의미한다.

3) 읍치의 공간 구조와 경관

(1) 읍성(邑城)

조선시대 읍치의 공간 구조와 경관을 좌우하는 요소 가운데 가장 중요한 것은 읍성(邑城)의 유무이다. 읍성은 읍치를 방어하기 위해 만들어진 성벽으로, 관아를 둘러싸고 건설된 경우가 많다. 조선시대 읍치는 성곽의 유무에 따라 성곽 읍치와 비성곽 읍치로 구분된다. 이 두 유형의 읍치는 형태와 구조면에서 많은 차이점을 나타내는데, 특히 성곽 읍치는 성곽이 취락의 평면적 확대를 제한하는 역할을 하므로 평면 형태가 대체로 집합, 응집 형태를 띠며,55) 성문의 위치에 따라 결정되는 성내의 도로 형태가 취락 형태를 결정짓는 요인으로 작용한다.56) 하지만 두 유형 모두 대체로 자연조건에 순응하는 형태를 취한다는 점은 공통적이다.

읍성은 고을의 크기와 위치에 따라 성의 높이와 넓이가 달랐다. 크고 중요한 읍치에는 그만큼 관아가 많아서 자연히 높고 넓은 읍성을 쌓았다.57) 읍성의 입지는 읍치의 입지에 따라 좌우되지만, 크게 지형에 따라 산지 입지, 산기슭 입지, 구릉지 입지, 평지 입지로 구분된다. 평지 입지는 평지에, 산지 입지

---

54) 경기도박물관, 2001, 앞의 책, 328.
55) 김철수, 1985, "한국 성곽도시의 공간구조에 관한 연구 – 청주·전주·대구의 인구밀도변화 패턴분석을 중심으로," 국토계획 20(1), 89.
56) 張承一, 1993, 朝鮮後期 京畿地方의 都會硏究, 고려대학교 대학원 석사학위논문.
57) 허경진, 2001, 한국의 읍성, 대원사, 17.

그림 4-9. 충청도 해미읍성

는 산간에 위치하여 쉽게 분간된다. 다만 산기슭 입지는 산지와 평지의 경계
면인 산록에 걸쳐 입지하여 읍성의 후면부가 산지에 이어지고 배산(背山)하
는 데 비하여, 구릉지 입지는 평지에서 완만하게 융기하여 주위의 평지보다는
상대적으로 높은 언덕 위에 입지한 형태로 산기슭 입지와 구분된다. 경상도의
읍성을 사례 연구한 결과에 의하면, 이 가운데 산기슭 입지와 평지 입지가 많
았고, 구릉지 입지와 산지 입지는 드물었다.[58]

　또한 읍성의 평면 형태는 원형·사각형 등 규격형과 부정형으로 구분할 수
있다. 읍성의 평면 형태는 입지한 자연조건과 관계가 깊은데 평지 입지의 경
우에는 정형적인 사각형 혹은 원형에 가깝고, 구릉지·산기슭·산지 입지의 경
우에는 자연적 지형지세에 따라 부정형으로 나타난다. 경상도 읍성의 사례 연
구 결과에 의하면,[59] 원형의 예로는 함양읍성, 사각형의 예로는 경주·상주·
웅천·언양·남해·진해의 읍성을 들 수 있고, 나머지는 부정형이었다.

---

58) 최원석, 2005, "地籍原圖를 활용한 읍성공간의 역사지리적 복원―경상도 읍성을 사례로,"
　　문화역사지리 17(2), 77.
59) 최원석, 2005, 위의 논문, 80-82.

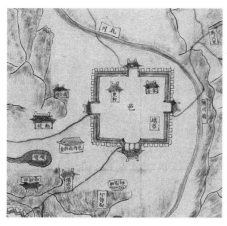

그림 4-10. 웅천현의 읍성. 사각형의
형태이다.(『1872년 지방지도』 경상도
웅천현 부분)
출처: 서울대학교 규장각한국학연구원

조선시대 읍성은 읍치의 중요한 구성 요소이자 핵심적인 방어 시설이었기 때문에 『세종실록지리지』, 『신증동국여지승람』, 『대동지지』 등 조선시대 지리지에는 아래의 사례와 같이 읍성에 대해 기록하고 있다. 그 내용을 살펴보면, 『세종실록지리지』에는 둘레·높이 등의 성의 규모를 비롯하여 우물·도랑·제사 장소 등 성 안의 시설이 적혀 있으며, 『신증동국여지승람』에는 축성 과정이 언급되어 있는 경우도 있다. 그리고 『대동지지』에는 옹성(甕城)[60]·치성(雉城)[61]·곡성(曲城)[62]·포루(砲樓) 등의 성의 세부 시설과 그 숫자가 기록되어 있다.

읍의 석성(石城)은 둘레가 680보(步)이다. 안에 우물이 셋 있는데 겨울이나 여름에도 늘 마르지 않는다(『세종실록지리지』, 충청도, 충주목).

---

60) 성문을 보호하기 위하여 성문 밖에 원형(圓形)이나 방형(方形)으로 쌓은 작은 성이다.
61) 성벽의 바깥으로 덧붙여서 쌓은 벽으로, 적이 접근하는 것을 일찍 관측하고, 싸울 때에는 적이 가까이 오는 것을 막을 수 있도록 한 시설이다.
62) 성문 밖으로 둘러 가려서 곡선으로 쌓은 성벽이다.

읍 석성은 둘레가 1,933척 8촌이다. 선덕(宣德) 5년[63] 청화역(靑化驛) 동쪽
에 쌓고는 이내 현치(縣治)를 옮겼다. 옛 읍 석성은 둘레가 2백 76보인데, 우
물과 샘이 없고, 바다 입구에 이르기까지 160보이다. 금상(今上) 3년에[64] 비
로소 청주·옥천·영동·회덕·연산·은진·석성·이산·부여·홍산·한산·임
천·서천·비인 등 14군의 군정(軍丁) 200명을 뽑아서 4번으로 나누어 번갈아
가면서 지키게 하였다(『세종실록지리지』, 충청도, 비인현).

읍 석성은 둘레가 795보이며, 성 안에 큰 우물 2곳, 작은 우물 2곳이 있는데,
사철 마르지 않는다. 성 안의 산봉우리에 성황사(城隍祠)가 있으며, 소재관에
게 봄·가을로 제사지내게 한다(『세종실록지리지』, 함길도, 함흥부).

읍성은 돌로 쌓았으니 둘레가 1,646척이고, 높이가 7척이다. 안에 우물 1곳
이 있다. 이첨(李詹)의 기(記)에, "옛날 현이 승격되기 전에는 거주하는 사람
이 적고, 소나무와 참나무가 하늘을 덮어 그윽하고 깊숙한데다가, 들짐승이
뛰놀고 도둑들이 많아 여기를 지나는 사람들이 여럿이 무리를 지어야만 다닐
수 있었다. 경오년에 지금 공주 목사(公州牧使)로 있는 영주(永州) 이언(李
嶌)이 … 이 고을 감무(監務)가 되어 백성들의 고통스러움에 개탄하여 이를
없애려고 노력하여 인구가 날마다 늘고, 전답은 날마다 개간되고 사람을 해
치는 자는 모두 사라지게 되었다. 이에 나무를 베어내고 돌을 쪼개어 이 성을
쌓아서 며칠 안 되어 공사가 완성되어, 백성들은 성에 보전하게 되고, 성은 덕
(德)에 보전하게 되었으니, 이후(李侯)의 공이 더욱 빛난다." 하였다(『신증동
국여지승람』, 충청도, 황간현).

---

63) 1430년이다.
64) 세종 3년, 즉 1421년이다.

읍성은 돌로 쌓았으며, 둘레는 3,090척, 높이는 13척이다. 성안에 우물이 6곳
있다. 이첨의 기문에, … 이번에 원수(元帥) 박(朴)공이 일찍이 김해에서 부
사로 있을 때에 처음으로 망산성(望山城)을 수축하였다.…공이 동래에서 군
사훈련을 할 때, 농토가 황폐하고 인가에선 밥 짓는 연기가 오르지 않는 것을
보고, 고을을 일으켜 볼 뜻으로 군관(軍官)과 여러 유사에게 말하기를, "동래
고을은 동남에서 으뜸이다. 바다 자원이 많고, 토산물이 풍부하여 국가의 수
요에 기여함이 많을 뿐 아니라, 또한 동쪽엔 해운포(海雲浦)가 있어 옛날에
신선이 놀고 즐기던 곳이다. 북쪽에는 온천이 있어 역대의 군왕들이 목욕하
던 곳이다. 그밖에도 선경(仙境)이라 불리는 곳이 8-9군데나 되지만 그곳들
이 지금은 황폐화되었으니, 장수된 몸으로 그 책임을 지지 않을 수 없다. 성보
(城堡)를 쌓아 이 고장 백성들이 편안하게 모여 살도록 함으로써 국가의 수요
에 이바지하고, 또한 고을의 관가가 예전과 같이 되도록 해 보지 않겠는가. 만
약에 성만 쌓는다면 김해와 울산 두 성 사이에 3각으로 대치하게 하여 나졸에
게 성 밑에서 배를 대게 한다면 적을 물리치기 어렵지 않을 것이다."하였다.
여럿이 모두 이의가 없자, 공이 이에 통첩을 돌려 장정을 징발하고 계획에 따
라 일을 감독하니, 정묘년 8월 19일에 시작하여 달포 걸려 일이 완성됐다(『신
증동국여지승람』, 경상도, 동래현).

읍성은 국초(國初)에 축조하였고, 영종(英宗) 10년에 개축하였다. 둘레가
2,618보이며, 치성(雉城)이 11곳, 옹성(甕城)이 1곳, 포루(砲樓)가 12곳, 성문
(城門) 4곳, 우물이 113곳, 호지(壕池)가 1곳이다(『대동지지』, 전라도, 전주
부).

읍성은 고려 공양왕 3년에 축조하였고, 본조 명종 을묘년과 선조 신묘년에 중
수하였으며, 영종(英宗) 정묘년에 개축하였다. 둘레는 13,120척이고, 치성이

13곳, 옹성이 1곳, 곡성(曲城)이 1곳, 성문이 4곳, 우물이 12곳, 연지(蓮池)가 1곳, 호지(壕池)가 1곳이다(『대동지지』, 황해도, 해주목).

이러한 지리지의 읍성에 관한 기록을 분석한 결과를 살펴보자. 먼저 『세종실록지리지』에 수록된 읍성의 숫자를 정리한 것이 표 4-2이다. 전국적으로는 총 335개 군현 가운데 108곳에 읍성이 있어 32.2%의 군현만 읍성을 가지고 있는 것으로 나타났다. 읍성의 숫자가 가장 많은 도는 27개의 읍성이 있는 경상도이고, 가장 적은 곳은 2개의 경기도였다. 군현의 숫자를 감안하면, 전체

표 4-2. 『세종실록지리지』의 읍성 현황

도	군현 숫자	읍성이 있는 군현 (숫자)	읍성 숫자/ 군현 숫자(%)	토성/석성/벽 성/혼합 숫자
경기도	42	개성, 수원(2)	4.8	1/1/0/0
충청도	55	충주, 청주, 영동, 황간, 서천, 남포, 비인, 홍산, 홍주, 태안, 당진, 덕산, 보령, 결성, 대흥(15)	27.3	0/15/0/0
경상도	66	경주, 청도, 흥해, 대구, 동래, 언양, 기장, 장기, 현풍, 영일, 청하, 안동, 영해, 순흥, 예천, 영천(榮川), 영덕, 예안, 상주, 성주, 선산, 진주, 함양, 고성, 거제, 하동, 진해(27)	40.9	4/23/0/0
전라도	56	전주, 금산, 고부, 만경, 임피, 옥구, 부안, 나주, 해진, 영광, 무장, 함평, 무안, 흥덕, 광양, 장흥, 순천, 무진, 보성, 낙안, 고흥, 제주, 대정(23)	41.1	2/21/0/0
황해도	24	해주, 옹진, 장연, 강령, 풍천(5)	20.8	0/5/0/0
강원도	24	강릉, 양양, 삼척, 평해, 울진, 간성, 통천(7)	29.2	4/2/0/1
평안도	47	평양, 안주, 양덕, 의주, 정주, 용천, 철산, 선천, 삭주, 영변, 창성, 강계, 여연, 자성, 무창, 우예, 위원(17)	36.2	0/11/0/4
함길도	21	함흥, 정평, 영흥, 길주, 경성, 경원, 회령, 종성, 온성, 경흥, 부령, 삼수(12)	57.1	0/8/3/0
총계	335	108	32.2	

주1: 성의 재료에 대한 기록이 없는 읍성이 3곳인데, 양덕, 위원 등 평안도의 2곳과 함길도의 길주임.
주2: 강원도 울진은 황석산성을 "때로 읍성으로 삼는다."라고 기록되어 있어 읍성이 있는 군현에 포함함.

군현에서 57.1%를 차지하는 함길도가 읍성 분포가 가장 조밀하였다. 그다음
은 전체 군현에서 41.1%의 읍성이 축조된 전라도, 40.9%의 경상도, 36.2%의
평안도의 순이었다. 전반적으로 함길도·평안도의 북부 국경 지방과 경상도·
전라도의 남부 지방에 읍성이 많이 축조되었음을 확인할 수 있다. 읍성이 있
는 군현들의 읍격과 위치를 확인해 보면, 그 경향성은 더 뚜렷해지는데, 그것
은 읍격이 높고 규모가 큰 군현과 해안 및 국경 지역에 위치한 군현에 읍성이
집중적으로 축조되었다는 사실이다.

　도별로 자세히 살펴보면, 충청도는 읍격이 높은 충주목과 청주목을 제외하
면, 13개 군현 가운데 11개 군현이 서해안에 집중되어 있다. 영동현과 황간현,
두 개 군현만 내륙에 위치한 군현으로, 이 두 군현은 충청도와 경상도를 잇는
교통 상의 요지에 위치한 것과 관련이 있을 것으로 보인다. 특히 황간현은 영
하취락(嶺下聚落)이라 할 수 있다. 영하취락은 교통량이 많은 고개 아래에 발
달한 취락으로, 일반적인 취락과 달리 교통과 방어, 그리고 상업 기능을 가진
취락이다. 황간현은 여러 고개에서 내려오는 길이 만나는 지점에 자리 잡고
있다. 동쪽에는 경상도 김산에서 넘어오는 추풍령(秋風嶺), 남쪽에는 역시 김
산에서 오는 괘방령(掛榜嶺)이 있고, 북쪽에는 경상도 상주에서 넘어 오는 오
도치(吾道峙)가 있다. 또한 황간현에서 서북쪽으로 이치(梨峙)를 넘으면 청산
으로 연결되고, 서남쪽으로 삽치(鈒峙)를 넘으면 영동과 이어진다(그림 4-11
참조).[65] 이렇게 황간현은 고개를 통해 여러 지방과 연결되는 교통의 요지였
다. 이러한 상황은 『여지도서』에 "고려 말에 왜적을 치던 장수와 병졸들이 추
풍령 길을 차지하고 끊임없이 오고 갔다. 아전과 백성들이 뒷바라지를 감당
하지 못하고 사방으로 흩어지니 온 고을이 텅 비었다."라고[66] 잘 묘사되어 있

---

65) 정치영, 2012, "충북의 고개문화," 충북의 민속문화, 충청북도·국립민속박물관, 69.
66) 『여지도서』, 충청도, 황간현, 건치연혁조.

다. 이와 같이 고려 말부터 중요한 군사적인 거점이었기 때문에 황간현과, 이웃한 영동현에 읍성이 축조된 것으로 보인다.

경상도도 영해·영덕·청하·흥해·영일·장기·기장현 등 동해안과 동래·진해·거제·고성현 등 남해안의 군현에 읍성이 많았고, 내륙에 읍성이 만들어진 상주목·성주목·선산도호부·안동대도호부·대구군·청도군 등은 읍격이 높거나 낙동강과 영남대로와 같은 중요한 교통로를 따라 들어서 있는 군현들이었다.

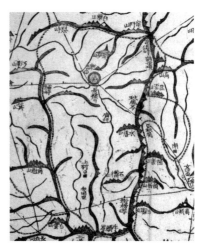

그림 4-11. 황간현 주변의 교통로. 여러 고개에서 내려오는 교통로가 수렴된다.(『대동여지도』 부분)
출처: 서울대학교 규장각한국학연구원

전라도도 유사한 경향이 나타난다. 임피·옥구·만경·부안·고부·흥덕·무장·함평·영광·무안은 모두 서해안을 따라 늘어서 있는 군현이며, 해진·흥양·광양 등은 남해안의 군현들이다. 내륙의 군현은 읍격이 높은 전주부와 나주목을 빼면 무진군과 금산군 정도였다.

강원도는 더욱 극단적인 경향을 보인다. 강릉대도호부를 비롯해 읍성이 있는 7개 군현은 모두 동해안을 따라 위치한 것들이며, 내륙에는 한 곳의 읍성도 없다. 황해도도 5개 군현 가운데 해주목과 장연·옹진·강령현이 서해에 면해 있으며, 풍천군도 서해에 가까운 군현이다.

평안도는 용천·철산·선천·정주·안주목 등 서해안에 있는 군현과 의주·삭주·창성·위원·여연·자성·무창·우예군 등 북부 국경에 있는 군현이 대부분이다. 국경이 아닌 내륙의 군현으로는 평양부와 영변대도호부, 양덕현 등 3곳밖에 없었다. 함경도도 동해안과 북동부 국경 지대, 특히 6진 지역에 위치한

지리지를 이용한 조선시대 지역지리의 복원

군현에 읍성들이 축조되어 있었다.

조선 전기 이러한 읍성의 분포 상황은 고려 말부터 조선 초에 걸쳐 축조된 결과일 것이다.[67] 이는 고려 말부터 조선 초에 걸쳐 있었던 왜구의 침입을 방어하고 북방 국경 지역의 방어 능력을 증대할 목적으로 읍성이 많이 건설되었다는 사실을 입증하는 것이다.

한편 『세종실록지리지』에는 읍성의 축성 재료를 기록해 놓았다. '석성(石城)', '토성(土城)', '벽성(壁城)' 등이 그것이다. 돌로 쌓은 석성은 흙으로 만드는 토성에 비해 축성에 많은 기술과 노동력을 필요로 하고 재료의 획득이 쉽지 않다. 따라서 축성이 더 용이한 토성이

세종실록지리지 - 읍성 여부
■ 읍성 있는 군현
● 읍성 없는 군현

그림 4-12. 『세종실록지리지』에 수록된 읍성의 분포

석성보다 많았을 것으로 예상할 수 있으나, 『세종실록지리지』에 의하면, 읍성은 석성이 압도적으로 많았다. 전국의 읍성 108곳 중 그 재료를 기록하지 않은 3곳을 제외한 105곳 가운데 석성이 86곳으로 81.9%를 차지하였다. 토성은 11곳에 불과하였으며, 함길도의 종성·온성·부령 등 3개 군현은 벽성이었다. 벽성은 벽돌로 만든 성으로,[68] 함길도 북부 지방의 읍성에만 사용되었다. 그리고 토성과 석성이 섞여 있는 읍성으로 강원도 간성군과[69] 평안도 정주목[70]·

---

67) 최종석, 2014, 한국 중세의 읍치와 성, 신구문화사, 322.
68) 반영환, 1978, 한국의 성곽, 세종대왕기념사업회, 197-198.
69) "읍성은 석성의 둘레가 295보, 토성은 86보이다."라고 기록되어 있다.
70) "읍성은 흙과 돌로 쌓은 것이 반반인데, 둘레가 649보이다."라고 기록되어 있다.

여연군71) 등 3곳, 석성과 벽성이 섞여 있는 읍성으로 평안도 무창군과72) 우예군이73) 있었다.

표 4-3은 『신증동국여지승람』에 기록된 읍성 숫자를 정리한 것이다. 약 100년 사이의 읍성의 변화를 살펴보면, 전국적으로 읍성의 개수가 108개에서 124개로 16개 늘어났으며, 군현의 숫자는 줄었기 때문에 읍성이 있는 군현의 비율은 32.2%에서 37.6%로 증가하였다.

그런데 『세종실록지리지』에는 읍성이 있는 것으로 기록되었다가 『신증동국여지승람』에는 읍성이 기록되지 않은 군현은 어떻게 해석하는 것이 좋을까? 경상도의 순흥도호부와74) 평안도의 여연·자성·무창·우예의 4군과75) 같이 군현이 없어지면서 기록에서 빠진 것도 있고, 읍성은 그대로이나 함경도 길주목·전라도 고흥현의 사례와 같이76) 군현의 이름이 바뀐 경우, 그리고 전라도 해진군의 사례와 같이 통합되거나 나누어지면서 기록이 없어진 경우도 있으며,77) 계속 존속한 군현의 경우에도 기록이 누락되었을 가능성이 있다. 그렇지만 읍성이 황폐화되어 기능을 상실하여 기록하지 않은 군현이 적지 않았을 것이다.

이러한 가정 아래 각 도의 변화 상황을 살펴보면, 우선 경기도와 황해도는 숫자의 변화가 없었으며, 충청도는 읍성이 1곳 없어지고 3곳이 늘었는데, 늘

---

71) "읍성은 돌과 흙으로 쌓은 것이 반반인데, 둘레가 179보이다."라고 기록되어 있다.

72) "읍성은 석성과 벽성이 반반씩이며, 둘레는 2,714척이다."라고 기록되어 있다.

73) "읍성은 석성과 벽성이 반반씩이며, 둘레는 5,786척이다. 안에 군창(軍倉)과 의창(義倉)이 있으며 물과 샘이 없다."라고 기록되어 있다.

74) 세조 때인 1457년 순흥부사(順興府使)인 이보흠(李甫欽)과 이곳에 유배 중이던 금성대군 (錦城大君)이 단종 복위를 도모하였다는 이유로 순흥도호부가 해체되어 인근의 풍기군, 영천군, 봉화현에 나누어 소속되면서 순흥도호부가 없어졌다.

75) 4군은 조선 초기 사군육진(四郡六鎭) 개척으로 만들어졌으나, 여진족의 침입이 잦고 관리가 어려워지자 1455년 폐지하여 강계부 등으로 소속되었다.

76) 1469년 길주를 길성으로 개명하고 목을 현으로 강등하였다.

77) 전라도 해진군은 1437년 해남현과 진도군으로 나누어졌다.

표 4-3. 『신증동국여지승람』의 읍성 현황

도	군현 숫자	읍성 숫자	읍성 숫자/ 군현 숫자(%)	읍성이 추가된 군현	읍성이 제외된 군현
경기도	38	2	5.3	-	-
충청도	54	17	31.5	한산, 서산, 면천	홍산
경상도	67	29	43.3	울산, 양산, 곤양, 남해, 사천, 김해, 창원, 함안, 칠원, 웅천	진주, 청도, 대구, 현풍, 순흥, 예천, 영천, 예안
전라도	57	30	52.6	용안, 광산, 영암, 고창, 진도, 강진, 해남, 정의, 남원, 구례, 흥양	해진, 함평, 무진, 고흥
황해도	24	5	20.8	-	-
강원도	26	9	34.6	고성, 흡곡	-
평안도	42	17	40.5	숙천, 구성, 희천, 이산, 벽동, 영원	양덕, 정주, 여연, 자성, 무창, 우예
함경도	22	15	68.2	북청, 단천, 갑산, 길성, 명천	영흥, 길주
총계	330	124	37.6		

주: 읍성이 추가된 군현과 제외된 군현은 『세종실록지리지』와의 비교에 의한 것임.

어난 3곳 모두 서해에 가까운 군현이었다. 경상도는 10곳이 늘어나고 8곳이 없어졌다. 매우 흥미로운 대목은 읍성이 없어진 군현은 모두 내륙에 위치한 것이고, 읍성이 새로 생긴 군현은 대부분 해안에 위치한 것이라는 점이다.

전라도는 읍성을 가진 군현의 비율이 41.1%에서 52.6%로 가장 크게 증가한 도이다. 내용을 보면, 이름이 바뀐 고흥·무진,[78] 그리고 진도군와 해남현으로 나누어진 해진현을 빼면, 없어진 곳은 함평현뿐이다. 새로 생긴 읍성은 군현 이름이 바뀐 해남·흥양·광산현을 빼면 8곳이다. 용안·고창·영암·정의·진도 등 해안과 섬뿐 아니라 구례·남원 등 내륙에서도 읍성이 늘어났다. 서로 이웃해 있는 구례와 남원은 섬진강으로 남해와 연결되는 전략적 요충지

---

78) 무진군은 광산현으로 이름이 바뀌었다.

이었다. 강원도에서 늘어난 고성·흡곡현은 모두 동해안에 위치한 군현이다.

평안도는 읍성의 절대 숫자는 변화가 없었으나, 군현 수의 감소로 읍성이 있는 군현의 비율이 증가하였다. 앞서 언급한 폐4군과 양덕현·정주목이 제외되었고, 숙천도호부를 비롯한 6개 군현에 읍성이 새로 기록되었는데, 해안과 내륙, 국경 지역에 고루 분포하였다. 함경도는 전라도와 마찬가지로 읍성을 가진 군현의 비율이 57.1%에서 68.2%로 10% 이상 증가하였다. 북청·단천·명천 등 중부 해안 지역에 읍성이 새로 축성되었다.

표 4-4. 『대동지지』의 읍성 현황

도	군현 숫자	읍성이 있는 군현(숫자)	『신증동국여지승람』과 비교, 증감숫자	읍성 숫자/군현 숫자 (%)
경기도	37	개성, 수원, **광주, 강화**, 교동 (5)	+3	13.5
충청도	54	충주, 청주, 영동, 황간, 한산, 서천, 남포, 비인, 홍주, 태안, 서산, 면천, 당진, 덕산, 보령, 결성, 대흥, **홍산, 해미** (19)	+2	35.2
경상도	71	경주, 청도, 흥해, 대구, 동래, 언양, 기장, 장기, 영일, 청하, 안동, 영해, 영천(榮川), 영덕, 상주, 성주, 선산, 함양, 고성, 진해, 울산, 양산, 곤양, 남해, 사천, 김해, 창원, 함안, 칠원, 웅천, **밀양, 경산, 영산, 의성, 삼가, 의령** (36)	+6	50.7
전라도	56	전주, 금산, 고부, 만경, 임피, 옥구, 용안, 부안, 나주, 해남, 진도, 영암, 영광, 강진, 무안, 고창, 흥덕, 남원, 구례, 광양, 장흥, 순천, 광주, 보성, 낙안, 흥양, 제주, 정의, 대정(29)	−1	51.8
황해도	23	해주, 옹진, 장연, 강령, 풍천, **황주, 연안, 배천** (8)	+3	34.8
강원도	26	강릉, 양양, 삼척, 평해, 울진, 간성, 고성, 통천, 흡곡(9)	0	34.6
평안도	42	평양, 안주, 숙천, 의주, 영변(5)	−12	11.9
함경도	25	함흥, 정평, 북청, 길주, 명천, 경성, 단천, 경원, 회령, 종성, 온성, 경흥, 부령, 삼수, **홍원, 이원, 안변, 후주, 무산, 장진** (20)	+6	80.0
총계	334	132		39.5

주: 굵은 글씨는 『대동지지』 단계에서 읍성이 추가된 군현임.

지리지를 이용한 조선시대 지역지리의 복원

표 4-4와 그림 4-13은 19세기 중엽 『대동지지』의 읍성 기록을 정리한 것이다. 『신증동국여지승람』이후 약 300년 간의 변화는 먼저 전국적으로 읍성이 124개에서 132개로 약간 늘어났다. 도별로는 차이가 있어서, 강원도는 변화가 없었으며, 전라도와 평안도는 읍성 숫자가 감소하였다. 특히 평안도는 17개에서 5곳으로 많이 줄었는데, 주요 고을의 읍성을 제외하고, 해안과 국경 지역의 읍성이 대부분 기록되지 않았다. 실제로 읍성이 없어졌는지 아니면 기록의 문제인지는 확인하기 어렵다. 다만 『대동지지』를 쓴 김정호가 만든 『대동여지도』에는 읍성의 유무가 표시되어 있는데,

대동지지 - 읍성 여부
■ 읍성 있는 군현(신증, 대동 일치)
▲ 읍성 있는 군현(대동 추가)
● 읍성 없는 군현

그림 4-13. 『대동지지』에 수록된 읍성의 분포

『대동지지』에 읍성이 기재되어 있지 않은 강계·벽동·창성·삭주 등의 국경 지역의 군현과 용천·정주 등 서해안의 군현에 『대동여지도』에는 읍성이 있는 것으로 그려져 있어 서로 맞지 않다.

이에 비해 경기도·충청도·경상도·황해도·함경도는 읍성의 숫자가 늘어났다. 경기도는 광주·강화·교동 등 수도를 방어하는 거점에 읍성이 만들어졌고, 충청도는 해미현과 함께, 『세종실록지리지』에 있다가 『신증동국여지승람』에 빠진 홍산현이 다시 추가되었다. 경상도에 새롭게 추가된 6개 군현은 모두 내륙에 위치한 것들이다. 가장 많이 읍성이 있는 도는 함경도로, 전체 군현의 80%가 읍성을 가졌다.

(2) 관아(官衙)

조선시대 읍치에 가장 중심이 되는 공간은 관아(官衙)였다. 관아는 읍치의 가장 중심부에 자리 잡게 되는데, 위치의 상징성과 위계 개념, 지형과 풍수, 간선 도로 등에 의해 읍치에 따라 약간씩 차이가 있었다. 일반적으로 관아는 읍치에서 풍수적으로 가장 좋은 곳, 즉 명당에 자리 잡았다. 서울로 치면, 경복궁에 해당하는 입지이다. 그러나 배후에 있는 산의 위치에 따라 관아의 방향이나 관아의 입지가 달라진다. 서울의 북악산과 경복궁의 관계와 같이 관아가 주산에 기대어 자리 잡을 경우, 읍치의 중심에서 북쪽으로 치우쳐 입지하게 되며, 주산과 거리가 있는 평지에 자리 잡은 읍치에서는 한 가운데, 대체로 대로가 교차하는 지점에 관아가 들어서게 된다.

한편 읍치의 도로망은 읍성이 있는 경우와 없는 경우에 따라 달라진다. 읍

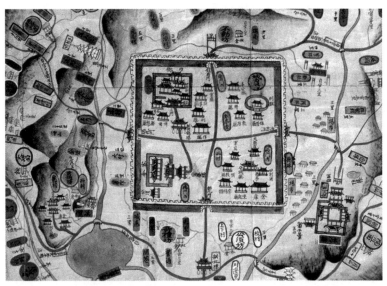

그림 4-14. 광주 읍성의 도로망. 지도 위쪽이 남쪽으로, 각 성문을 잇는 동서도로와 남북도로가 교차한다.(『1872년 지방지도』 광주목지도 부분)

출처: 서울대학교 규장각한국학연구원

지리지를 이용한 조선시대 지역지리의 복원

그림 4-15. 고성 읍성의 도로망은
삼거리형으로 나타난다.(『1872년
지방지도』 고성부지도 부분)
출처: 서울대학교 규장각한국학연구원

성이 없는 경우는 읍치를 지나는 간선 도로와 이 간선 도로에서 관아로 연결
되는 도로가 중심 도로 역할을 하게 된다. 읍성이 있는 경우에는 성문을 연결
하는 도로가 읍치의 중심 도로가 된다. 대개의 읍성은 동·서·남·북의 4개의
문을 가지므로, 동문과 서문을 연결하는 동서 대로와 남문과 북문을 연결하는
남북 대로가 만들어지며 이것이 읍치 중심에서 교차하여 십자형의 도로망이
이루어진다. 그러나 북문이 주산으로 이어지거나 북문이 산에 위치해 문으로
기능을 하지 않거나, 아예 북문이 없는 경우도 있어 남북 대로는 남문에서 관
아까지만 이어진 경우도 많다. 이 경우 관아를 중심으로 삼거리 모양의 간선
도로가 만들어진다. 그리고 성문이 2개만 있어 2개의 성문을 연결하는 일직선
의 도로가 형성되어 있는 사례도 있다. 이러한 읍치의 도로는 기본적인 토지
구획으로 작용하여 관아 등 주요 시설의 배치에 중요한 영향을 미친다.

경상도 읍성에 대한 선행 연구의 따르면, 십자형의 도로망이 형성된 군현으
로는 경주·상주·언양·의령·웅천 등이 있는데, 주로 평지에 입지한 읍치에

서 나타났다. 삼거리 모양의 도로망을 가진 군현으로는 선산·울산·고성·기장 등이었다. 일직선의 도로는 흥해·청하에서 나타나는데, 모두 성문을 2개씩만 만든 결과였다.[79]

행정 기능을 수행하는 관아는 다양한 기능을 가진 여러 개의 시설로 구성되었다. 관아의 공간은 크게 3개의 영역으로 구획되며, 각 영역을 나누는 기준은 문이다. 관아에는 3개의 문이 있다. 성 밖에서 관아까지 들어가는 경로를 가정하면, 먼저 읍성이 있는 경우, 읍성의 남문을 통과한 다음, 성 안의 민가를 지나 홍살문을 만나게 된다. 홍살문은 관아의 경계를 알리는 상징적 구실을 한다. 홍살문을 지나면, 외삼문을 만나게 되는데, 이 문은 아래에 3개의 문이 있는 2층의 다락으로 만들어진 경우가 많다. 이 문에 이르면 수령이 아닌 모든 사람들은 말에서 내려 걸어서 출입하는 것이 통례였다. 외삼문을 지나면, 육방 관속들이 집무하는 공간이 있다. 향청(鄕廳)·작청(作廳)·사령청(使令廳) 등이 늘어선 행정 사무 공간이다. 이 구역을 지나면 역시 3개의 문이 달린 내삼문이 나타난다. 내삼문을 지나야 수령의 집무 장소이자 거처인 동헌(東軒)이 있다.[80] 동헌은 외아(外衙)와 내아(內衙)로 나누는데 앞쪽에 있는 외아는 집무실이고, 뒤쪽 관아의 가장 깊숙이 위치한 내아는 수령의 살림집이다. 동헌 근처에는 관청(官廳)이 있었다. 관청은 관주(官廚)라고도 하는데, 관아의 음식과 관련된 곳이다. 수령의 식사를 준비하고 내아에 식재료를 제공하며 음식과 관련된 물품을 관리하는 일을 하였기 때문에 수령이 근무하거나 거주하는 공간에 가깝게 위치할수록 효율적이었다.[81] 그리고 외삼문 바깥에는 군관청(軍官廳), 장청(將廳), 관노청(官奴廳), 그리고 형옥(刑獄) 등이 배치되었다.

---

79) 최원석, 2005, 앞의 논문, 84-87.
80) 안길정, 2000, 관아이야기 첫째 권, 사계절, 45-46.
81) 김혁 외, 2010, 수령의 사생활, 경북대학교출판부, 301-307.

각 기관의 기능을 살펴보면, 향청은 재지세력의 대표자 격인 좌수(座首)와 별감(別監)이 수령을 보좌·자문하던 기관으로, 조선 초기 설치된 유향소(留鄕所)를 조선 후기에는 향청이라 불렀다. 유향소에는 고을의 양반들이 정기적으로 모여 회의를 열어서 고을의 대소사를 논의하였으며, 향리(鄕吏), 즉 아전(衙前)들을 단속하기도 하였다.

작청은 이청(吏廳)·질청(秩廳)·길청(吉廳)이라고도 불렸으며, 이방(吏房)을 비롯한 아전들이 모여 업무를 처리하던 청사이다. 아전들이 모두 작청에만 모여 집무했던 것은 아니며, 대개 육방(六房)으로 나뉜 각 소속의 임무에 따라 청을 달리하여 작청 이외에 서원청(書員廳)·통인청(通引廳)에 소속되었으며, 몇몇 아전은 향교와 향청에 나가 근무하기도 하였다.[82] 사령청은 사령들의 근무 공간으로, 사령은 심부름이나 군관(軍官)이나 포교(捕校) 아래에서 죄인에게 곤장을 치는 등 여러 가지 일을 하였다. 군관청은 군관(軍官)들의 집무 장소이며, 장청은 관아에 속한 장교(將校)가 근무하던 곳이고, 관노청은 관아 내의 노비들이 일하거나 쉬면서 명령을 기다리던 대기소였다. 동헌이나 향청 등 관아에는 많은 관노들이 배치되어 수시로 필요한 심부름을 하였다.[83] 형옥은 죄인을 가두는 감옥이다.

관아 건물 가운데 또 하나 빼놓을 수 없는 중요도를 가진 것이 객사(客舍)이다. 객사는 대개 관아 건물 가운데 가장 규모가 커서 동헌보다 격이 높으며, 동헌을 중심으로 한 관아 건물군과는 떨어져 독립적인 공간에 자리를 잡았다. 객사는 두 가지 기능을 수행하였다. 하나는 외국 사신이나 왕의 명령으로 지방에 내려온 관리가 묵는 숙박 장소로서의 기능이며, 다른 하나는 임금을 상징하는 전패(殿牌)를 모시는 기능이다. 그래서 객사는 지방관인 수령이 고을

---

82) 안길정, 2000, 관아이야기 둘째 권, 사계절, 20.
83) 안길정, 2000, 위의 책, 137.

최고 통치자로서의 권력을 임금으로부터 부여받았다는 것을 상징적으로 보여줌과 동시에, 수령이 임금에게 충성을 맹세하는 건축물이었다. 객사는 3중 구조로 되어 있는데, 중앙의 마루방인 정당(正堂)에는 임금을 상징하는 나무 패인 전패를 모셔 놓고 수령이 매달 초하루와 보름에 임금이 있는 대궐을 향해 절을 올리는 향망궐배(向望闕拜)의 충성 의식을 거행하였다.[84] 오른쪽과 왼쪽의 익실(翼室)은 온돌방으로 만들어 공무 여행 중인 관리나 외국 사신이 숙박하였다.

관아의 핵심 건물인 동헌과 객사의 배치는 경사면에 위치하여 고도의 차이를 둘 경우에는 객사를 위쪽에 배치하고 동헌을 아래에 두었으며, 같은 고도에 둘 경우에는 왼쪽, 즉 동쪽에 객사, 오른쪽, 즉 서쪽에 동헌을 두는 경우가 더 많았다.[85] 이것은 상징적으로 객사를 동헌보다 더 위계가 높은 건물로 간주한 결과이다. 그러나 이러한 배치는 절대적인 것은 아니었다. 지형과 대지의 형편 등에 따라 객사와 동헌의 위치가 뒤바뀐 군현도 적지 않았다.

1872년에 제작된 『1872년 지방지도』는 다른 군현지도에 비해 관아 건물들을 상세히 묘사하고 있다. 황해도 강령현지도(그림 4-16)와 경기도 양지현지도(그림 4-17), 그리고 경상도 영천(永川)지도(그림 4-18)를 통해 관아의 배치와 구조를 살펴보자. 먼저 강령현은 『대동지지』에는 읍성이 있는 것으로 기재되어 있으나, 지도에는 그려지지 않았다. 그리고 객사가 동쪽, 동헌이 서쪽에 자리 잡아 일반적인 좌객우아(左客右衙)의 배치에 부합한다. 읍치의 동남쪽에는 관아의 입구에 해당하는 홍살문이 있고, 이를 통과하면 나무가 늘어서 있는 길을 따라, 차례로 훈련(訓練)·군기고(軍器庫) 등 군사와 관련된 시설이 있다. 길이 갈라지는 지점에 사령청이 있고, 동쪽으로 올라가는 길로 꺾어지

---

84) 이기봉, 2017, 앞의 책, 219.
85) 여기서 왼쪽과 오른쪽은 주인이 앉아서 바라보는 방향으로, 절대향으로는 왼쪽이 동쪽, 오른쪽이 서쪽이 된다.

그림 4-16. 강령현의 관아(「1872년 지방지도」 강령현지도 부분)
출처: 서울대학교 규장각한국학연구원

면, 향청과 장청이 길을 사이에 두고 마주보고 있으며, 더 올라가면 별도의 담으로 둘러싸여 있으며 2개의 문을 가진 객사를 만나게 된다. 객사 입구 서쪽에는 통인청이 있다. 그리고 장청 뒤쪽 외진 곳에는 옥이 있다. 사령청에서 동헌으로 이어지는 길을 택하면, 동헌의 출입문인 2층 누문(樓門)을 만나게 된다. 누문 입구에는 관노청이 있다. 누문을 들어서면, 서쪽에는 담으로 둘러싸인 작청이 있으며, 작청 맞은 편으로는 형소(刑所)가 있다. 형소는 형리(刑吏)들이 근무하는 형리청(刑吏廳)으로 추정된다. 여기서 다시 내삼문을 통과하면 동헌이 있으며, 동헌 서북쪽으로는 다시 별도의 담과 문을 가진 내아가 있으며, 내아 뒤쪽으로 사당(祠堂)이 있다. 그리고 작청 너머 외딴 곳에 고마청(雇馬廳)과 사창(司倉)이 있다.

다음으로 양지현 역시 일반적인 좌객우아의 배치를 따랐다. 역시 관아의 입구에는 홍살문이 있다. 그리고 관아의 왼쪽에 독립되어 있던 옥사(獄舍)를 제외하고는 관아의 건물군은 모두 하나로 연결된 담으로 둘러싸여 있다. 관아의

그림 4-17. 양지현의 관아(『1872년 지방지도』 양지현지도 부분)
출처: 서울대학교 규장각한국학연구원

정문인 2층 문루로 이루어진 외삼문을 통해 관아로 진입하면 왼편에 작청이 있고, 오른편에는 장청과 노방(奴房)이 들어서 있다. 이들을 통과하면 5칸으로 지어진 내삼문을 만나게 된다. 내삼문을 들어서면 정면에 동헌이 자리 잡고 있으며, 왼편으로는 수령이 먹을 음식을 장만하는 관청이 담에 기대어 위치한다. 그리고 동헌 오른편으로는 형리들의 근무처인 형리청이 있으며, 이를 지나서 맨 뒤쪽으로 들어가면 중앙에 내아가, 그 왼쪽으로는 책실(冊室)이 있다. 강령현과 비교하면, 시설과 건물이 단출하지만, 그 구조와 배치는 유사하다.

이에 비해 영천군은 동헌과 객사의 위치가 좌아우객(左衙右客)으로 일반적인 배치와 반대이다. 강령현지도와 양지현지도에 비해 관아 건물에 관하여 상세하게 묘사하지 않았기 때문에 각 건물의 배치에 대해서는 알 수 없다. 읍성은 일부가 남아 있는 것으로 그려져 있고, 남문과 서문은 있으나, 동문과 북문은 터만 남아 있는 것으로 그렸다. 객사는 남문과 일직선상에 있는 읍치에서 가장 중심이 되고 큰 건물로 묘사하였다.

지리지를 이용한 조선시대 지역지리의 복원

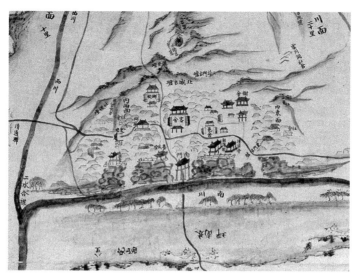

그림 4-18. 영천군의 관아(「1872년 지방지도」 영천군지도 부분)
출처: 서울대학교 규장각한국학연구원

『세종실록지리지』, 『신증동국여지승람』, 『여지도서』, 『대동지지』 가운데 군현의 관아 건물에 관한 일관된 기록이 있는 지리지는 『여지도서』뿐이다. 『신증동국여지승람』에도 궁실조(宮室條)나 누정조(樓亭條)에 객사 등에 대한 기록이 있으나, 시문 중심으로 수록되어 있다. 『여지도서』에는 별도로 공해조(公廨條)가 있어 각 군현의 관아 건물의 종류를 열거하고, 일부 군현은 그 규모도 기록해 놓았다. 규모는 대개 건물의 칸 수를 적었는데, 대부분의 군현의 관아 규모가 기록된 도는 경기도·충청도·강원도이며, 나머지 도들은 건물 명칭만 적혀 있다. 그래서 경기도·강원도의 몇 개의 군현을 사례로, 관아 건물의 구성과 그 규모를 분석해 보았다.

『여지도서』에 건물 칸 수가 기록된 경기도 군현들의 관아 건물을 모두 정리한 것이 표 4-5이다. 다양한 용도를 가진 관아 건물들이 기록되어 있으며, 객사와 동헌은 세부적으로 나누어 건물의 칸 수를 기록한 군현들도 있었다. 단일 건물로는 객사의 규모가 가장 컸으나, 건물군으로 보면, 외동헌·내동헌 등 여러 채의 건물로 구성된 동헌의 전체 규모가 객사보다 큰 경우가 대부분이었다. 동헌 가운데에는 수령의 살림집인 내동헌이 집무 장소인 외동헌보다 규모가 더 컸다.

그리고 읍격에 따라 건물 규모의 차이가 있어서 양주·광주목이 나머지 군현에 비해 같은 용도의 건물이라도 더 컸음을 확인할 수 있다. 또한 용인현은 다른 군현에 비해 객사의 규모가 컸다. 이는 용인현의 객사가 다른 군현의 그것에 비해 더 많이 활용되었기 때문으로 추정된다. 『신증동국여지승람』에는 "용인이 작은 고을임에도 불구하고 왕도(王都)와 인접해 있고 남북으로 통하는 길목인 까닭에 밤낮으로 모여드는 대소 빈객이 여기를 경유하지 않은 경우가 없다."라고[86] 기록되어 있는 것으로 보아 객사를 찾는 사람이 많았을 것이다. 특히 일본으로 가는 통신사(通信使) 일행이 용인현 객사에서 하룻밤을 묵는 경우가 많았는데, 하행길에는 대개 서울을 출발하여 양재역(良才驛)에서 일박을 한 뒤 용인의 객사에서 이틀째 밤을 지내는 경우가 대부분이었고, 상행길에는 죽산부(竹山府)에서 자고 그다음 날은 용인에서 유숙하는 경우가 많았다.[87] 죽산부의 객사도 15칸으로 이천도호부의 그것보다 더 규모가 컸다. 과천현의 객사도 마찬가지이다. 과천현 역시 서울에서 해남으로 가는 대로인 '삼남대로'가 통과하여 숙박하는 관리들이 많았다.

11개 군현의 공해 규모만 기록한 경기도와 달리, 『여지도서』 강원도는 26개 모든 군현의 공해 규모를 기록하였다. 표 4-6은 이 가운데 읍격별로 10개 군

---

86) 『新增東國輿地勝覽』卷10, 龍仁縣 樓亭條.
87) 申維翰, 『海游錄』上, 己亥 4月.
　　申維翰, 『海游錄』下, 己亥 12月.
　　金世濂, 『海槎錄』, 丁丑年 3月.
　　『癸未東槎日記』, 2月.
　　金指南, 『東槎日錄』, 11月.
　　趙曮, 『海槎日記』, 癸未年 8月.
　　任守幹, 『東槎日記』, 辛卯年 5月.

표 4-5. 『여지도서』에 기록된 경기도 군현의 관아 건물과 규모

시설	각 군현의 건물 규모(숫자는 칸수)										
	양주목	광주목	이천도호부	죽산부	양성현	영평현	과천현	용인현	마전군	지평현	음죽현
內衙舍	54				13	10	18	10	10		
內東軒	29	123	22	55	5		14	3		6	
外東軒					6	6		7	8	8	
外門	8										
中門											
官廳		11		9				11	3		
客舍東軒					6		12	6			
客舍大廳					4			3	7		
客舍西軒	24	36	8	15	4	8	10	6	16		
客舍外門								3	3		
客舍行廊											
州司		11									
縣司					3	2					
鄕廳	14	16	7	10	4	4					
將校廳			8		4						
軍官廳					3	3					
作廳	46	27		15	6	5					
公須廳					4			9			
鍊武廳	10										
訓鍊廳				28							
使令廳						3		5			
官奴廳						5					
軍器庫		12			4				3	4	
火藥庫									1		
軍餉倉舍		924									
刑獄		21			5						
行宮		231									
別館			19								

현을 추려 관아 건물과 그 규모를 정리한 것이다.

강원도 역시 고을마다 다양한 기능을 가진 건물로 관아가 구성되어 있는데,

표 4-6. 『여지도서』에 기록된 강원도 주요 군현의 관아 건물과 규모

시설	각 군현의 건물 규모(숫자는 칸수)										
	원주목	강릉 대도호부	철원 도호부	삼척 도호부	회양 도호부	정선군	고성군	평해군	춘천현	인제현	울진현
客舍	70	54	33	50	34	20	33	30	10	29	20
衙舍	42	56	71	91	82	53	112	48	41	35	36
宣化堂	30										
親民堂	15										
鄉廳	26	8	26	10	14	10	21	20	8	8	10
閱武堂	9										
將官廳		8							8		
軍官廳		5			26		10			5	
作廳		10	21		20					10	
軍器廳		10	11	20	16	6	7	10		12	10
中營			12								
裨將廳			7								
訓鍊廳			29	6	10	8	12	8	7		6
討捕廳			8						6		
軍需廳			13								
官廳			27		26					21	
官奴廳					20						
使令廳					8						
府司					4						
縣司										3	
門樓					6						
志彀堂									8		
鍊武亭									6		
衙前廳									14		

특히 다른 군현에 비해 회양도호부와 철원도호부가 여러 종류의 건물로 이루어져 있다. 이것은 실제 상황을 반영한 것일 수 있고, 기록의 면밀함의 차이일수도 있으나 현재로서는 확인이 어렵다. 다만 아사·객사·향청·군기청·훈련청 등이 강원도의 군현에 공통적으로 존재하는 관아 건물이라는 것을 알 수있다. 객사와 아사와 같이 같은 용도의 건물의 경우, 대체로 읍격이 높은 군현

일수록 건물의 규모가 크지만 예외도 적지 않았다. 아사의 규모에서는 고성군이 112칸으로 가장 컸다. 원주목에만 있는 선화당(宣化堂)은[88] 강원감영의 본관건물로서, 관찰사가 정무를 보던 정청(政廳)이며, 친민당(親民堂)은 원주목의 동헌이었다.

(3) 그 밖의 주요 시설

조선시대 읍치는 행정·군사적인 중심지 기능뿐만 아니라 교육·종교·경제적인 중심지 기능도 수행하였다. 이를 위해 교육 기능을 담당하는 향교(鄕校), 종교적 기능을 지닌 성황단(城隍壇)·사직단(社稷壇)·여단(厲壇) 등이, 또한 지방 경제의 중심이 되는 시장(市場)이 설치되어 있었다.

읍치를 구성하는 이러한 시설들은 일정한 규칙에 따라 배치되었는데, 그 규칙은 풍수와『주례(周禮)』「고공기(考工記)」[89]에 따라 도시를 건설한 수도 서울의 예를 차용한 것이었다. 앞에서 살펴보았듯이, 서울에서 풍수적으로 가장 좋은 곳, 즉 주산(主山) 기슭의 가장 밝고 생기(生氣)가 넘치는 이른바 명당(明堂)에 궁궐을 건축했듯이 읍치에서도 가장 명당에 관아를 배치하였다. 그리고『주례』「고공기」의 원칙에 따라 자연조건이 맞는다면 읍치에서도 서울과 마찬가지로 전조후시(前朝後市)와 좌묘우사(左廟右社)의 원칙을 지키려고 노력하였다. 전조후시는 궁궐의 앞쪽에 조정(朝廷), 즉 행정 기관을 배치하고 뒤쪽에 시장을 배치한다는 원칙으로, 서울의 경우 뒤쪽에 산이 가로막혀 있어 후시의 원칙은 따르지 못하였다. 좌묘우사는 궁궐의 좌측에 종묘(宗廟)를 배치하고, 우측에는 사직단을 둔다는 원칙이다.

---

88) 선화는 임금의 덕을 선양하고 백성을 교화한다는(宣上德而化下民) 뜻으로 감영의 본관 건물에 많이 붙여진 이름이다.

89)『周禮』는 중국 서주(西周)시대의 이상적인 정치 행정 제도를 집대성해 놓은 것으로, 그 중 권 10이 「동관고공기(冬官考工記)」이다. 「동관고공기」는 국가의 토목·공업에 관한 사항들을 담고 있는데, 여기에 국가의 수도를 설계하는 원칙이 명시되어 있다.

이러한 원칙에 따라 궁궐에 해당하는 동헌 앞으로 작청을 비롯한 행정 시설을 배치하였으며, 서울과 마찬가지로 읍치 앞쪽에 시장을 배치하였다. 대체로 '읍내장(邑內場)'이라고 불렸던 정기시(定期市)가 그것이다. 그리고 서울에만 있는 종묘 대신 문묘(文廟)가 있는 향교를 왼쪽에, 사직단을 오른쪽에 두었다. 이로 인해 조선시대 전국 읍치의 공간 구조는 대동소이하였다. 다만 지형 등 자연조건과 규모에 따라 배치에 차이가 나타나기도 하였다.

각 시설을 하나씩 자세히 살펴보면, 먼저 향교는 조선시대 유풍을 진작시키고 인재 양성을 목적으로 전국의 각 고을마다 설치했던 시설로, 유교의 최고 성인인 공자(孔子)와 선현에 대한 제례 장소였을 뿐 아니라 지방의 최고 교육 기관이었다. 향교는 교육 기능과 종교 기능을 겸한 시설이었으며, 이 때문에 향교는 제례 시설인 문묘(文廟), 즉 대성전(大成殿)과 공부 공간인 명륜당(明倫堂)으로 구성되었다.

조선은 국가의 지도 이념인 유학을 모든 백성에게 보급하기 위해 '1읍 1교(1邑1校)'의 원칙에 따라 전국의 모든 군현에 향교를 건립하였다. 그리고 향교는 그 군현과 운명을 같이 하였다. 즉 군현이 없어지면 향교도 폐교되었고, 새로운 군현이 생기면 향교도 세워졌다.[90]

『신증동국여지승람』에는 다음과 같이 학교조(學校條)에 향교에 관한 내용이 수록되어 있다. 그 주요 내용은 향교의 위치와 연혁, 그리고 향교를 소재로 한 시문을 소개하고 있다.[91]

향교는 주 북쪽 2리에 있다. 문묘가 모두 흙으로 만든 상(像)인데, 고을 사람들이 말하기를, "처음에 향교의 종이 개성(開城) 대성전(大成殿)에 가서 한

---

90) 김호일, 2000, 한국의 향교, 대원사, 10.
91) 『여지도서』에는 학교조가 없으며, 단묘조(壇廟條)에 향교에 있는 문묘만 수록되어 있다.

지리지를 이용한 조선시대 지역지리의 복원

번 보고 돌아와서 똑같이 소상(塑像)을 만들었다."라고 하였다. 허종항(許從
恒)의 시에, "묘전(廟殿)이 높직하여 학교를 누르고 있다. 남으로 향한 초상이
몇 가을을 지냈는고. 은근히 뜰 앞의 은행나무에게 묻노니, 누가 안자(顔子)·
증자(曾子)이고, 누가 자공(子貢)·자로(子路)인가."라고 하였다(『신증동국
여지승람』, 경상도, 성주목).

향교는 처음에 군의 서쪽 2리에 있었는데, 군수 김수광(金秀光)이 군의 북쪽
2리에 옮겨서 지었다. 이숙함(李叔瑊)의 기(記)가 있다(『신증동국여지승람』,
전라도, 순창군).

수록된 내용을 통해 향교의 위치를 검토해 보면, 향교는 읍치의 중심지를 기
준으로 5리 이내에 위치하는 것이 대부분이며, 그 대다수는 1~3리 이내이다.
읍치에서 5리를 넘는 거리에 위치한 향교는 손에 꼽을 정도여서 경기도·전라
도·황해도·함경도는 한 곳도 없고, 충청도에는 천안군(6리)과 서천군(10리),
경상도에는 풍기군(7리)·밀양도호부(6리)·삼가현(8리), 강원도에는 간성군
(6리)·고성군(10리)·정선군(8리), 평안도에는 덕천군(7리) 등 전국적으로 9곳
뿐이다. 이와 같이 향교를 읍치 중심에서 가까운 거리에 배치한 것은 향교가
정부에 의해 만들어진 관학(官學)이었고, 강학(講學)의 장으로써뿐 아니라 지
방민의 교화에도 큰 몫을 담당하였기 때문으로 생각된다.[92]

또한 읍치를 기준으로 하여 향교가 위치한 방향을 정리한 표 4-7을 살펴보
면, 방향을 기재한 전국 327개 향교 가운데 읍치의 동쪽에 위치한 것이 114개
로 가장 많았으며, 북쪽에 위치한 것이 101개, 서쪽에 위치한 것이 75개였다.
남쪽에 위치한 향교는 31개로 가장 적었다. 도별로 살펴보면, 경기도·충청

---

92) 김지민, 1996, 한국의 유교건축, 발언, 53.

표 4-7. 『신증동국여지승람』에 기록된 향교의 위치

도	관아를 기준으로 한 향교의 방향					계
	동	서	남	북	기타	
경기도	17	11	2	7	–	37
충청도	23	13	5	12	1(서북)	54
경상도	18	10	7	31	–	66
전라도	14	15	6	20	2	57
황해도	9	–	1	14	–	24
강원도	8	9	4	4	–	25
평안도	14	12	4	10	2(서북, 동북)	42
함경도	11	5	2	3	1(동남)	22
총계	114	75	31	101	6	327

주1: 경상도 언양현과 강원도 평강현은 학교조가 없음.
주2: 개성부는 향교가 아닌 성균관이 있었으며, 본 표에서 제외하였음.
주3: 전라도 제주목과 정의현은 '성안'으로만 위치가 표시되어 기타로 처리하였음.

도·함경도는 동쪽에 위치한 향교가 절대적으로 많았으나, 경상도와 전라도는
북쪽에 위치한 향교가 가장 많았다. 강원도는 특이하게도 서쪽에 있는 향교가
제일 많았다.

동쪽에 향교를 가장 많이 배치한 이유는 먼저 좌묘우사의 원칙에 의해 문묘
가 있는 향교를 동쪽에 세운다는 것, 그리고 동쪽이 만물이 소생하는 방향이
므로[93] 교육 기관인 향교를 동쪽에 두는 것이 좋다는 의식이 작용한 것으로
보인다. 서울의 성균관(成均館)이 동쪽에 있는 것도 이런 이유이다. 그러나 표
4-7을 통해 서울의 성균관과 같이 동쪽에 향교가 있어야 한다는 것이 절대적
인 원칙은 아니었음을 확인할 수 있다.

북쪽에 있는 향교는 산, 특히 읍치의 진산과 관련이 있을 가능성이 높다. 대
체로 읍치의 북쪽에 위치한 진산에 향교를 건립하면, 먼저 북쪽으로 산을 등
지고 남향하는 이상적인 배치를 얻을 수 있다. 또한 이른바 전학후묘(前學後

---

93) 김지민, 1996, 위의 책, 53-54.

지리지를 이용한 조선시대 지역지리의 복원

그림 4-19. 구례 향교

그림 4-20. 남원 사직단

廟) 원칙, 즉 앞쪽에 교육 시설인 명륜당이 낮은 곳에 들어서고 뒤쪽에 제례시설인 대성전을 높은 곳에 배치하여 상·하라는 공간적 위계질서를 가지게 하려면, 산에 기대어 향교를 지어야 했다.

그리고 방향에 관계없이 향교가 입지한 곳은 읍치에서 멀지 않으면서도 교육 환경이 양호한, 경관이 뛰어나고 조용한 경우가 많다. 그리고 향교가 위치한 곳을 중심으로, 관리 책임자인 전교(典校)를 비롯한 향교의 운영과 관리 등에 종사하는 사람들로 이루어진 작은 촌락이 형성되는 경우도 적지 않았다. 이러한 마을에는 명륜동(明倫洞)·교동(校洞)·향교 마을·향교골·향교말 등의 지명이 붙어 있다. 조선시대 읍치를 이루는 시설과 경관 중 현재까지 존속하며 그 기능을 일부 유지하는 것은 향교가 유일할 것이다.

조선시대에는 문묘 외에도 읍치를 중심으로, 종교 시설이 배치되었다. 토지신(土地神)과 곡물신(穀物神)에게 제사를 올리는 사직단, 고을의 수호신을 모시고 안녕을 비는 성황단, 그리고 거두어 줄 자손이 없이 죽은 사람들의 혼령을 위로하는 여단이 그것이다.

사직단은 서울의 사직단과 마찬가지로, 사단(社壇)과 직단(稷壇)을 따로 설치하였다. 사단은 동쪽에, 직단은 서쪽에 위치하였으며, 각 단에는 다섯 가지 색깔의 흙을 덮었다고 한다. 『신증동국여지승람』 사묘조(祠廟條)에는 사직단의 위치가 기록되어 있는데, 사직단의 위치는 주로 방향만 기술되어 있으며, 거리는 전라도의 군현들 일부만 기록되어 있다. 이를 분석한 결과, 서울과 개성부를 제외한 전국 329개 군현 가운데 3개 군현을 제외한 모든 군현의 사직단이 읍치의 서쪽에 위치하고 있었다. 읍치와의 거리가 기록된 전라도의 군현의 사례를 보면, 모든 사직단은 5리 이내에 위치하고 있었다.

사직단이 읍치의 서쪽에 위치하지 않는 군현은 충청도 괴산군, 황해도 봉산군, 함경도 갑산도호부였다. 괴산군 동쪽 2리, 봉산군은 남쪽 13리, 갑산도호부는 동쪽에 위치하고 있었는데, 3군현 모두 원래는 서쪽에 있다가 이전한 것이었다. 100여 년 뒤의 기록인 『여지도서』 단묘조(壇廟條)에도 괴산군과 갑산도호부의 사직단은 각각 읍치 동쪽 2리에 있다고 기재되어 있으며, 봉산군의 사직단에 대해서는 "읍을 옮길 때 관아 서쪽 3리에 설치하였다가, 중간에 관아 뒤쪽으로 옮겼으며, 그 뒤에 다시 관아 북쪽 3리로 이전하였다. 그러나 백성들에게 재이(災異)가 생기자 병자년에 도로 옛터로 옮겼다."라고 적혀 있

지리지를 이용한 조선시대 지역지리의 복원

다. 『신증동국여지승람』의 내용처럼 남쪽으로 옮겼다는 기록은 없으나 여러 번 이전하였으며, 그 이유는 읍치 자체의 이전, 재난 등이었음을 알 수 있다.

성황단은 성황을 모시는 제단이다. 성황은 원래 성(城)과 황(隍)의 합성어로 성은 방어를 위해 만든 구조물이며, 황은 성을 보호할 목적으로 성 주위에 파놓은 도랑, 즉 해자(垓子)를 의미한다. 이와 같이 성황은 방어 시설을 의미하나, 신에 대한 호칭이기도 하다. 방어 시설인 성황이 그 내부에 살고 있는 사람들의 생명과 재산을 보호해 주었기에 주민들은 점차 성황의 수호적 측면을 중시하여 그것을 신격화하였다.[94] 성황은 고려 초기에 중국에서 전래된 것으로 보이며, 성황을 모신 장소를 성황단 또는 성황사(城隍祠)라 하는데, 도입 당시에는 국가에 의해 일률적으로 설치되지 않고 대개 향리층에 의해 자발적으로 건립되어, 도입 초기에는 그 수가 많지 않았으나 시간이 흐르면서 점차 확산되었다.[95]

『신증동국여지승람』에는 각 군현의 성황사가 기록되어 있어 당시 성황사의 확산 정도를 파악할 수 있다(표 4-8 참조). 먼저 이 책에 수록된 한성부와 개성부를 제외한 전국 329개 군현 가운데, 경기도의 적성현과 전라도 나주목을 제외한 모든 군현에 성황사가 분포하였다. 그리고 경기도의 안산군·고양군·삭녕군·가평현, 전라도의 무장현, 강원도의 낭천현은 한 군현 안에 2곳의 성황사가 있는 것으로 기록되어 있다. 안산군은 군 서쪽 21리와 역시 군 서쪽 32리에 한 곳씩 있었으며,[96] 고양군은 군 서쪽 15리 지점와 폐현(廢縣)인 행주(幸州)에,[97] 삭녕군은 군의 동쪽 15리 승령현(僧嶺縣)에 있는 승령산(僧嶺山)과 군 동쪽 5리에 있는 성산(城山)에,[98] 가평현은 현 동쪽 3리 지점과 폐현

---

94) 박호원, 1996, "중국 성황의 사적 전개와 신앙 성격," 민속학 연구 3, 87.
95) 최종석, 2005, "조선 초기 성황사의 입지와 치소," 동방학지 131, 38.
96) 『신증동국여지승람』, 경기도, 안산군, 사묘조.
97) 『신증동국여지승람』, 경기도, 고양군, 사묘조.
98) 『신증동국여지승람』, 경기도, 삭녕군, 사묘조.

표 4-8. 『신증동국여지승람』에 기록된 성황사의 위치

도	관아를 기준으로 한 성황사의 방향					계
	동	서	남	북	기타	
경기도	10	11	7	12	–	40
충청도	15	12	5	17	5	54
경상도	18	14	10	22	3	67
전라도	11	11	11	19	5	57
황해도	3	3	4	14	–	24
강원도	5	5	2	15	–	27
평안도	6	11	2	22	1	42
함경도	5	7	4	4	2	22
총계	73	74	45	125	16	333

주1: 한성부와 개성부는 제외하였음.
주2: 충청도의 기타는 서남 1, 동북 1, 동남 2, 서북 1곳임.
주3: 경상도의 기타는 동북 1, 성안 1, 미상 1곳임.
주4: 전라도의 기타는 서남 1, 성안 3, 객관 뒤 1곳임.
주5: 평안도의 기타는 서북 1곳임.
주6: 함경도의 기타는 서남 1, 성안 1곳임.

인 조종현(朝宗縣)에 있었다.[99] 무장현도 모두 고읍(古邑)인 무송현(茂松縣)과 장사현(長沙縣)에 있다.[100] 모두 없어진 읍치의 성황사가 남아 있던 것이다. 낭천현은 특이하여 "성황사를 자모당(子母堂)이라고 하는데, 모당(母堂)은 현 북쪽 4리에 있고, 자당(子堂)은 현 서쪽 7리에 있다."라고[101] 기록되어 있다.

관아를 기준으로 한 성황사의 설치 방향을 살펴보면, 북쪽이 125곳으로, 전체의 37.5%를 차지하였고, 서쪽이 74곳, 동쪽이 73곳으로 비슷하였으며, 남쪽이 45곳으로 가장 적었다. 따라서 성황사의 배치에는 지배적인 방향이 없었다. 방향보다 성황사의 위치와 긴밀한 관계를 가진 것은 성(城)과 산, 특히

---

99) 『신증동국여지승람』, 경기도, 가평현, 사묘조.
100) 『신증동국여지승람』, 전라도, 무장현, 사묘조.
101) 『신증동국여지승람』, 강원도, 낭천현, 사묘조.

지리지를 이용한 조선시대 지역지리의 복원

진산(鎭山)이었다. 성황사 신앙이 성에서 비롯되었기 때문에 산성이 있는 곳에 성황사를 세운 경우가 많았으며, 이 때문에 성황사가 위치한 산의 이름 가운데 '성산(城山)'이 유난히 많다. 경기도 양천현·포천현·삭녕군, 충청도 영춘현·문의현·진천현·이산현·평택현, 경상도 경산현, 전라도 화순현, 강원도 이천현, 함경도 이성현 등이 그러한 예이다. 또한 성황사는 고을의 수호신 역할을 한 진산에 많이 설치하였다. Ⅱ장에서 살펴보았듯이 『신증동국여지승람』에 기록된 진산 255곳 가운데 북쪽에 있는 진산이 125곳으로 가장 많았기 때문에 성황사도 북쪽에 위치한 것이 가장 많았다. 관아를 기준으로 한 성황사의 위치를 살펴보면, 10리 이내에 있는 것이 대부분이었으나, 산의 위치에 따라 상당한 거리를 둔 경우도 있었다. 가장 먼 곳은 동쪽 73리에 위치한 진례산(進禮山)에 있었던 전라도 순천도호부의 성황사였다. 『여지도서』에는 순천도호부 성황사의 위치가 동쪽 7리로 기재되어 있어[102] 그 사이에 이전한 것으로 추정된다.

여단은 1401년(태종 1) 권근(權近)이 건의하여 대명제례(大明祭禮)에 따라 서울의 북교(北郊)에 단을 쌓고 여귀(厲鬼)에게[103] 제사 지낸 것에서 비롯되었다. 그 뒤 각 군현에서도 여단을 만들어 여제를 지내게 되었다.[104] 이에 전국 각 군현에 설치한 여단도 거의 대부분 읍치의 북쪽에 위치하였다.

『신증동국여지승람』의 기록을 분석한 결과, 한 곳도 빠지지 않고 전국 모든 군현에 여단이 만들어져 있었으며, 전라도 제주목, 황해도 봉산군, 함경도 갑산도호부와 명천현 등 4개 군현을 제외하고는 모두 읍치의 북쪽에 있었다. 제주목과 갑산도호부는 동쪽, 명천현은 서쪽, 봉산군은 남쪽에 여단이 있었는

---

102) 『여지도서』, 전라도, 순천부, 단묘조.
103) 여귀는 불행하고 억울한 죽음을 당했거나 제사를 지낼 후손이 없어서 전염병과 같은 해를 일으킨다고 여겨지는 귀신을 말한다.
104) https://encykorea.aks.ac.kr/(한국민족문화대백과사전), '여단' 항목.

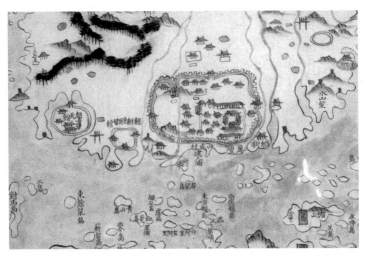

그림 4-21. 제주목의 읍성과 여단. 지도의 위쪽이 남쪽이다.(『광여도』제주목 부분)

출처: 서울대학교 규장각한국학연구원

데, 갑산과 봉산은 북쪽에 있다가 이전한 것이었다. 『여지도서』에는 이들의 기록이 모두 달라진다. 제주의 여단은 제주성 밖 서북쪽(그림 4-21 참조),[105] 명천의 여단은 관아의 북쪽 5리에 있다고 기재되어 있으며,[106] 봉산은 "읍치를 옮길 때 관아 북쪽 4리에 설치하였다."라고[107] 되어 있다. 갑산은 『여지도서』에 여단이 기록되어 있지 않다.[108] 정리하면, 기록이 없는 갑산을 제외하고, 모두 여단이 일반적으로 위치하는 북쪽으로 이전하였다.

조선시대 읍치가 지역 중심지로서 기능한 데는 이러한 행정·교육·종교적 기능과 더불어 물자의 집산지 역할, 즉 경제적 기능을 지니고 있었기 때문이

---

105) 『여지도서』에는 제주목이 누락되어 있다. 그래서 『여지도서』 보유편에 실려 있는 『광무3
  년 5월 읍지(邑誌)』의 내용을 참조하였다. 이 읍지는 17세기 중엽 제주목사 이원진(李源鎭)
  이 만든 『탐라지(耽羅志)』를 축약한 것으로 추정된다(변주승 역주, 여지도서 48-전라도 보
  유, 171.).

106) 『여지도서』, 함경도, 명천부, 단묘조.

107) 『여지도서』, 황해도, 봉산군, 단묘조.

108) 『여지도서』, 함경도, 갑산부, 단묘조.

지리지를 이용한 조선시대 지역지리의 복원

표 4-9. 조선 후기 경기도 남부 안성·양성·진위의 읍내장

군현	시장명	위치	개시일	비고
안성	군내장	안성시 성남동 장기리	2·7일(5일장)	현재까지 존속
진위	읍내장	평택시 진위면 봉남리	2·7일(5일장)	조선 말기에 폐지
양성	현내장	안성시 양성면 구장리	4·9일(5일장)	일제 강점기 이후 폐지

출처: 『임원경제지』.

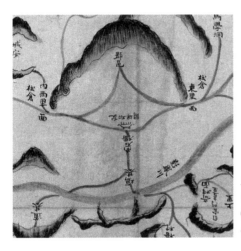

그림 4-22. 안성군 군내장. 하천 변에 '장기(場基)'로 표시되어 있다. (『1872년 지방지도』 안성군 부분)
출처: 서울대학교 규장각한국학연구원

며, 이것은 장시(場市)를 통해 발휘되었다. 대부분의 읍치에는 '부내장(府內場)', '읍내장'이라 부르는 정기 시장이 5일장으로 개설되었는데,[109] 장터는 대개 읍치의 외곽이나 읍성이 있는 경우, 성문 밖에 위치하였으며, 비교적 넓은 공터를 확보할 수 있는 하천 변에 들어선 것이 많았다. 읍치 인근의 주민들과 상인들은 이 장터에 5일마다 모여 자신의 생산물과 생필품을 교환하고, 여러 가지 정보를 나누었다.[110]

일례로, 충청도와 경계를 이루며 경기도 남부에 동서로 나란히 위치한 안성

---

109) 『林園經濟志』, 倪圭志 卷4, 貨殖.
110) 이헌창·김종혁, 1997, "경기지방의 시장변동," 경기지역의 향토문화(상), 한국정신문화연구원, 218-220.

군·양성현·진위현의 읍치에는 조선 후기 각각 정기 시장이 개설되었다. 시장의 위치와 개시일은 물론 시장의 존속 여부 등은 표 4-9와 같이 읍치에 따라 차이가 있었다. 안성의 군내장(郡內場)과 양성의 현내장(縣內場)은 읍치의 중심에서 남쪽으로 떨어진 곳에 있는 현재의 안성시 성남동 장기리와 안성시 양성면 구장리에 개설되었다. 이중 조선 후기에 가장 번성하였던 장은 안성의 군내장으로, 『만기요람(萬機要覽)』에는 전국 최대의 15개 시장 중 하나로 기록되어 있다.[111]

---

[111] 『萬機要覽』, 財用編, 鄕市條.

지리지를 이용한 조선시대 지역지리의 복원

2. 촌락

1) 조선 사회의 기본 단위, 촌락

사람들은 농경 생활을 시작하면서 어느 한 지역에 정착하게 되었고, 이에 따라 생활의 기본 단위인 집의 집합체, 즉 취락을 만들게 되었다. 지리학에서는 취락을 크게 촌락과 도시로 구분한다. 그 구분의 기준은 인구 규모와 밀도, 행정적 지위, 경제 기반, 도시적 기능이나 시설의 유무 등 다양하다. 대체로 1차 산업을 중심으로 한 취락을 촌락이라 하고, 2·3차 산업에 종사하는 인구의 비율이 높은 취락을 도시라고 한다. 조선시대에는 행정·군사·경제·교육 등의 중심지 역할을 한 읍치가 도시에 가깝다고 한다면, 나머지 대부분의 지역은 촌락이었다.

이러한 촌락은 주민들의 정치적, 경제적, 사회적 활동이 이루어지는 현실적인 생활의 장소인 동시에, 전 시대의 성격이 이어져 내려오는 역사적 장소이며, 인간의 가치가 투영되어 나타나는 상징적 공간이기도 하다.[112] 또한 촌락은 농어민 생활의 기본 단위일 뿐 아니라 전통적인 지역 사회의 기본 단위로서 오랜 세월 동안 유지되어온 지역 공동체이다.

이렇게 한국 사회에서 중요한 의미를 담고 있는 촌락은 여러 각도에서 연구되고 조명되어 왔다. 이는 특히 조선시대 촌락에 대한 연구가[113] 현재의 한국 농촌에 대한 이해는 물론, 한국인의 생활 양식과 환경 인식을 살피는 데 실마리를 제공하기 때문이다. 그러나 조선시대 전국 지리지에는 촌락에 대한 자료가 거의 실려 있지 않다. 이 책에서 주된 연구 자료로 이용한 『세종실록지리지』, 『신증동국여지승람』, 『여지도서』, 『대동지지』에는 촌락에 관한 단편적인 내용도 드물다. 다만 『여지도서』에는 각 군현의 면리 이름, 그리고 호구 수가 기록되어 있어 당시 촌락의 숫자와 규모 등을 밝히는 실마리를 제공해 준다. 그러나 이 역시 각 도에 따라 편차가 있다. 경상도와 같이 면리에 대한 기록이 아예 생략된 경우도 있어 전국적인 분석은 불가능하다.

지리지 외에 조선시대 전국적인 촌락의 양상을 살필 수 있는 것으로 앞서 III 장에서 살펴본 1789년의 『호구총수』가 있다. 이 책은 전국 군현의 인구를 전국, 도, 부·목·군·현, 방(坊)·면(面)·계(契) 등 행정 조직별로 기록하였으며, 방·면·계 아래의 리(里)·촌(村)·동(洞)의 이름까지 정리해 놓았다. 『호구총수』의 리·촌·동이 당시 존재하였던 자연 마을을 모두 반영한다고 하긴 어렵지만, 이를 통해 당시 대체적인 촌락의 구성과 규모를 엿볼 수 있다. 이에 따르면, 1789년 전국의 군현 수는 332개, 총 면수는 3,951개였으며, 총 리수는 39,465개였다. 1개 군현은 각 도별로 평균 11.8개 면과 104.6개의 리로 구성

---

112) 최기엽·심혜자, 1993, "전통촌락의 상징적 공간구성," 응용지리 16, 91.
113) 지리학계와 역사학계의 대표적인 연구 성과는 다음과 같다.
　옥한석, 1994, 향촌의 문화와 사회변동‒ 관동의 역사지리에 대한 이해, 한울.
　전종한, 2005, 종족집단의 경관과 장소, 논형.
　최영준, 2013, 개화기의 주거생활사‒ 경상남도 가옥과 취락의 역사지리학, 한길사.
　정치영, 2006, 지리산지 농업과 촌락 연구, 고려대학교 민족문화연구원.
　이해준, 1996, 조선시기 촌락사회사, 민족문화사.
　정진영, 1998, 조선시대 향촌사회사, 한길사.

표 4-10. 『호구총수』에 기록된 18세기 후반 촌락의 규모(괄호 안은 평균)

도	군현 수	면수	군현당 면수	면당 호수	면당 구수	리수	군현당 리수	리당 호수	리당 구수
경기도	38	482	12.7	330.2	1,332.1	2,452	64.5	64.9	262.0
충청도	54	569	10.5	389.5	1,525.9	7,856	145.5	28.2	110.5
경상도	71	819	11.5	445.9	1,942.6	8,760	123.4	41.7	181.6
전라도	56	775	13.8	411.8	1,575.2	11,767	210.1	27.1	103.7
황해도	24	303	13.2	452.3	1,874.0	1,497	65.1	91.5	379.3
강원도	26	231	8.9	354.4	1438.3	1,549	59.6	52.9	214.0
평안도	42	505	12.0	595.9	2,566.4	3,759	89.5	80.1	344.8
함경도	21	267	11.6	464.0	2607.8	1,825	79.3	67.9	381.5
총계	332	3,951	(11.8)	(430.5)	(1,857.8)	39,465	(104.6)	(56.8)	(247.2)

출처: 양보경, 1996, "『호구총수』 해제," 호구총수(영인본), 서울대학교 규장각.

되어 있었으며, 1개 리는 평균 247.2명의 인구로 이루어져 있었다(표 4-10 참조). 그런데 도에 따른 면리의 숫자, 면리의 호구 규모에 상당한 편차가 있었다. 면수와 리수는 전라도가 1개 군현당 평균 13.8면, 210.1리로 가장 많았으며 강원도는 1개 군현당 8.9면, 59.6리로 가장 적어, 강원도의 군현당 리수는 전라도 군현의 1/3에도 미치지 못하였다. 그러나 면리에 거주하는 평균 인구수는 평안도·함경도·황해도 등 북부 지방이 많았다.[114]

이와 같이 조선시대 촌락의 상황을 파악할 수 있는 문헌 자료는 매우 드물지만, 조선시대 촌락의 상황을 살피거나 유추할 수 있는 방법은 적지 않다. 무엇보다 현재 촌락 가운데 대부분이 조선시대부터 이어져 내려온 것이며, 이들은 당시의 모습을 조금씩이라도 간직하고 있기 때문이다. 그래서 이 절에서는 조선시대 촌락을 지리학에서 전통적으로 많이 연구해 온 주제인 입지, 형태, 경관과 공간 구조 등의 관점에서 살펴보려 한다. 이러한 관점은 촌락의 역사와 변화 과정을 전반적으로 파악하는 데 도움이 될 것이다.

114) 양보경, 1996, "『호구총수』 해제," 호구총수(영인본), 서울대학교 규장각, 6-7.

2) 촌락의 입지

촌락의 입지란 촌락이 어떠한 곳에 자리 잡고 있는지를 뜻하며, 촌락의 규모와 형태, 기능을 결정하는 것은 물론 촌락 경관의 형성에도 지대한 영향을 미친다.[115] 일반적으로 촌락의 입지 조건은 자연조건과 인문 조건으로 나눌 수 있으며, 자연조건은 다시 지형, 지질, 기후, 식생 등으로, 인문 조건은 경제, 교통, 정치, 사회 조건과 문화적 전통 등으로 세분할 수 있다. 이것들은 서로 영향을 주고받으며 결합하여 촌락의 입지 선정에 작용하므로 이 조건들을 하나하나 구분하여 살펴보는 것이 쉽지 않다.[116]

한편 촌락의 입지는 촌락이 만들어지는 시기에 한 번 정해진 후에는 크게 변화되지 않는 것이 보통이다. 그러므로 촌락의 입지를 자세히 살펴보면, 촌락이 처음 조성될 당시 주민들의 자연관(自然觀), 복거관(卜居觀) 등 환경에 대한 가치 인식 체계를 파악할 수 있다. 이러한 특징 때문에 촌락의 입지를 정확하게 평가하려면, 오늘날의 가치관이 아닌, 터를 잡을 당시의 사람들의 사고 방식에서 살펴보려는 노력이 무엇보다 중요하다.[117]

우리나라 촌락은 조선시대에 터를 잡은 것이 많기 때문에 당시 사람들이 자신의 삶터를 정하는 데 있어 중요시했던 조건들을 살펴보는 것이 필요하다. 조선시대 사람들이 삶의 터전을 선정하는 데 고려했던 조건들이 잘 설명되어 있는 책이 있다. 18세기 이중환이 저술한 『택리지』가 바로 그것이다. 이 책에는 "살 곳을 택할 때에는 처음에 지리(地理)를 살펴보고, 그다음에 생리(生利), 인심(人心), 산수(山水)를 돌아본다."라고 적혀 있다.[118] 이를 현대적 의

---

115) Robert, B. K., 1996, *Landscape of Settlement*, Routledge, 22~23.
116) 정치영, 2006, 지리산지 농업과 촌락 연구, 고려대학교 민족문화연구원, 351.
117) 정치영, 위의 책, 351.
118) 李重煥, 『擇里志』, 卜居總論.

미로 해석하면 지리와 산수는 자연조건, 생리는 경제 조건, 인심은 풍속 등 사회적 조건이라 할 수 있으며, 이 가운데 자연조건이 가장 강조되고 있는 것이다.

촌락의 입지를 결정하는 데 고려되는 자연조건에는 지형, 기후, 토양, 식생 등이 있겠으나, 가장 중요한 것은 지형이었다. 이중환뿐만 아니라, 그보다 약 100년 앞에 살았던 허균(許筠)도 『한정록(閑情錄)』이라는 책에서 "생활의 방도를 세우는 데는 반드시 먼저 지리를 선택해야 한다."라고[119] 지리를 강조하고 있다. 이때 지리란 대체로 지형 조건을 의미하는 것이며, 그 중에서도 물의 조건과 지세(地勢)를 중요시하였다.

물은 농경은 물론 인간 생존에 없어서는 안 될 가장 필수적인 요소이며, 때로는 농사와 인간의 생명을 위협하는 치명적인 재앙을 가져올 수도 있다. 따라서 맑은 물을 쉽게 얻을 수 있는 한편 범람의 위험으로부터 안전한 곳이 훌륭한 촌락 터가 된다.[120] 이중환이 한국의 촌락 입지를 해거(海居), 강거(江居), 계거(溪居)로 나누고, 이중 계거가 가장 좋다고 한 것도 이러한 맥락에서 이해할 수 있다. 그는 해거가 "교통이 편리하고 소금과 물고기를 얻을 수 있으나, 바람과 병이 많으며 샘물이 귀하고 토지에 염분이 들어 있고 탁한 바닷물이 들어와서"라며 사람이 살기에 좋지 않다고 평가하였다. 강거는 "농업의 이익을 얻을 수 있는 곳이 드물다. 지세가 낮아서 물에 잠기면 수확을 얻을 수 없고, 강물이 깊고 크면 관개가 마땅치 않으며, 가뭄과 큰물이 쉽게 들어 와서"라고 하며 촌락의 입지로 적당하지 않다고 판단하였다. 반면 계거는 "평온한 아름다움과 깨끗한 경치가 있고 관개가 유리하고 농사짓는 이익이 있다"라며 가장 바람직한 삶터가 된다고 생각하였다.[121] 다시 정리하면, 물의 조건을 고

---

119) 許筠, 『閑情錄』 卷16, 擇地.
120) 정치영, 앞의 책, 352.
121) 李重煥, 『擇里志』, 卜居總論.

려할 때 깨끗한 물을 구하기 어렵고 바닷물로 인한 염해(鹽害)가 염려되는 바닷가나 홍수와 가뭄의 우려가 있는 큰 강변보다는 물을 얻기 쉬운 골짜기가 제일 살기 좋은 곳이라는 주장이다.

지세는 산과 들 그리고 물의 배치로, 이를 살피는 데 있어서 이중환은 "집터를 정할 때에는 반드시 수구(水口)가 닫힌 듯 잠기고, 안쪽이 탁 터진 들판을 눈여겨보아서 구해야 한다. 그러나 산 속에서는 수구가 잠긴 곳을 쉽게 얻을 수 있으나, 들판에서는 그런 짜임새를 얻기 어렵다."라고 하였다.[122] 허균은 "지리는 물과 땅이 서로 잘 통하는 곳을 제일로 치기 때문에 산을 등지고 물을 바라보는 곳이 좋다. 그러나 땅이 넓으면서도 또한 막힌 곳이 필요하니 대개 땅이 넓으면 재물을 많이 생산할 수 있고, 땅이 막혀 있으면 재물과 이익을 모아들일 수 있다."라고[123] 언급하였다. 두 사람의 견해를 정리하면, 우선 뒤로 산에 기대고 앞으로는 물에 면한 곳이 좋다. 즉 '배산임수(背山臨水)'로, 여기에 더해, 산과 언덕으로 둘러싸여 막혀 있으며, 입구는 좁은데 안으로 들어가면 넓은 들이 펼쳐져 있는 곳이 최고의 촌락 터였다. 우리나라에서 지세를 볼 때, 산을 중요시한 것은 그만큼 산이 많기 때문이다.

이러한 물의 조건과 지세를 종합하면, 조선시대 사람들이 가장 이상적으로 생각한 촌락의 입지는 계류 변의 골짜기나 작은 하천이 관통해 흐르는 분지라 할 수 있다. 이들 골짜기나 분지는 대개 물이 흘러 나가는 한쪽 방향만 트여 있고 나머지 세 방향은 산이나 언덕으로 둘러싸여 있다. 특히 촌락은 북쪽에 있는 산과 언덕에 기대어 산과 평지가 만나는 완경사면에 남쪽을 바라보고 자리잡는다. 이러한 곳은 여러 가지 장점이 있다. 첫째, 북쪽의 산이 겨울철의 차가운 바람을 막아준다. 우리나라는 온대 대륙성 기후로, 여름이 매우 덥고 겨울

---

122) 李重煥, 『擇里志』, 卜居總論.
123) 許筠, 『閑情錄』卷16, 擇地

지리지를 이용한 조선시대 지역지리의 복원

이 매우 춥다. 특히 매서운 겨울 추위는 차가운 북서 계절풍 때문으로 이를 막는 것이 중요한데, 북쪽에 산을 둠으로써 차단벽의 역할을 하게 한다. 둘째, 촌락이 산과 평지가 만나는 완경사면에 남향으로 입지하기 때문에 햇볕이 잘 들어 따뜻하며, 지하 수면이 낮아서 음료수를 쉽게 얻을 수 있다. 셋째, 하천 범람의 위험도 피할 수 있다. 우리나라의 연평균 강수량은 약 1,200㎜인데, 여름철인 6~9월 사이에 60% 이상의 비가 내린다. 여름에는 수시로 태풍이 덮치기도 한다. 과거에는 여름에 비가 많이 내리면, 하천이 범람하고 큰 피해를 입는 경우가 잦았는데, 완경사면에 자리 잡으면 홍수의 위험을 피할 수 있다.

경제적인 측면에서도 이러한 곳은 배후 산지에서 땔감이나 건축재는 물론 버섯이나 나무 열매 등 다양한 먹거리를 얻을 수 있다. 또한 촌락 앞을 흐르는 계류 변에는 큰 강변에 비해서는 훨씬 좁지만 비옥한 충적토(沖積土)로 이루어진 평지가 펼쳐져 있어 농사를 짓기에 적당하다.

조선시대에는 농업이 가장 중요한 산업이었으며, 농업의 중심은 벼농사였

그림 4-23. 배산임수의 촌락 입지. 산과 평지가 만나는 완경사면에 촌락이 자리 잡았다.

다. 생육 기간 동안 물속에서 자라는 벼의 특성 때문에 벼농사는 적절한 물의 공급이 성패를 좌우한다. 그런데 토목 기술이 발달하지 못했던 조선시대에는 큰 강변의 평야 지대보다 골짜기나 분지가 벼농사에 더 유리했다. 앞에서 이중환이 지적한 바와 같이 큰 강변은 물을 제어하기 쉽지 않았기 때문이다. 그래서 대규모 수리 시설이 건설되기 시작한 20세기 초 이전에는 큰 강변은 홍수와 가뭄의 피해를 번갈아 입었다. 반면, 골짜기나 분지에서는 상대적으로 제어가 쉬운 계류나 소하천을 이용해 보(洑)나 작은 저수지를 만들어 큰 힘을 들이지 않고도 벼농사를 영위할 수 있었다. 보는 하천의 일부, 또는 전부를 가로 막고 한 쪽에 수로를 만들어 농경지에 물을 대는 수리 시설로, 적은 노동력과 비용으로 설치와 관리가 가능하였다. 당시의 농업 위주의 자급자족적인 경제 체제를 고려한다면, '생리'의 측면에서도 골짜기와 분지 입지는 매우 훌륭한 삶터라 할 수 있다.

한편 조선시대에는 임진왜란, 병자호란 등 외침을 겪었으며, 내부적으로도 많은 정치, 사회적 혼란을 겪었다. 특히 15세기 말부터 심해진 당쟁(黨爭)과 사화(士禍)를 계기로 지배층을 중심으로 이상향을 동경하는 사회적 분위기가 싹트기 시작하더니 임진왜란과 병자호란을 겪은 후에는 일반 민중들도 이에 동참하여 난리를 피할 수 있는 피병(避兵), 피세지(避世地)의 탐색이 본격화되었다. 이러한 사회적 흐름이 촌락의 입지 선정에 상당한 영향을 미

그림 4-24. 청학동 모형. 가운데 원(○)이 청학동을 가리킨다. 산으로 둘러싸여 있으며 입구가 매우 좁다.

지리지를 이용한 조선시대 지역지리의 복원

쳤음은 물론이다.

이와 같은 피병·피세지의 탐색 과정에 구체적인 촌락 입지의 기준을 제시해 준 것으로, 도가(道家)의 이상향을 형상화한 '청학동 전설(靑鶴洞 傳說)'과 민간에서 많이 신봉하던 『정감록(鄭鑑錄)』 등 각종 예언서를 들 수 있다. '청학동'은 지리산에 존재한다는 유토피아로, 이를 묘사한 책에 의하면, 입구는 매우 좁으나, 입구를 들어서면 사방이 산으로 둘러싸인 비교적 넓은 평지가 펼쳐져 있는 마치 호리병을 거꾸로 눕힌 듯한 분지 모양의 장소이다.[124] 예언서에 언급하고 있는 이른바 '보신지지(保身之地)', 즉 전쟁이나 사회적 혼란을 피해 몸을 보호하고 편안하게 살 수 있는 곳의 전형적인 모형도 한 쪽 면만 병목(bottle-neck)과 같은 좁은 입구로 외부로 연결되어 있고 나머지 방향은 급경사의 산사면(山斜面)으로 차단되어 있는 협곡 내지 분지이며 그 안에 좁은 입구로 빠져나가는 하천이 존재하는 형태이다. 즉 도가의 청학동과 예언서의 '보신지지'는 지형적으로 서로 닮은꼴이었다. 이러한 곳은 입구가 좁고 경사져 있어 바깥쪽에서는 안쪽이 전혀 들여다보이지 않고 나머지 부분은 산으로 완전히 둘러싸여 있어 외부의 침입을 차단할 수 있으며, 안쪽은 넓지는 않지만 완경사면이 펼쳐져 있어 농경지로 일구어 충분히 생활을 영위할 만한 조건을 갖추고 있으므로 최상의 피난처임이 분명하다.[125]

또한 이러한 입지는 한국인이 삶의 터전을 정하는 데 있어서 오랫동안 매우 큰 영향을 끼쳤던 풍수에서 주장하는 '명당'에도 부합된다. 풍수는 중국에서 유래한 전통 사상이지만, 우리나라에서 땅을 이용하는 지침이자 일종의 환경 사상으로 발전하였다. 고대부터 풍수는 집과 촌락, 도시와 수도, 심지어 죽은 사람의 무덤 터를 정하는 데 중요한 기준으로 작용하였다. 풍수에서 명당은

---

124) 李仁老, 『破閑集』, 卷上.
125) 정치영, 앞의 책, 363.

사람이 살기에 가장 좋은 곳을 의미하는데, 일반적으로 명당의 지세는 뒤쪽의 주산(主山)을 중심으로 좌우에 산줄기가 병풍처럼 둘러싸고 있고 이들 산지에서 발원한 계류가 명당 좌우에서 흘러나와 명당 앞쪽의 평지를 흐르는 소하천에 합류하고 그 너머에는 다시 산이 가로막고 있는 모양이다. 이러한 지세는 넓은 평야나 해안에서는 찾아보기 힘들며, 주로 계류나 소하천 변의 골짜기나 분지에 분포한다.

지금까지 조선시대 사람들이 삶터를 정하는 데 있어 중요하게 고려했던 몇 가지 조건들과 그에 따른 가장 이상적인 촌락의 입지를 검토해 보았다. 그 결과 당시 가장 선호했던 삶터는 계류 변의 골짜기나 작은 하천이 관통해 흐르는 분지라 할 수 있으며, 실제로 이러한 곳에는 수많은 촌락들이 들어서 있다. 20세기 초에 전국의 1,685개 전통 촌락을 지세별로 분류한 조사에 따르면,[126] 이러한 곳에 자리 잡은 촌락이 1,020개에 달해 전체의 60%를 넘었다. 우리나라 촌락 가운데 골짜기를 의미하는 골, 실, 곡(谷), 동(洞), 계(溪) 등으로 끝나는 지명을 가진 곳이 많은 것도 이러한 양상을 보여 주는 좋은 증거이다.

그러나 조선시대 모든 촌락이 골짜기나 분지에 들어선 것은 아니다. 큰 강변의 범람원(汎濫原)에도 촌락들이 자리 잡고 있으며, 이는 앞에서 언급한 '강거'에 해당한다. 이러한 강거는 특히 여름철에 하천 범람의 위험이 있기 때문에 인공 제방이 건설되기 전에는 상대적으로 고도가 높은 자연 제방(自然堤防) 위를 제외하고는 촌락의 발달이 저조하였으며, 농업보다는 수운(水運)과 관련된 촌락들이 많았다. 범람원, 즉 큰 강변의 충적 평야(沖積平野)는 골짜기나 분지에 비해 농경지 개간이 늦어 16세기 이후 농경지가 만들어졌고, 본격적인 개발은 일제 강점기 이후 인공 제방을 쌓고 수리 시설을 건설하면서 이루어졌다. 그 후 큰 하천 변의 충적 평야는 한국의 대표적인 벼농사 지역이

---

126) 善生榮助, 1933, 朝鮮の聚落 前篇, 朝鮮總督府, 46-50.

그림 4-25. 충적 평야의 촌락

되었으며, 이에 따라 상대적으로 늦게 촌락들이 형성되었다. 그렇지만 충적
평야의 촌락의 경우도, 홍수의 위험이 상대적으로 낮은 고도가 높은 자연 제
방이나 곳곳에 솟아 있는 언덕에 기대어 촌락이 자리 잡았다.

한편 삼면이 바다로 둘러싸인 우리나라에는 바닷가에 많은 촌락이 존재한
다. 그런데 해안의 촌락들은 어업에 전적으로 의존하여 생활하는 촌락보다
는 농업을 겸하는 반농반어(半農半漁)의 생활을 영위해온 촌락들이 많았으
며, 조선시대에는 더욱 그러하였다. 오히려 농업을 위주로 하고 어업은 부수
적인 기능으로 가진 주농종어(主農從漁)의 촌락이 조선시대에는 많았다. 어
업을 위주로 한 촌락은 경지가 적은 암석 해안에 자리 잡은 경우가 많았다. 암
석 해안은 배후 산지가 해안에 인접해 있어 파도에 의한 침식으로 기반암이
많이 노출되어 있는 해안으로 넓은 모래사장으로 이루어진 모래 해안에 비해
수심이 깊어 어선이 드나들기 편리하고, 근처의 해저에 암초가 많아 서식하
는 조개류와 조류가 많고 어류도 훨씬 풍부한 편이므로 어업 발달에 좋은 조
건을 구비하고 있다. 보다 구체적으로 어촌은 바다로 돌출되어 있는 헤드랜드

그림 4-26. 헤드랜드 사이에 자리 잡은 마을

(head land)와 헤드랜드 사이의 만입부의 좁은 평지에 발달해 있다. 이것은 헤드랜드가 거친 파도와 바람을 막아주는 자연 방파제 역할을 하여 태풍 등 악천후 시에는 어선을 보호하고, 평상시에도 잔잔한 수면을 유지할 수 있도록 해주기 때문이다.[127] 또한 많은 어촌들이 바다 쪽으로 열린 한 면을 제외하고 나머지 삼면이 산지나 구릉지로 둘러싸인 골짜기에 남향으로 들어서 있다. 주변 산지를 이용할 수 있을 뿐 아니라 햇볕이 잘 들기 때문에 생선과 해조류를 건조하는 데도 유리하기 때문이다. 반면 모래 해안으로 이루어진 곳에 자리 잡은 촌락은 어업보다는 농업을 위주로 하는 경우가 많았다.

3) 촌락의 형태

촌락의 형태는 촌락을 구성하는 집의 배열 상태를 말하며, 집의 밀집도와 촌락 전체의 기하학적인 모양에 따라 여러 유형으로 나눌 수 있다. 촌락의 형태는 촌락이 자리 잡은 장소의 자연적·역사적 배경, 그리고 사회·경제적 조건

---

127) 정치영, 2009, "경남의 마을," 경남문화연구 30, 103.

에 따라 달라진다. 그리고 첫 주민이 정착한 후 일정 시간이 경과한 후에야 비로소 그 모습을 드러내며, 시간이 흐름에 따라 분가, 가구의 유입과 유출 등을 통해 계속 변화한다.[128)

촌락의 형태는 우선 집의 밀집도에 따라 집촌(集村)과 산촌(散村)으로 나눌 수 있으며, 집촌은 다시 그 가로망의 조직과 촌락의 기하학적 형태에 따라 괴촌(塊村)·열촌(列村)·노촌(路村) 등으로 분류할 수 있다. 집촌이란 어떤 장소에 집들이 집합하여 하나의 집단을 형성하고 있는 것이며, 산촌이란 집이 서로 어느 정도 거리를 두고 분산되어 있는 것인데, 이 둘 사이에는 집 간의 거리, 집의 숫자 즉 촌락의 규모 등 그 정확한 분류 기준이 없기 때문에 지역에 따라서는 중간적인 형태도 존재할 수 있다. 그러나 집이 한 채씩 고립 분산되어 있어야 한다는 산촌의 엄밀한 정의를 적용한다면, 우리나라의 촌락 중 산촌은 매우 드물다. 남한에서 산촌을 볼 수 있는 지역은 강원도의 태백 산지, 충청남도의 태안반도, 제주도의 과수원 지역 등 매우 한정되어 있다. 산촌이 나타나는 지역은 다른 지역에 비해 촌락의 역사가 짧을 뿐 아니라 밭농사 위주의 농업이 이루어져 왔다.[129)

우리나라 촌락은 형태적으로 집촌이 지배적이며, 집촌 중에서도 괴촌이 압도적으로 많다. 괴촌은 집들이 불규칙하고 무질서하게 밀집되어 있는 것으로, 전형적인 괴촌은 집들이 담이나 울타리를 경계로 밀집하여 붙어 있고, 가옥들 사이의 골목길도 좁고 반듯하지 않다. 그리고 가옥은 작아도 마당은 넓은 편이다.[130) 우리나라에서 집촌 특히 이와 같은 괴촌이 다수를 차지하는 이유는 다음과 같다.

첫째, 촌락이 대체로 무계획적으로, 다시 말해서 오랜 시간에 걸쳐 자연 발

---

128) 정치영, 앞의 책, 379.
129) 오홍석, 1989, 취락지리학-농어촌의 지역성격과 재편성, 교학연구사, 231-241.
130) 권혁재, 한국지리- 총론(제3판), 법문사, 458-459.

생적으로 형성되었다는 점이다. 대다수의 촌락은 집단 이주에 의해 단시간에 만들어진 것이 아니라 처음에는 한두 가구로 시작하여 수백 년에 걸쳐 그 자손들이 분가하고 간헐적으로 새로운 가구가 이주하여 하나의 촌락을 이루게 되었다. 따라서 계획적인 가옥의 배치란 애초에 불가능한 것이었으며, 새로운 가구가 생겨날 때마다 한 채씩 땅의 생김새와 토지 소유관계 등을 고려해 집을 지었다.

둘째, 토지 소유 및 상속 제도의 특성 때문이다. 이것은 우리나라 농촌의 일반적인 특성이라 할 수 있는데 대지와 경지의 두 가지 측면에서 논의될 수 있다. 먼저 대지의 경우, 처음 자손을 분가시킬 때는 자신이 소유한 대지가 여유가 있으면 그 대지 안에, 즉 자신의 집 바로 옆에 새로운 집을 지어주는 것이 보통이며, 그것이 여의치 않을 경우에도 한 촌락 안에 분가시키는 것이 일반적이다. 따라서 시간이 흐르면 흐를수록 집들은 더욱 불규칙적으로 밀집하게 된다. 다른 원인도 있을 수 있으나, 멀리 떨어진 곳으로 분가하는 경우는 대부분 촌락 내의 대지 형편이 한계에 다다랐을 때이다.[131] 경지의 경우 촌락의 역사가 오랜 지역일수록 영세한 규모의 토지를 여러 곳에 흩어진 형태로 소유한 사례가 많다. 이와 같은 소유 경지의 분산 현상은 집이 경지 옆에 또는 한가운데 입지함으로써 얻을 수 있는 시간 비용의 절약, 노동의 효율화 등의 이익을 기대할 수 없게 만든다. 그러므로 차라리 모든 소유 경지의 중심적 위치를 차지하고 있는 촌락 내부에 거주하는 것이 가장 합리적인 선택이어서 집들이 더욱 밀집한다.

셋째, 대지의 한정성 때문이다. 앞서 언급한 바와 같이 가장 선호했던 촌락 입지인 골짜기나 분지는 주변이 산지나 구릉지에 둘러싸여 있으므로 평지에 비해 집을 지을 수 있는 대지가 한정되어 있다. 더구나 조금이라도 더 많은 농

---

131) 정치영, 앞의 책, 388.

경지를 확보하기 위해서 평평한 땅은 모두 경지로 개간하였으므로 집을 지을 수 있는 대지의 면적은 더욱 축소될 수밖에 없었다. 따라서 가옥들은 울타리를 경계로 다닥다닥 붙게 되었다. 여기에 덧붙여 촌락 입지 선정에 큰 영향력을 행사했던 풍수설도 괴촌화를 촉진하였다. 풍수설의 명당이라는 장소는 매우 제한된 범위이므로 이러한 한정된 장소에 가옥들이 집중하게 된 것이다.

넷째, 농업 형태와의 관계이다. 우리나라는 오랫동안 벼농사 위주의 농업 양식을 지니고 있었다. 이러한 벼농사 중심의 농업 형태는 집촌화의 중요한 계기가 되었다. 벼농사는 수리 시설의 축조·관리에 엄청난 노동력이 필요하며, 특히 이앙기·추수기 등 특정 시기에 집중적이고 조직화된 노동력이 요구된다. 주민들 간의 협동이 이루어지지 않고서는 농사가 불가능한 것이다. 이러한 벼농사의 특징은 농촌의 집촌화를 이끌었다.[132]

다섯째, 촌락 중에 유교 문화를 바탕으로 한 동족촌(同族村)이 많은 숫자를 차지한다는 점도 집촌을 이루게 한 원인이 되었다.

끝으로, 시간 경과와 더불어 역사가 지속되면 집촌이 더욱 조장된다. 다시 말해서 성립의 역사가 긴 촌락은 집촌이, 성립의 역사가 짧은 촌락은 산촌인 경우가 많다.

숫자는 매우 적으나, 열촌과 가촌도 존재한다. 열촌은 산기슭, 해안선 등 자연 지물과 도로, 수로 등 인공 구조물을 따라 열을 지어 가옥이 나타나는 것이다. 이중에서도 특히 도로와 밀접한 관계를 가지고 도로를 따라 병렬해 있는 촌락을 가촌이라 한다. 조선시대에 형성된 열촌은 해안선을 따라 형성된 촌락 중 일부에서 볼 수 있다.

도로변에 입지하면서 상업적 기능을 가지고 있는 가촌은 다른 나라에 비해 발달이 탁월하지 못했다. 이는 전통적으로 상업을 경시하였고, 도로의 관리를

---

132) 정치영, 앞의 논문, 88.

소홀히 하였으며, 사람들도 노변에 거주하는 것을 꺼렸기 때문이다. 전통 사회의 사람들은 도로를 전염병과 잡귀의 통로이며, 미풍양속을 해치는 부도덕한 것들이 전파되는 길로 생각하였기 때문이다.[133] 따라서 한국에서 상업이 본격적으로 발달하기 시작한 18세기 이후부터 가촌이 본격적으로 형성되기 시작하였다.

4) 촌락의 경관과 공간 구조

촌락의 경관은 자연환경을 배경으로 촌락 주민들의 생활 양식, 가치관, 사회 제도 등이 결합되어 오랜 시간에 걸쳐 형성된 것이다. 그러므로 촌락 경관은 자연적 입지 조건, 촌락의 역사, 주민의 구성 등 촌락의 특성에 따라 다양한 모습으로 나타나기 때문에 이를 일반화하여 설명하는 데 많은 무리가 따른다. 그러나 여기에서는 우리나라 촌락들에서 공통적으로 나타나는 경관 요소들을 중심으로 조선시대 촌락의 구조를 일반화하고자 한다.

먼저 외부 세계와 촌락을 이어주고 또한 촌락 내부에서 각 공간들을 연결하는 길에 대해 살펴보자. 조선시대 사람들은 일반적으로 도로가 나쁜 것이 들어오는 통로라 생각하여, 되도록 큰길에서 멀리 떨어진 곳에 촌락의 터를 잡았고, 따라서 큰길에서 촌락으로 들어오려면 진입로를 거쳐야 했다.

이러한 진입로는 사람이나 우마가 통행할 정도면 족했으므로 넓지 않았을 뿐더러 구릉지와 평지의 경계선, 하천 등을 따라 구불구불하게 나 있는 것이 보통이었다. 또한 불필요한 외부인의 접근을 막기 위해 의도적으로 진입로에서는 촌락이 잘 보이지 않도록 길을 조성하기도 하였다. 그리고 촌락에 가깝게 가면 진입로는 계류를 건너거나 고개를 통과하는 경우가 많다. 이것은 배

---

133) 최영준, 2004, 한국의 옛길-영남대로, 고려대학교 민족문화연구원, 309.

산임수 등 촌락의 입지 조건 때문에 자연적으로 진입로가 계류와 고개를 통과할 수밖에 없는 경우도 있지만, 촌락의 입지 과정에서부터 의도적으로 진입로가 이들을 통과하도록 조성한 사례도 적지 않았다. 즉 계류나 고갯마루는 통행인의 걸음을 잠시 멈추게 함으로써 신성한 장소인 촌락으로 들어가는 통과 의례(通過儀禮)적 장소의 역할을 수행하였다.

촌락 안길은 촌락 입구에서 시작하여 촌락을 구성하는 가장 중요한 요소들을 연결하며 촌락 뒤쪽의 경계까지 이어지는 길이고, 샛길은 안길에서 다

그림 4-27. 고샅. 막다른 길로 보이지만 오른쪽으로 꺾어진 길은 마을 안길로 이어진다.

시 뻗어 나와 각각의 집에 접근하는 데 이용되는 길인데,[134] 대개의 전통 촌락에서는 안길과 샛길이 각각 나무 줄기와 가지의 모양을 이루고 있었다. 그래서 촌락 내부의 길은 어느 길도 평행하지 않으며 어떠한 길도 똑바른 길이 없었다.[135] 특히 샛길은 그 입구에서 보면 집의 담으로 막힌 막다른 길로 보이나 끝까지 들어가면 길이 꺾어지면서 집의 대문과 연결되는 골목길인 '고샅'으로 조성해 놓은 곳이 많았다. 이러한 '고샅'은 외부의 침입자를 방지하기 위한 수단이며, 한편으로 겨울에 차가운 바람이 집으로 들이치는 것을 막는 역할도

---

134) 한필원, 1991, 농촌 동족마을의 공간 구조의 특성과 변화연구, 서울대학교 대학원 박사논문, 44-45.
135) 김성균, 1992, "한국전통마을의 경관- 하회마을을 중심으로," 대한건축학회지 36(1), 84-85.

한다. 이러한 안길과 샛길이 아이들의 놀이터나 어른들의 집회 장소로 이용되거나 가을철 농작물의 건조장으로 사용되는 광경은 현재도 흔히 볼 수 있다. 이는 길이 단순히 이동의 통로 역할뿐 아니라 집의 마당과 모임 장소의 기능까지도 분담했음을 보여 준다.

조선시대 촌락의 입구, 즉 동구(洞口)에는 상징적인 의미를 지닌 경관 요소들이 존재하였다. 이러한 경관 요소들에는 당시 사람들의 사고와 삶에 적지 않은 영향을 미쳤던 토속 신앙, 풍수와 유교 사상이 융화되어 있었다. 그 예로 먼저 풍수적으로 명당의 좋은 기운이 빠져나가지 않고 머물도록 하며, 토속 신앙의 측면에서 촌락 밖에서 들어오는 나쁜 기운이나 재난을 차단하는 보이지 않는 문 역할을 하는 돌탑·솟대·장승, 그리고 노거수(老巨樹)나[136] 숲이 있었다. 이들은 촌락의 안녕과 풍요를 기원하는 상징물로, 촌락 주민들이 매년 제사를 지내는 대상이기도 하였다.

그 구체적인 모습과 기능을 살펴보면, 돌탑은 자연석을 원추형으로 쌓아 올린 것이 일반적인데, 물이 빠져나가는 수구(水口) 부분에 많이 설치하였다. 특히 풍수와 관련이 있으며, 돌탑으로 트여있는 부분을 막아 물과 함께 빠져나가는 좋은 기운을 멈추는 역할을 하였다. 솟대는 나무나 돌로 만든 새를 장대나 돌기둥 위에 앉힌 것으로, 솟대 위의 새는 대개 오리라 일컬어진다. 이것은 북아시아의 샤머니즘에서 유래한 것으로 보이며, 촌락으로 들어오는 나쁜 기운을 막고 풍년을 기원하기 위해 세웠다.[137] 장승은 나무나 돌로 만든 사람 머리 모양의 기둥으로, 촌락의 수호신 역할을 하며 때로는 이정표 역할을 하였다.[138] 그리고 조선시대 촌락의 동구에서 가장 흔히 볼 수 있는 것은 당산목이

---

136) 흔히 당산목, 당산나무라고 불렀다.
137) 이필영, 1990, "마을공동체와 솟대신앙," 역사속의 민중과 민속(한국역사민속학회 편), 이론과 실천, 274-321.
138) 이종철 외, 1988, 장승, 열화당, 124-129.

지리지를 이용한 조선시대 지역지리의 복원

그림 4-28. 마을 입구
의 당산나무

그림 4-29. 마을 입구
의 돌탑과 당집

나 숲이었다. 한국인들은 고목과 숲이 사람과 하늘을 이어주는 역할을 한다고
믿었으며, 번식력이 강하고 수명이 긴 나무를 생명력의 발원이라 보고 신성시
하였다.[139] 이들은 상징적인 의미뿐 아니라 주민들의 휴식, 집회, 놀이의 장소

---

139) 최덕원, 1993, "당산목과 마을 구조와의 상관 연구-남도지역을 중심으로," 한국민속학 25,
  429-434.

그림 4-30. 마을 입구의 비석군과 장승

로도 이용되었다.

조선시대 사람들의 정신 세계와 생활 문화에 커다란 영향을 미친 유교와 관련된 촌락 입구의 상징물로는 효자비, 열녀비, 정려(旌閭) 등을 들 수 있다. 효자비는 부모에게 효도를 다한 자식, 열녀비는 정절을 지킨 여자를 기념하는 비석이며, 정려는 효자, 열녀, 그리고 충신을 기리기 위해 국가에서 내린 일종의 표창장이었다. 이러한 상징물들은 촌락 주민들에게 충효 사상을 고취시키고 외부인에게 촌락의 위세를 자랑하기 위한 것이었다.

지금까지 살펴본 촌락 입구의 상징적인 경관 요소들은 그 구성이 조금씩 다르며, 하나의 요소만이 존재하기도 하지만, 대부분의 촌락에서는 두 개 이상의 요소들이 복합되어 나타나는 것이 보통이었다.

앞서 살펴보았듯이 조선시대 촌락들은 대부분 자연 발생적으로 형성되어 집들이 불규칙하게 밀집되어 있다. 따라서 각각의 촌락 나름의 특징을 찾기는 쉽지 않으나, 촌락 내부를 자세히 들여다보면 몇 가지 경관과 공간 구조의 공통점을 발견할 수 있다. 먼저 촌락의 중심이나 가장 높고 양지바른 곳에 촌락

지리지를 이용한 조선시대 지역지리의 복원

에서 가장 규모가 크고 잘 지은 집이 자리 잡고 있다. 신분상 또는 경제적으로 우위에 있는 주민이 풍수나 지리적으로 제일 좋은 곳을 차지한 것이다. 동족촌의 경우에는 이러한 곳에 대개 종손이 사는 종가(宗家)가 들어서 있다. 반면 신분상으로나 경제적으로 열등한 위치에 있는 주민들의 집은 촌락의 주변부와 상대적으로 낮은 곳에 자리 잡게 되므로 경관상 이 두 집단 간의 구분이 가능하였다.

　또한 촌락 내부에는 주민들이 공동으로 이용하는 공간이 존재하였는데, 그 대표적인 것이 우물과 방앗간이었다. 촌락의 식수원인 우물은 촌락의 터를 잡을 때부터 중요시되었으므로 우물을 중심으로 촌락이 형성된 경우도 적지 않았다. 이에 따라 촌락의 중심부에 우물이 있는 촌락이 많았다. 그리고 우물은 여성들의 중요한 정보 교환 장소로 이용되었다. 대부분의 촌락마다 존재하는 방앗간은 조선시대 촌락들이 농업, 그중에서도 곡물 중심의 자급자족적인 농업을 기반으로 살아왔음을 보여 주는 경관적인 지표이다. 대개는 촌락 초입이나 중앙에 들어서 있었지만, 수력을 이용하는 물레방앗간은 촌락 앞이나 옆을 흐르는 계류 변에 입지해 있었다.

　한편 동족촌이나 조선시대 지배층이던 양반이 사는 촌락에는 사우(祠宇)·정자·서당·서원 등 외관상 두드러지는 건축물들이 존재하였다. 사우는 충절과 효행, 학문 등으로 가문을 빛낸 선조를 모시고 제사지내는 공간으로 촌락 내부에 자리 잡고 있으며, 정자는 보통 촌락에서 조금 떨어진 계류 변이나 숲속 등 경치가 수려하고 조용한 곳에 들어서 있었다. 정자는 주민들의 휴식 장소인 동시에 자제들의 교육 공간이기도 하였다. 서당·서원은 촌락의 젊은이들을 교육할 목적으로 설립된 사설 교육 기관으로, 서원은 선현을 제사지내는 기능도 겸하였다. 이러한 건축물들은 실질적인 기능을 수행하기도 했지만, 외부인에게 촌락의 위세와 가문의 권위를 가시적으로 드러내는 수단이기도 하였다.

그림 4-31. 촌락 공동 우물

그림 4-32. 한국의 대표적인 동족촌인 하회마을

　한국의 전통 촌락은 일반적으로 산이나 언덕을 등지고 들어서 있다. 이렇게 촌락 뒤로 이어지는 산이나 언덕의 양지바른 곳에는 산의 모습을 빼닮은 무덤들이 옹기종기 모여 있기 마련이다. 그리고 동족촌에서는 촌락과 묘지 사이에, 조상의 제사를 모실 때 제수를 장만하고 외지에서 찾아오는 후손들의 숙

　지리지를 이용한 조선시대 지역지리의 복원

박을 위해 재실(齋室)이 건립되어 있었다.

촌락 주변에는 주민들의 경제적 기반인 농경지가 펼쳐져 있다. 농경지는 촌락에 사람이 처음 정착하고부터 오랜 시간에 걸쳐 거의 사람의 힘에만 의존하여 서서히 개간되었으므로, 그 경관은 지형 조건에 의해 좌우되었다. 특히 전통적으로 한국 농업의 중심이 되어온 벼농사를 위한 논은 밭보다 지형 조건에 더 크게 구애를 받는다. 지형적으로 물대기가 용이하고, 물을 가두기 위해 농경지를 수평으로 만들기 쉬운 곳을 찾아 한 배미 한 배미씩 개간해 나갔다. 따라서 논의 모양은 매우 불규칙하였고 그 크기가 다양하였다. 조선시대에는 논의 모양을 정사각형·직사각형·사다리꼴·이등변 삼각형·직삼각형·장구 모양·눈썹 모양·소뿔 모양·둥근 모양·뱀 모양·오각형·북 모양 등으로 구분할 정도였다. 농경지의 크기는 지형에 따라 평탄한 곳에서는 비교적 컸으나, 골짜기나 경사지에서는 작았으며, 특히 경사가 심한 산지에 조성된 계단식 논은 10평이 채 못 되는 것도 허다하였다. 조선시대 농경지 경관은 다양한 형태와 크기의 논과 밭들이 좁고 구불구불한 논두렁이나 밭두둑을 사이에 두고 서로 맞물려 펼쳐져 있었다. 그리고 벼농사가 탁월한 촌락에서는 여기에 소규모 저수지와 보 그리고 이것들과 논을 이어주는 좁은 수로 등 수리 시설이 중요한 경관 요소로 추가되었다.

생활 공간인 촌락 내에도 생산 공간이 존재하는데, 그중 대표적인 것이 텃밭이다. 텃밭은 집의 앞과 뒷마당 일부, 집과 집 사이의 빈터를 이용하여 채소류를 주로 재배하는 공간이다. 텃밭은 전통적인 자급자족적인 생활을 위한 것이기도 하며, 일반 경지와 달리 여성이나 노인이 관리하는 독특한 생산 공간이다. 그렇지만 집약적인 관리로 가장 생산성이 높은 농경지였다.

3. 소결

조선시대 지방의 정치·행정의 중심지였던 읍치의 입지는 수도인 서울과 유사한 조건으로 선정하였다. 그 입지 조건은 풍수, 교통, 방어 등이었으며, 읍치는 대체로 배산임수와 장풍득수의 요건을 갖춘 곳이 많았다. 그렇지만 모든 읍치가 서울을 원형으로 입지를 고른 것은 아니며, 1430년대를 기준으로 그 이전에 만들어진 읍치는 전형적인 입지와 거리가 먼 곳도 적지 않았다.

읍치의 공간 구조와 경관을 구성하는 요소 가운데 가장 중요한 것은 읍성이었다. 조선시대에는 시간의 흐름에 따라 읍성이 점차 늘어나 『세종실록지리지』 단계에서는 전국 군현의 32.2%에만 읍성이 있었으나, 『신증동국여지승람』 단계에서는 37.6%, 그리고 『대동지지』 단계에서는 39.5%의 군현에 읍성이 존재하였다. 그리고 읍성은 해안 및 국경 지역에 위치한 군현에 편중되어 있었다. 읍치의 중심이 되는 공간인 관아는 다양한 기능과 용도를 가진 시설과 건물로 구성되었으며, 읍격에 따라 규모와 구성 등에서 차이를 보였다.

향교와 성황사·여단·사직단 등도 읍치의 중요한 경관 요소였다. 향교는 읍치의 중심지에서 5리 이내에 위치하는 것이 대부분이었으며, 방향으로는 동

지리지를 이용한 조선시대 지역지리의 복원

쪽에 위치한 것이 가장 많았고, 그다음은 북·서·남쪽의 순서였다. 향교의 위
치에는 좌묘우사의 원칙, 동쪽이 가진 상징성, 진산의 위치 등이 중요하게 작
용하였다. 한편 사직단은 대부분 읍치의 서쪽에 있었으며, 성황사는 북쪽에
위치한 것이 37.5%에 달하였다. 성황사는 산, 특히 성이 있는 산과 깊은 관련
이 있었다. 여단은 전국적으로 4개 군현을 빼고 모두 북쪽에 있었다.

조선시대 주민 생활의 최소 단위인 촌락의 입지에는 자연조건과 인문 조건
이 복합적으로 작용하였는데, 이 가운데 가장 중요시된 것은 지형 조건이었으
며, 특히 물과 지세를 우선적으로 고려하였다. 이러한 관점에서 조선시대 가
장 이상적인 촌락의 입지는 계류 변의 골짜기와 작은 하천이 관통해 흐르는
분지라 할 수 있다. 이러한 입지는 경제적인 측면은 물론, 풍수와 피병·피세
를 위해서도 가장 훌륭한 곳이었다.

촌락의 형태는 집촌, 그중에서도 괴촌이 지배적이었다. 이것은 대부분의 촌
락이 오랜 시간에 걸쳐 자연 발생적으로 형성되었다는 점과 함께, 토지 소유
및 상속 제도의 특성, 대지의 한정성, 벼농사 위주의 농업 양식, 동족 결합력
등이 작용한 결과였다. 촌락의 공간 구조는 주민들의 가치관과 생활 양식이
반영되어 생활 공간·생산 공간·상징 공간이 서로 융화되어 있었으며, 시간
경과에 따라 여러 가지 요인에 의해 변용되었다.

V. 산업

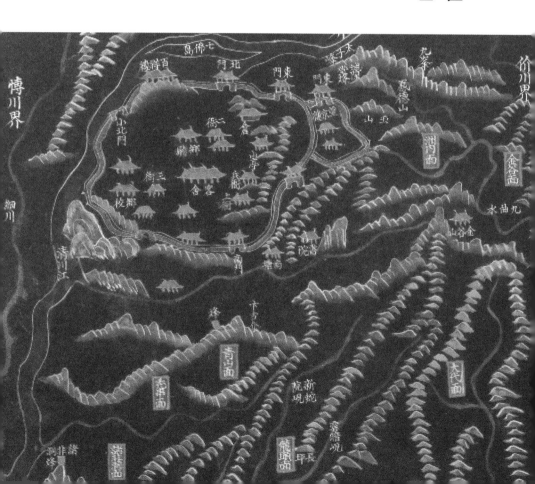

1. 농업

1) 농경지의 규모와 분포

(1) 지리지의 전결(田結) 기록

농업 사회였던 조선시대에는 토지, 즉 농경지가 가장 기본적인 생산 수단 이자, 수세의 대상이었다. 따라서 농경지의 규모를 정확하게 파악하는 일은 매우 중요하였다. 조선시대에는 조세 부과를 목적으로 농경지를 측량하는 것을 양전(量田)이라 하였다. 조선 왕조는 원칙적으로 20년마다 한 번씩 양전을 하였으며, 양전의 결과물인 양안(量案)을 통해 과세 대상 토지와 납세자를 확정하였다. 그러나 20년마다 양전을 하는 원칙은 제대로 지켜지지 않았고 전국 주요 지역을 포괄하는 양전은 갑술양전(1634년), 기해·경자양전(1719·1720년), 광무양전(1898-1904년) 정도를 꼽을 수 있다. 양전에는 막대한 비용이 소요되었고, 양전을 하더라도 향리·지주 등 지역 세력의 책동으로 정부의 조세 수입원 확대라는 소기의 목적을 달성하기 어려웠기 때문이다. 대신 군현 단위의 개별적인 양전은 국지적으로 시행되었다.[1]

이러한 양전 사업의 결과물로 전해지는 것이 지리지의 전결수(田結數), 즉 농경지 면적이다. 이 책에서 자료로 삼은 지리지 가운데 전결수가 기재되어 있는 것은 『세종실록지리지』, 『여지도서』, 『대동지지』이며, 『신증동국여지승람』에는 전결수가 기록되어 있지 않다. 이 3종의 지리지는 편찬 시기를 달리하므로, 여기에 실려 있는 전결수를 비교하면, 조선시대 농경지 면적의 변화를 추적할 수 있으리라 기대할 수 있지만 이는 사실상 어렵다.

그 이유는 먼저 기록의 차이 때문이다. 1432년경의 자료를 담고 있는 것으로 믿어지는 『세종실록지리지』는 수전(水田)과 한전(旱田) 즉 논과 밭의 구분 없이 전체 전결수만 기록되어 있으며, 대신 수전의 비율은 수전차다(水田差多)·수전차소(水田差少)·수전상반(水田相半)·수전칠분지삼(水田七分之三)·수전삼분지이소(水田三分之二少) 등으로 기재하였다.

이에 비해 1759년경의 통계로 추정되는 『여지도서』는 각 군현의 전결을 한전조와 수전조로 나누어 기록하였다. 그런데 구체적인 기록 방식이 지역별로 차이를 보인다. 강원도는 모든 읍이 '기묘총(己卯摠)'인 1759년의 시기실결(時起實結)만을[2) 기록하였고, 황해도의 11개 군현도 시기결수를 기록하였다. 반면 전라도와 평안도의 모든 군현과 함경도의 대부분, 그리고 황해도의

---

1) 송양섭, 2008, "토지와 농업," 지방사연구입문(역사문화학회 편), 민속원, 247-248.
2) 시기실결은 '시기결수(時起結數)'라고도 한다. 시기결수는 '원결(元結)'이라고도 부르는 '원장부결수(元帳付結手)', 즉 양안에 등록된 총 결수에서 '유래진전결수(流來陳田結數)', 즉 오래 전부터 경작되지 않는 전토(田土)와 '각양면세결수(各樣免稅結數)', 즉 능원묘위(陵園墓位), 각 궁방(宮房), 각 아문(衙門) 등에 전세(田稅)를 내는 '면세결(免稅結)'을 뺀 결수이다(이호철, 1986, 조선전기농업경제사, 한길사, 260-261). 따라서 시기결수는 해당 연도에 실제 경작된 결수에 가까운 수치이다. 그러나 시기결수가 파악한 결수가 모두 세금을 걷는 '출세결(出稅結)'이 되는 것은 아니다. 여기에 비총제적 방식에 의거하여 '급재결(給災結)'을 분급, 해당 결수를 제외한 결수가 최종적인 '출세실결(出稅實結)'이 된다. 이 밖에 원결에 해당하지 않는 토지로서 새로 경작한 '가경전(加耕田)'과 '화전(火田)', 원전에 감등되어 수기수세(隨起收稅)하도록 한 '속전(續田)' 등이 존재한다(허원영, 2011, "18세기 중엽 조선의 호구와 전결의 지역적 분포─『輿地圖書』의 호구 및 전결 기록 분석," 사림 38, 14.).

나머지 12개 군현은 정확한 언급 없이 결수만 적었다. 원결(元結)과 잡탈(雜 頉)·면세결(免稅結) 및 실결(實結)을 구분하여 수록한 경우는 경상도와 충청 도의 모든 군현 및 경기도의 절반 정도에 불과하다. 이 경우에도 잡탈과 면세 는 '잡탈' 및 '진탈(陳頉)'로 양자를 구분하지 않은 경우가 다수이며, 면세결을 구분하여 기록한 경우는 상대적으로 소수였다. 경기도의 나머지 반은 원결을 기록하였거나, 불분명한 결수만을 기록하였다.[3]

『대동지지』는 각 도의 마지막 부분에 전민표(田民表)라 하여 군현의 경지 면적과 민호(民戶), 인구(人口), 군보(軍保)를 하나의 표로 정리해 놓았다. 경 지 면적은 전(田)과 답(畓)으로 구분하여 결수를 기록하였다. 여기에 대해, 책 앞에 편집 원칙이라 할 수 있는 문목(門目)에 "전부(田賦)·민호·군보는 해마 다 증감이 일정한 수치가 없기 때문에 지금은 순조 무자년(戊子年)의 실수(實 數)를 기록하고 표시하였으므로 그 대강을 알 수 있을 것이다."라고[4] 기재해 놓았다. 따라서 이 책에 수록된 경지 면적은 1828년의 실결수로 추정된다. 그 러나 도별로 기록 형식의 차이가 있어, 경기도와 전라도는 전과 답을 구분하 지 않고 둘을 합쳐서 기록하였고, 평안도는 전민표가 아니라 각 군현별로 기 록하였는데, 42군현 가운데 20개 군현의 기록만 있고, 나머지 22개 군현은 누 락되었다. 기록이 남아 있는 20개 군현의 경우, 장부결수(帳付結數)는[5] 논과 밭을 합쳐 적고, 시기결수(時起結數)는 논과 밭을 나누어 기록하였다. 이와 같이 지리지마다 기록 방법이 다르고, 하나의 책 안에서도 기록 방법의 차이 가 있기 때문에 이를 비교하는 것이 쉽지 않다.

둘째, 『세종실록지리지』의 결수와 그 이후 지리지의 결수는 결부법(結負 法)의 변화로 그 단위와 내용이 달랐다. 이는 1444년 '공법전세제(貢法田稅

---

3) 허원영, 2011, 앞의 논문, 15.
4) 『大東地志』門目.
5) 원장부결수(元帳付結數)를 말한다.

制)'의 시행에 따라, 기존의 전분 3등의 수등이척(隨等異尺)·지척제(指尺制)의 결부제가 전분 6등의 수등이척제로 전환되었기 때문이다.[6] 이에 따라 양전의 척도 기준이 농부의 수지척(手指尺)에서 주척(周尺)으로 바뀌었으며, 전국 각도의 전품을 조사하여 1등에서 6등으로 분등하였다. 그리고 각 등의 전품의 실제 수확량을 근거로 하여 농경지의 한 변의 길이와 그 평방치인 실제 면적의 넓이를 비례적으로 조절함으로써 결·부를 산출하였다.[7] 이러한 이유로, 『세종실록지리지』의 경지 면적과 그 이후 편찬된 지리지의 경지 면적을 비교하는 것은 어렵다. 그리고 이러한 수등이척제 아래서 집계된 전결수는 20 두를 전세(田稅)를 내는 수세(收稅), 즉 생산력의 단위수일 뿐 그대로 토지면적의 단위수는 아니었다. 따라서 이들 전결수는 남부 지방일수록 또 논이 많은 비옥한 지역일수록 실제 면적에 비해 과대평가되었을 것이다.[8]

조선시대의 농경지 면적 통계는 이러한 근본적인 특성과 그에 따른 한계를 가지고 있으므로, 이를 이용해 시간적 추이를 분석하는 것이 사실상 불가능하다. 또한 앞서 언급한 바와 같이 같은 책의 통계에서도 확인하기 어려운 지역적 차이를 지니고 있을 수 있어, 이 절에서의 분석은 하나의 지리지, 즉 같은 시기의 지역적 분포와 그 특성을 살피는 데 한정하였다. 그러나 여기에도 오류가 있을 가능성을 배제할 수 없다.

(2) 15세기 전반의 농경지 규모와 분포

『세종실록지리지』에 수록된 농경지 면적, 즉 결수는 '간전(墾田)'으로 표기되어 있다. 경도한성부(京都漢城府)와 개성유후사(開城留後司), 그리고 8도의 간전이 따로 기록되어 있다. 또한 각 군현마다 간전이 기재되어 있다. 경도

---

6) 李鎬澈, 1986, 앞의 책, 259.
7) http://encykorea.aks.ac.kr/(한국민족문화대백과사전) '결부법(結負法)'항목.
8) 이호철, 1986, 앞의 책, 259.

표 5-1. 『세종실록지리지』의 도별 결수

도	간전(結)	비고
경도한성부	1,415	
개성유후사	5,357	논이 10분의 3
경기도	200,347	밭이 124,173결, 논이 76,173결
충청도	236,300	
경상도	301,147	
전라도	277,588	논이 10분의 4
황해도	104,772	
강원도	65,916	
평안도	308,751	
함길도	130,413	밭이 123,724결, 논이 6,670결

한성부, 개성유후사, 8도의 결수 기록을 정리한 것이 표 5-1이다. 개성유후사·경기도·전라도·함길도는 논과 밭의 면적이나 비율을 기록하였고, 나머지는 전체 간전의 결수만 기록하였다.

　표를 보면, 경지 면적이 가장 많은 도는 평안도였으며, 그다음은 경상도·전라도·충청도의 순이었다. 경지 면적이 가장 적은 도는 강원도였다. 표 5-1과 같이 『세종실록지리지』의 각 도에 기록되어 있는 전결수가 아니라, 각 군현의 전결수를 합한 수치를 가지고 도별 경지 면적을 비교한 선행 연구가 있다.[9] 이 연구에서는 앞에서 언급한 수전차다·수전상반·수전칠분지삼 등의 기록을 이용하여 각 군현의 논과 밭 결수를 추산하고, 이를 합하여 각 도의 논과 밭 결수도 추정하였다. 그 결과, 가장 논이 많은 도는 전라도였으며, 그 뒤를 차례로 경상도·경기도·충청도·황해도가 이었다. 밭은 평안도가 가장 많았다. 한편 간전 가운데 논의 비율은 전라도·충청도·경상도가 각각 46.3·40.3·39.3%로 추산되어 높았으며, 그다음은 경기도·황해도·강원도·평안도·함길도의 순이었다. 함길도는 논의 비율이 5.1%로 계산되어 매우 낮

---

9) 이호철, 1986, 앞의 책, 263-265.

　　　　　　　　　　　　지리지를 이용한 조선시대 지역지리의 복원

았다.

전체적으로 한성부를 제외한 전
국의 논 비율은 27.9%로 계산되었
는데, 이와 같은 논 비율은 면적 단
위로 계산한 것이 아니라 결수로
기록한 것을 이용한 것이어서 실제
보다 크게 과장되어 있을 것이다.
논은 비록 같은 면적이라도 그 비
옥도 때문에 밭보다 더욱 높은 결
수를 기록하였을 것이므로 실제로
논 비율은 이보다 낮았을 것이다.
그래서 이 시기 논의 비중은 극히
낮았고 당시의 농업은 주로 밭농사
중심으로 영위되고 있었다.10)

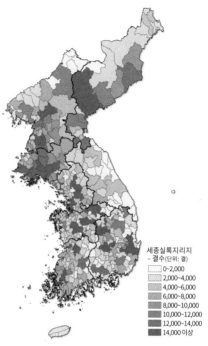

그림 5-1. 1432년경 결수별 군현의 분포

이번에는 군현별 결수를 살펴보자. 표 5-2와 그림 5-1은 결수 규모별로
전국의 군현을 정리한 것이다. 20,000결 이상의 농경지를 가진 군현은 전국
에 4곳으로, 평안도 평양부, 황해도 해주목과 평산도호부, 함경도 함흥부였
다. 모두 북부 지방에 위치한 군현이 농경지가 많은 것으로 나타나 특이하다.
10,000결 이상의 농경지를 가진 군현의 경우에도, 표 5-1에서 농경지가 많
은 것으로 나타난 충청도·경상도·전라도 등 남부 지방에 비해, 황해도·평안
도·함경도 등 북부 지방의 군현이 많은 것으로 나타났다.

군현당 결수의 전국 평균은 5,433결이었으나, 농경지 규모가 2,000~4,000
결 사이인 군현이 가장 많았다. 도별로 살펴보면, 경기도는 수원도호부·광주

10) 이호철, 1986, 앞의 책, 263.

표 5-2. 1432년경 접수별 군현 수

접수별 군현(군현 순서는 접수 순위)

접수	경기	강원	충청	전라	경상	황해	평안	함길	계
20,000 이상						해주, 평산(2)	평양(1)	함흥(1)	4
20,000~18,000	수원(1)		충주, 공주, 청주(3)	전주(1)	경주(1)				6
18,000~16,000	광주(1)					장연(1)			2
16,000~14,000	양주(1)			나주(1)	성주, 상주(2)	재령(1)	영변(1)		6
14,000~12,000				남원(1)	진주(1)	봉산, 황주, 신천(3)	중화, 안주(2)	안변, 길주(2)	9
12,000~10,000			홍주(1)	무진(1)	안동, 밀양(2)		강계, 개천, 정주(3)	북청, 정평, 영흥(3)	10
10,000~8,000				영광(1)	선산(1)	연안, 신은, 안악, 서흥, 배천(5)	성천, 숙천, 순천, 용강, 용천, 선천, 강동(7)	단천, 경성(2)	16
8,000~6,000	이천, 해풍, 고양, 여흥(4)	원주(1)	서산, 진천, 아산(3)	순천, 김제, 강진, 부안, 고부, 영암, 함평, 임피, 장흥(9)	김해, 永川, 예천, 대구, 울산(5)	문화, 송화, 수안, 우봉, 곡산(5)	의주, 영유, 자산, 상원, 은산, 이산, 태천, 덕천(8)		35

구분									계
6,000~4,000	용인, 강화, 개성, 성, 통진, 개성, 원평, 부평, 양성, 진녕, 남양, 양근, 철원(12)	강릉, 춘천, 홍천, 회양(4)	죽산, 적산, 보은, 덕산, 천안, 임천, 은진, 옥천, 면천(9)	해진, 무장, 남양, 순창, 임실, 태인, 보성, 남평, 옥구, 여산, 무안(11)	이성, 장녕, 김산, 장원, 웅주, 개령, 燦川(7)	풍천, 웅진(2)	하천, 순안, 강서, 양덕, 삼화, 함종, 순산(7)	고원, 이천, 홍성, 정원(4)	56
4,000~2,000	교하, 포천, 임강, 삭녕, 지평, 음죽, 과천, 가평, 김포, 진위, 금천, 적성, 인천, 안성, 양지(17)	금성, 평강, 이천, 김화, 황성(5)	제천, 괴산, 온수, 연산, 이산, 서천, 부여, 예산, 홍산, 청안, 결성, 보령, 신창, 한산, 대흥, 목천, 태안, 연기, 해미, 문의, 회덕, 남포, 당진, 영동, 청양, 석성, 정산, 경택(28)	제주, 금산, 금구, 익산, 만경, 장흥, 창평, 정의, 중녕, 고산, 진안, 용담, 고창, 진원, 옥과, 낙안, 진녕, 고창, 곡성, 낙안, 대정, 광양(22)	함안, 고성, 청도, 현풍, 이동, 영산, 거창, 진장, 영덕, 합천, 함창, 문경, 영해, 영일, 조계, 함양, 순흥, 하양, 군위, 고령, 영일, 사천, 신녕, 양산(24)	은율, 강음, 강령, 토산(5)	박천, 철산, 삭주, 수천, 가산, 정녕, 맹산, 벽동, 파산, 삼등, 중산, 창성(12)	갑산, 회령, 예원, 문천, 온성, 부령, 경흥, 웅진(8)	121
2,000~1,000	교동, 연천, 양천, 양구, 통진, 옹진, 고성, 간성, 인제, 평창, 정선(6)	-	음성, 청풍, 황간, 진의, 청산, 진잠, 비인, 영춘, 단양, 회인, 연풍(11)	용안, 옥담, 운봉, 장수, 구례, 고부, 화순, 진산(9)	흥해, 삼가, 의흥, 군남, 칠원, 의흥, 동래, 기천, 산음, 언양, 청송, 하동, 장기, 영덕, 지례, 봉화(17)	-	위원, 자성, 인산(3)	-	58
1,000 미만	-	평해, 흡곡(2)	-	-	예안, 진보, 청하, 진해, 기장, 거제(6)	-	여연, 무창, 우예(3)	삼수(1)	12
계	42	24	55	56	24	7	47	21	335

목·양주도호부 등 3곳과 나머지 군현 간의 격차가 컸다. 결수가 많은 3개 군현은 읍격이 높고 면적 자체가 넓은 군현들이다. 나머지 군현들은 결수와 면적, 지리적 특성 간에 상관관계를 발견하기 어려웠다. 강원도의 군현들은 전반적으로 다른 도의 군현에 비해 결수가 적었다. 8,000결 이상의 군현이 한 곳도 없었으며, 결수가 가장 많은 원주목도 7,556결에 불과하였다. 1,000−2,000 결 사이의 군현이 가장 많았다.

충청도도 읍격이 높은 군현의 결수가 많은 것으로 나타났으며, 2,000− 4,000결 사이에 모여 있는 경향이 나타났다. 전라도는 다른 도에 비해 고른 분포를 보였다. 그리고 읍격이 높은 군현을 빼면, 해안에 위치한 군현들이 내륙의 군현보다 결수가 많았다. 경상도도 비교적 고른 분포를 보인다. 내륙과 해안 등 지리적 위치에 따른 경향성도 나타나지 않았다.

황해도는 다른 도에 비해 결수가 많은 군현이 많았다. 10,000결 이상의 농경지를 가진 군현이 7곳으로 평안도와 함께 가장 많았으며, 평안도와 달리 7곳의 군현 모두 12,000결 이상의 농경지를 보유하고 있었다. 또한 2,000결 미만의 농경지를 보유한 군현은 한 곳도 없었다. 평안도는 다양한 결수 규모를 가진 군현이 골고루 분포하는 것으로 나타났으며, 함경도는 상대적으로 북쪽의 군현이 결수가 적었다.

표 5−3은 각 도의 군현당 농경지 결수의 평균값을 계산한 것이다. 수전 결수와 한전 결수의 추산은 앞서 언급한 선행 연구의 결과를 따랐다.[11] 앞서 언급한 대로 전국 군현당 농경지 결수의 평균값은 5,433결이었는데, 평균보다 높은 도는 황해도·함길도·평안도였으며, 나머지 도들은 모두 평균 이하였다. 표 5−1의 도 전체 결수와는 상당히 다른 결과이다. 남부 지방에서는 전라도 군현의 평균 결수가 가장 많았으며, 경상도가 가장 적었다. 군현당 간전 결수

---

11) 이호철, 1986, 앞의 책, 787−796.

표 5-3. 『세종실록지리지』의 도별 경지 결수 평균

도	군현당 평균 결수(결)		
	간전 결수	수전 결수	한전 결수
경기도	4,675	1,760	2,915
충청도	4,293	1,731	2,562
경상도	3,962	1,556	2,406
전라도	4,719	2,185	2,534
황해도	9,328	1,470	7,858
강원도	2,746	351	2,395
평안도	6,633	687	5,946
함길도	7,109	336	6,773
전국	5,433	1,260	4,174

가 가장 적은 도는 강원도였다.

논의 경우, 군현당 평균 결수가 가장 많은 도는 2,185결의 전라도였으며, 그 다음은 경기도, 충청도, 경상도, 황해도의 순이었다. 가장 적은 도는 함길도였으며, 강원도도 적었다. 밭의 군현당 평균 결수가 가장 많은 도는 7,858결의 황해도였고, 함길도, 평안도가 그 뒤를 이었다. 그 외의 도들은 상당한 격차를 두고 경기도, 충청도, 전라도, 경상도의 순이었다. 밭의 군현당 평균 결수가 가장 적은 곳은 강원도였다.

표 5-4는 『세종실록지리지』의 자료를 이용하여 농경지의 규모와 관련된 순위를 계산한 것이다. 앞서 표 5-2를 통해 살펴보았듯이, 총 간전 결수의 순위에서는 평양부가 1위였으며, 읍격이 높은 부와 목이 20위권의 대부분을 차지하였다. 20위 안에 부·목이 아닌 것은 각각 12위와 14위인 황해도 장연현과 재령군, 그리고 20위인 평안도 중화군뿐이었다. 읍격이 높을수록 전체 면적이 넓고, 그만큼 결수도 많은 것으로 추정된다. 도별로 보면, 20위 안에 황해도의 군현이 4곳으로 가장 많고, 경기도·충청도·경상도·평안도가 각각 3곳, 전라도와 함경도가 3곳 포함되어 비교적 고른 분포를 보였다. 강원도만 한 곳도 포함되지 못했다.

표 5-4. 1432경 농경지 규모와 관련된 군현 순위

순위	총 간전 결수	1㎢당 간전 결수	호당 간전 결수
1	평양(평안도)	평택(충청도)	해진(전라도)
2	해주(황해도)	강령(황해도)	임실(전라도)
3	함흥(함경도)	옥구(전라도)	영광(전라도)
4	평산(황해도)	만경(전라도)	능성(전라도)
5	충주(충청도)	용안(전라도)	평강(강원도)
6	경주(경상도)	교동(경기도)	장흥(전라도)
7	수원(경기도)	함종(평안도)	부안(전라도)
8	전주(전라도)	평양(평안도)	용천(평안도)
9	공주(충청도)	임피(전라도)	태천(평안도)
10	청주(충청도)	연안(황해도)	경성(함경도)
11	장연(황해도)	신천(황해도)	남평(전라도)
12	광주(경기도)	석성(충청도)	용담(전라도)
13	재령(황해도)	김제(전라도)	태인(전라도)
14	성주(경상도)	양천(경기도)	보성(전라도)
15	상주(경상도)	여산(전라도)	함평(전라도)
16	나주(전라도)	아산(충청도)	정읍(전라도)
17	양주(경기도)	중화(평안도)	만경(전라도)
18	영변(평안도)	숙천(평안도)	강진(전라도)
19	안변(함경도)	이산(충청도)	영암(전라도)
20	중화(평안도)	김포(경기도)	운산(평안도)
:	:	:	:
326	진보(경상도)	희천(평안도)	청하(경상도)
327	청하(경상도)	자성(평안도)	의령(경상도)
328	여연(평안도)	여연(평안도)	고성(강원도)
329	진해(경상도)	삼척(강원도)	여연(평안도)
330	기장(경상도)	인제(강원도)	흡곡(강원도)
331	거제(경상도)	우예(평안도)	강화(경기도)
332	무창(평안도)	갑산(함경도)	양양(강원도)
333	흡곡(강원도)	무창(평안도)	대정(전라도)
334	삼수(함경도)	부령(함경도)	개성(경기도)
335	우예(평안도)	삼수(함경도)	제주(전라도)

주1: 한성부는 제외함.
주2: 개성유후사는 경기도로 분류함.

이에 비해 하위 10위권에는 경상도가 5곳으로 가장 많았고, 평안도가 3곳,

강원도와 함경도가 각각 1곳이었다. 경상도에서는 청하현·진해현·기장현·

지리지를 이용한 조선시대 지역지리의 복원

거제현 등 해안 지방의 작은 군현들이 많이 포함되었다. 함경도의 삼수군과 평안도의 여연군·무창군·우예군은 북쪽 국경 지역에 위치한 군들로, 평안도의 3군은 1455년에 모두 폐지되었다. 즉 경지 결수가 적은 군현은 해안이나 국경 등 변경에 위치한 곳들로, 조선 초기까지 농경지 개간이 부진하였던 것으로 생각된다.

단위 면적당 경지 면적이라 할 수 있는 1㎢당 간전 결수는 Ⅲ장에서 언급한 조선시대 행정 구역 복원 결과를 바탕으로 계산한 군현 면적을 이용하여 구하였다. 그 결과, 총 간

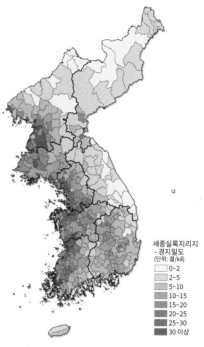

세종실록지리지
- 경지밀도
(단위: 결/㎢)
- 0~2
- 2~5
- 5~10
- 10~15
- 15~20
- 20~25
- 25~30
- 30 이상

그림 5-2. 1432년경 군현별 1㎢당 간전 결수

전 결수의 순위와는 완전히 다른 양상이 나타났다(그림 5-2 참조). 1위는 충청도 평택현이었고, 20위권 안에 든 읍격이 높은 부와 목은 평안도의 평양부와 숙천도호부, 황해도의 연안도호부뿐이었다. 나머지 17개 군현은 모두 읍격이 낮은 곳이었다. 도별로는 20위권 안에 전라도가 6곳으로 가장 많았으며, 충청도와 평안도가 4곳, 경기도·황해도가 각각 3곳이었다. 일반적으로 농업이 발달한 것으로 알려진 경상도는 한 곳도 포함되지 못했으며, 강원도와 함경도도 없었다. 6곳이 포함된 전라도 군현의 위치를 보면, 전라도 북쪽의 서해안과 금강 하류 변에 집중해 있다. 충청도의 경우, 서로 이웃한 석성현과 이산현은 금강과 그 지류를 낀 평야에, 역시 붙어 있는 평택현과 아산현은 안성천 유역의 평야를 사이에 두고 위치한 군현이다. 평안도는 평양부를 제외하고,

모두 서남부에 위치한 면적이 좁은
군현이다.

　1㎢당 간전 결수가 하위권인 군현
10곳에는 평안도가 5곳, 함경도가 3
곳, 강원도가 2곳 포함되었으며, 총
간절 결수 하위 10위권과 겹치는 군
현이 4곳이었다. 평안도의 여연·무
창·우예와 함경도의 삼수가 그곳이
다. 그 밖에 평안도 자성군도 나중에
폐4군에 들어갔으며, 함경도 갑산군
은 삼수와 함께 조선시대 내내 가장
오지로 꼽히는 곳이었다.

　다음으로 간전 결수를 『세종실록
지리지』에 기록된 호수로 나눈 값인

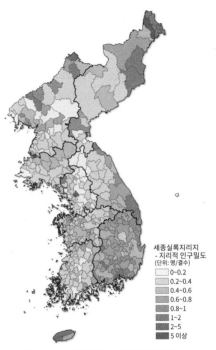

세종실록지리지
- 지리적 인구밀도
(단위: 명/결수)
- 0~0.2
- 0.2~0.4
- 0.4~0.6
- 0.6~0.8
- 0.8~1
- 1~2
- 2~5
- 5 이상

그림 5-3. 1432년경 지리적 인구 밀도

호당 간전 결수가 가장 많은 군현은 남해안에 위치한 전라도 해진군이었다.[12]
그리고 20위권 내에 전라도의 군현이 무려 15곳이 포함되어 전라도가 가구
에 비해 농경지 면적이 넓었음을 알 수 있다. 그러나 전라도 군현의 위치를 확
인해 보면, 특별한 경향성을 발견하긴 어렵다. 전라도 15곳 외에는 강원도 평
강현, 평안도의 용천군·태천군·운산군, 함경도의 경성군이 20위권에 들었는
데, 태천군과 운산군이 서로 이웃해 있는 것 외에는 특별한 공통점을 찾기 어
려웠다.

　호당 간전 결수가 적은 군현은 10곳인데, 강원도가 3곳, 경기도·전라도·경
상도가 각각 2곳, 평안도가 1곳이다. 경기도의 강화도호부와 개성유후사는 경

---

12) 해진군(海珍郡)은 1437년 해남현과 진도군으로 분리된다.

지에 비해 호수가 많아 포함되었다. 전라도는 제주목과 대정현 모두 제주도에 있는 군현이라는 공통점이 있다.

한편 그림 5-3은 간전 결수를 『세종실록지리지』의 구수, 즉 인구수로 나누어 지리적 인구 밀도를 그린 것이다. 그 결과는 호당 간전 결수와 다른 양상이 나타났다. 경상도가 지리적 인구 밀도가 가장 높은 지역으로 나왔으며, 동해안을 따라 분포하는 군현들이 지리적 인구 밀도가 높았다. 이에 대한 해석은 쉽지 않으며, 당시의 상황을 좀 더 정확하게 이해할 수 있는 후속 연구가 필요하다.

(3) 18세기 후반의 농경지 규모와 분포

1757년과 1765년 사이에 각 군현에서 편찬한 읍지를 모은 『여지도서』에 기록된 결수의 군현 순위 등은 Ⅲ장에서 『호구총수』의 인구 자료와 비교를 위해 이미 간략하게 살펴본 바 있다(표 3-8 등 참조). 또한 앞에서 언급한 바와 같이, 『여지도서』는 39개 군현의 기록이 누락되어 있으며, 도에 따라 기록 방식의 차이가 있다. 이러한 자료의 한계 때문에 『여지도서』의 경지 자료를 분석하는 데에는 여러 가지 문제가 있다. 그래서 여기에서는 누락된 39개 군현을 제외하고, 전국적인 분석보다는 도별 분석을 위주로 진행하였다.

먼저 경기도는 군현에 따라 다음의 사례와 같이 기록 차이가 있다. 영평현은 원결, 시기결, 면세결, 실결을 자세히 기록하였으나, 연천현은 원결만 기록하였으며, 양주목은 아무런 구분이나 표시 없이 결수만 기록하였다. 이러한 기록의 편차 때문에 경기도 군현들의 분석은 의미가 없다고 판단하였다.

한전(旱田)은 원장부(元帳付)에 1,210결이다. 기묘년에[13] 경작하는 밭[起

---

13) 1759년, 영조 35년이다.

田]이 323결 27부(負) 3속(束)이다. 그 중 각종 세금을 면제받는 밭[各樣免稅位田]이 114결 27부 7속이며, 실제로 세금을 징수하는 밭[實結]이 297속이다. 수전(水田)은 원장부(元帳付)에 90결 32부이다. 기묘년에 경작하는 논[起畓]이 66결 37부이며, 이 가운데 각종 세금을 면제받는 논[各樣免稅位畓]이 27결 11부 9속이며, 실제 세금을 징수하는 논[實結]이 29결 25부 1속이다(『여지도서』, 경기도, 영평현).

한전은 원장부에 1,128결 87부 1속이다. 수전은 원장부에 186결 14부이다(『여지도서』, 경기도, 연천현).

한전은 7,963결 89부 2속이다. 수전은 2,199결 51부 9속이다(『여지도서』, 경기도, 양주목).

충청도는 『여지도서』에 빠진 온양·정산·청안현을 제외한 52개 군현이 아래의 예와 같이 기록되어 있다. 경기도에 비해 기록의 통일성이 있으나, 군현에 따라 약간씩 차이가 있다. 공주목은 원결을 '원장부'로 명시하고, '진잡탈(陳雜頉)' 즉 묵히는 경지와 그 외에 여러 이유로 빠진 경지를 합쳐 기록하고 있는 데 비해, 은진현은 원장부라 명시하지 않고 원결을 기록하였고, '진(陳)' 즉 묵히는 경지만 기록하였다. 그리고 태안군은 원장부의 밭에 화속(火粟)을 합쳤으며, '각양진잡탈(各樣陳雜頉)', '면세(免稅)', '잡위(雜位)' 등 자세하게 원결에서 빠진 이유를 기록하고 있다. 그렇지만 다행히 『여지도서』 충청도는 원결과 시기결을 52개 군현 모두 기록하고 있어, 이 가운데 원결을 분석 대상으로 하였다.

한전은 원장부에 15,164결 18부인데, 그 중 묵히거나 그 밖의 여러 이유로 빠

지리지를 이용한 조선시대 지역지리의 복원

진 것[陳雜頃]이 9,499결 2부 2속이다. 기묘년 현재 경작하고 있는 밭[時起]이 5,665결 15부 8속이다. 수전은 원장부에 7,259결 74부인데 그 중 묵히거나 그 밖의 여러 이유로 빠진 것이 3,111결 64부 3속이다. 기묘년 현재 경작하고 있는 논이 4,148결 9부 7속이다(『여지도서』, 충청도, 공주목).

한전은 2,589결 3부 3속이다. 그 중 묵히는 밭[陳]이 1,405결 35부 8속이며, 경작하고 있는 밭[起]이 1,183결 67부 5속이다. 수전은 2,796결 28부 7속이다. 그 중 묵히는 논이 89결 29부이며, 경작하고 있는 논이 2,706결 99부 7속이다(『여지도서』, 충청도, 은진현).

한전은 원장부에 등록된 밭과 화속(火粟)을[14] 합하여 1,340결 77부 6속이다. 농사를 짓지 않거나 그 밖의 여러 가지 이유로 빠진 밭[各樣陳雜頃]과 세금이 면제된 밭[免稅], 여러 위전[雜位]을 합하여 2,430결 1부 9속이다. 기묘년 현재 경작하고 있는 밭[時起田]과 화속을 합하여 910결 75부 7속이다. 수전은 원장부에 등록된 논이 1,405결 8부 6속이다. 농사를 짓지 않거나 그 밖의 여러 가지 이유로 빠진 논과 세금이 면제된 논, 여러 위답을 합하여 526결 91부 2속이다. 기묘년 현재 경작하고 있는 논이 878결 17부 4속이다(『여지도서』, 충청도, 태안현).

원결을 기준으로, 충청도의 경지 관련 통계를 계산한 결과, 군현당 수전과 한전을 합친 전체 경지의 평균 결수는 4,794결 12부 7속이었고, 수전의 평균 결수는 1,790결 14부 9속이었으며, 한전의 평균 결수는 3,003결 97부 8속이었다. 그리고 전체 경지 결수를 군현 면적으로 나눈 1㎢당 결수의 평균은 19.44

---

14) 원래 화속은 화전을 의미하지만, 여기에서는 양안에 등록되지 않은 밭을 의미하는 것으로 생각된다.

표 5-5. 18세기 후반 농경지 규모와 관련된 충청도 군현의 순위

순위	전체 결수	수전 결수	한전 결수	1㎢당 경지 결수	호당 경지 결수
1	공주	공주	충원	평택	직산
2	충원	충원	공주	석성	이산
3	청주	청주	청주	한산	신창
4	홍주	홍주	홍주	서천	석성
5	서산	임천	서산	은진	예산
6	진천	서천	진천	덕산	회덕
7	덕산	아산	옥천	아산	아산
8	아산	은진	덕산	면천	청주
9	면천	덕산	보은	직산	천안
10	직산	한산	면천	이산	연산
11	은진	서산	직산	신창	공주
12	옥천	천안	아산	당진	면천
13	서천	홍산	천안	예산	해미
14	천안	진천	연산	임천	전의
15	임천	면천	예산	회덕	진잠
16	연산	연산	목천	천안	덕산
17	보은	직산	은진	홍주	서천
18	예산	이산	당진	홍산	평택
19	홍산	부여	대흥	부여	영동
20	한산	예산	회덕	연산	한산
:	:	:	:	:	:
43	비인	괴산	태안	음성	홍산
44	청풍	영동	진잠	태안	청양
45	청산	제천	연풍	회인	청풍
46	평택	전의	비인	영동	청산
47	황간	음성	회인	청풍	음성
48	음성	청산	음성	황간	영춘
49	연풍	연풍	황간	제천	남포
50	단양	단양	단양	연풍	태안
51	회인	회인	영춘	단양	비인
52	영춘	영춘	평택	영춘	단양

결이었으며, 전체 경지 결수를 호수로 나눈 호당 경지 결수는 1.16결이었다.

　표 5-5를 통해 군현별로 살펴보면, 전체 결수에서는 1위에서 4위까지를 읍

격이 높고 면적이 넓은 공주·충원[15)]·청주·홍주 등 4곳이 차지하였다. 4위부터 20위 사이에는 서북부와 서남부에 위치한 군현이 많았다. 서북부의 군현으로는 서산·덕산·아산·면천·예산 등을, 서남부의 군현으로는 은진·서천·임천·연산·홍산·한산 등을 꼽을 수 있다. 또는 중북부에 인접해 있는 진천·직산·천안도 결수가 많았다. 이와 같이 농경지가 많은 군현이 서로 모여 있는 경향이 뚜렷하다. 반면 중부와 동부 지역에는 농경지 면적이 적은 군현이 대부분이었다. 하위 10위권에 있는 군현 가운데 비인과 평택을 제외하고 모두 동부 내륙 지역에 분포한다. 흥미로운 점은 동부 내륙 지역에 서로 이웃해 위치한 옥천과 보은이 경지 결수가 많은 것으로 나타난 것이다. 이 두 군현은 수전 결수는 적으나 한전 결수가 각각 7위와 9위를 차지할 정도로 많았다.

수전 결수의 순위를 살펴보면, 전체 결수에 비해 지역적 편중이 더 심해 수전이 많은 군현이 서부에 집중되어 있다. 이에 비해 수전 결수가 적은 군현은

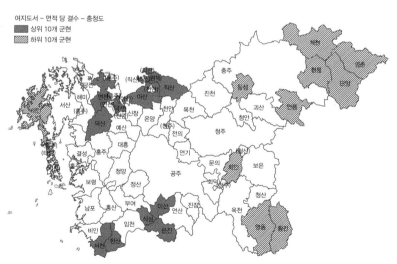

그림 5-4. 18세기 후반 충청도의 1㎢당 경지 결수의 상위 및 하위 군현 분포

---

15) 원래 충주목이었는데, 『여지도서』가 편찬된 시기에는 충원현(忠原縣)으로 강등된 상태였다.

중부에 위치한 전의현만 빼고 모두 동부 내륙 지역에 분포한다.

한전 결수의 순위가 높은 군현은 전체 결수의 순위와 크게 다르지 않았다. 20위권 내에서 상위 4개 군현을 제외한 나머지 16개 군현 가운데, 11개 군현은 서북부에 몰려 있으며, 나머지 5개 군현인 옥천·보은·연산·은진·회덕은 남동부에 모여 있었다. 한전 결수가 적은 군현 역시 전체 결수가 적은 군현과 약간의 순위 변동은 있으나 거의 같았다.

1km²당 경지 결수에서는 44.7결/1km²을 기록한 평택현이 1위를 차지하였으며, 52위는 2.61결/1km²의 영춘현이었다. 읍격이 높은 군현 중에는 홍주가 17위였다. 그림 5-4를 보면, 남북으로 충청도의 거의 중앙을 지나가는 직산·천안·연기·공주·연산을 이은 선을 기준으로, 상위 10위권의 군현은 모두 서쪽에 모여 있었다. 즉 충청도를 동서로 구분하였을 때, 경지 밀도가 높은 군현은 서부에 편중되어 있다. 반대로 하위 10위권의 군현은 태안을 제외하곤 모두 동부에 분포하여 대조적이다. 특히 제천·청풍·영춘·단양 등 동북부의 소백산맥이 지나가는 지역에 몰려 있다.

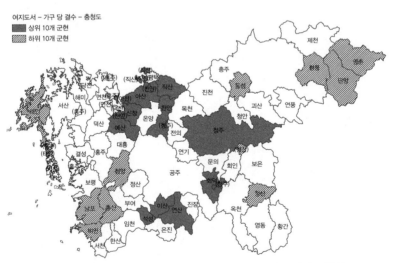

그림 5-5. 18세기 후반 충청도의 호당 경지 결수의 상위 및 하위 군현 분포

지리지를 이용한 조선시대 지역지리의 복원

호당 경지 결수는 직산현이 1.92결/호로 가장 넓었으며, 단양군이 0.56결/호로 가장 좁았다. 호당 경지 결수가 넓은 군현과 1㎢당 경지 결수가 넓은 군현의 20위권을 비교해 보면, 덕산·아산·면천·직산·이산·신창·예산·천안·연산·석성·회덕·서천·평택·한산 등 14개 군현은 둘 모두에 포함되어 있으나, 나머지 6개 군현은 차이가 있다. 호당 경지 결수 20위권에 포함된 군현의 지역적 분포를 보면, 회덕·청주에 더해 영동현만 동부 지역에 위치해 있고 나머지 17개 군현은 모두 서부에 위치한다. 호당 경지 결수가 넓은 군현 역시 서부에 편중되어 있는 것이다. 상위 10위권과 하위 10위권만 지도화해 본 결과(그림 5-5 참조), 약간 다른 양상이 나타났다. 상위 10위권은 중부 지방에 주로 분포하고, 하위 10위권은 태안·남포·비인 등 서해안과 단양·청풍·영춘 등 서북부로 분산되어 분포하였다.

경상도는 『여지도서』에 충청도와 거의 동일한 양식으로 수전과 한전 결수가 기록되어 있다. 기록이 누락된 울산부 등 11개 군현을 제외하고, 역시 원결을 기준으로 60개 군현의 경지 관련 통계를 구해 보면, 군현당 수전과 한전을 합친 전체 경지의 평균 결수는 4,818결 46부 2속이었고, 수전의 평균 결수는 2,032결 79부 8속이었으며, 한전의 평균 결수는 2,785결 66부 4속이었다. 평균치를 충청도와 비교하면, 전체 경지 결수는 약 24결 많으며, 수전은 약 243결이 많고, 한전은 약 218결 적었다. 그리고 1㎢당 결수의 평균은 11.92결, 호당 경지 결수는 0.94결로 충청도보다 모두 적었다.

농경지 규모와 관련된 경상도 군현의 순위를 정리한 표 5-6을 보자. 전체 결수, 수전 결수, 한전 결수에서 1위부터 10위를 차지한 군현 가운데 한전 결수 7위를 차지한 의성현을 빼면, 모두 읍격이 목·대도호부·도호부에 해당하는 군현들이었다. 11위에서 20위까지에 속한 군현 중 예천·함안·창녕·고성·청도는 전체·수전·한전 등 3가지 결수 모두에서 20위 안에, 거창·인동·김산은 2가지 결수에서 20위 안에 들었다. 나머지 합천·함양·동래·현풍·영

표 5-6. 18세기 후반 농경지 규모와 관련된 경상도 군현의 순위

순위	전체 결수	수전 결수	한전 결수	1㎢당 경지 결수	호당 경지 결수
1	경주	진주	경주	하양	언양
2	진주	경주	안동	현풍	하양
3	상주	상주	상주	경산	진보
4	안동	김해	대구	영산	함안
5	대구	성주	진주	함안	경산
6	성주	대구	밀양	창원	현풍
7	밀양	밀양	의성	김해	봉화
8	김해	안동	성주	창녕	김해
9	선산	창원	선산	용궁	거창
10	의성	선산	예천	대구	용궁
11	예천	고성	함안	인동	밀양
12	함안	거창	김해	자인	고령
13	창녕	예천	창녕	초계	인동
14	창원	청도	청도	개령	진주
15	고성	김산	현풍	함창	합천
16	청도	창녕	영산	선산	의성
17	거창	함양	고성	영일	칠곡
18	인동	동래	인동	비안	함창
19	김산	의성	창원	밀양	비안
20	합천	함안	경산	고령	창녕
:	:	:	:	:	:
51	영해	진해	언양	진보	고성
52	웅천	장기	동래	순흥	남해
53	진보	영해	예안	지례	진해
54	지례	영덕	봉화	영덕	영덕
55	장기	청송	웅천	문경	지례
56	영양	청하	장기	예안	신녕
57	예안	봉화	기장	영해	웅천
58	진해	예안	지례	청송	영양
59	봉화	영양	청하	봉화	거제
60	청하	진보	진해	영양	동래

산·경산은 1가지 결수에서만 20위 안에 포함되었다. 11위에서 20위에 포함된 군현들에 있어 지리적 경향성은 분명하게 드러나지 않으나, 경상도 북부보

다는 남부 지역에 조금 더 많이 분포하고 있다. 그리고 대체로 절대 면적이 비교적 넓은 군현들이었다.

　농경지가 적은 군현들을 보면, 장기·예안·진해·봉화·청하 등 5개 군현은 전체·수전·한전 등 3가지 결수 모두에서 하위 10위권에 속하였고, 영해·웅천·진보·지례·영양 등 5개 군현은 2가지 결수에서, 영덕·청송·언양·동래·기장 등 5개 군현은 1가지 결수에서 하위 10위권에 들었다. 이들의 지리적 분포를 살펴보면, 경상도 북단에 있는 봉화를 시작으로 예안·영양·진보·영해·청송·영덕·청하·장기 등의 군현이 동해안을 따라 남쪽으로 내려오면서 위치해 있고, 언양·기장·동래·웅천·진해 역시 동남해안을 따라 분포하였다. 즉 15개 군현 가운데 서부 내륙에 위치한 지례현을 제외한 14개 군현이 모두 해안이나 해안 가까이에 있으며, 동북쪽과 동남쪽에 몰려 있다. 경상도의 동북지역은 태백산맥이 해안 가까이 남북으로 뻗어 있어 평지가 부족하다. 또한 동남해안의 기장·동래·웅천·진해는 면적이 좁은 군현들이었다.

　1㎢당 경지 결수는 하양현이 24.26결/㎢로 가장 많았으나, 충청도에서 1위를 기록한 은진현에는 많이 못 미쳤다. 1㎢당 경지 결수가 가장 적은 군현은 2.38결/㎢의 영양현이었다. 1㎢당 경지 결수에서 20위권에 속한 군현들의 위치를 보면, 경상도 중부를 북쪽에서 남쪽으로 넓은 띠 모양으로 관통하는 형태를 띠고 있다. 대체로 낙동강과 그 지류인 남강이 흐르는 주변 군현으로, 하천을 따라 펼쳐진 평지를 중심으로 농경지가 집약적으로 개간된 결과로 보인다. 특히 그림 5-6을 보면, 1㎢당 경지 결수 10위권에 속하는 군현이 북쪽에서부터 남쪽으로 하양·경산·대구·현풍·창녕·영산·함안·창원·김해가 서로 이어져 있다. 이에 비해 1㎢당 경지 결수 하위권에 속한 10개 군현은 앞서 살펴본 동북 지역에 몰려 있다.

　호당 경지 결수는 언양현이 1.83결/호로 1위였으며, 동래도호부가 0.50결/호로 60위였다. 그림 5-7을 보면, 호당 경지 결수가 넓은 군현은 편중되지 않

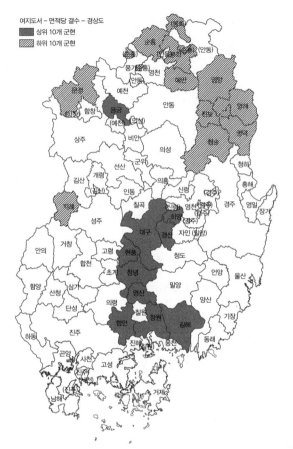

그림 5-6. 18세기 후반 경상도의 1㎢당 경지 결수의 상위 및 하위 군현 분포

고 산재되어 있다. 다만 해안에 있는 군현은 김해도호부뿐이었다. 이에 비해 호당 경지 결수가 좁은 군현은 남해안에 많았다. 남해·고성·진해·거제·웅천·동래 등이 그것이다.

『여지도서』에 전라도 군현의 결수는 다음과 같이 아무런 설명 없이 그 숫자만 기록하였다. 따라서 그 결수가 원결인지 시기결인지 알 수 없다. 그러나 군현당 전체 경지의 평균 결수가 4,011결 76부 6속, 수전의 평균 결수가 2,539결 82부 7속, 한전의 평균 결수가 1,471결 93부 9속이어서 원결을 기록한 것

지리지를 이용한 조선시대 지역지리의 복원

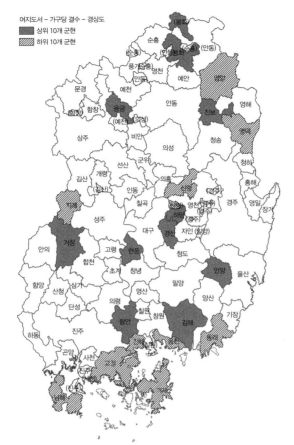

그림 5-7. 18세기 후반 경상도의 호당 경지 결수의 상위 및 하위 군현 분포

으로 추정된다. 수전의 평균 결수는 삼남 지방 가운데 가장 많으며, 한전의 평균 결수는 가장 적다. 전라도는 전국에서 유일하게 수전의 평균 결수가 한전의 평균 결수보다 많은 도이다. 1㎢당 결수의 평균은 12.11결, 호당 경지 결수는 0.71결이었다.

한전은 3,005결 15부 5속이다. 수전은 5,920결 38부 2속이다(『여지도서』, 전라도, 광주목).

표 5-7. 18세기 후반 농경지 규모와 관련된 전라도 군현의 순위

순위	전체 결수	수전 결수	한전 결수	1㎢당 경지 결수	호당 경지 결수
1	나주	나주	나주	용안	보성
2	광주	광주	영광	옥구	광주
3	영암	순천	영암	광주	영암
4	영광	영암	광주	나주	창평
5	순천	영광	함평	함열	용안
6	장흥	장흥	순천	흥덕	해남
7	함평	강진	해남	태인	흥덕
8	강진	태인	강진	함평	나주
9	태인	보성	무안	남평	낙안
10	해남	함평	흥양	영암	고창
11	보성	해남	태인	무장	구례
12	흥양	부안	장성	영광	동복
13	장성	장성	장흥	무안	장흥
14	무안	흥양	무장	창평	함평
15	부안	무장	진도	장성	장성
16	무장	무안	부안	강진	강진
17	순창	순창	남평	고창	무안
18	남평	남평	보성	부안	옥과
19	능주	능주	순창	옥과	태인
20	임실	옥구	능주	보성	화순
⋮	⋮	⋮	⋮	⋮	⋮
31	광양	고창	함열	동복	광양
32	곡성	무주	화순	운봉	옥구
33	동복	고산	낙안	장수	임실
34	옥과	용안	옥구	곡성	장수
35	용안	운봉	용안	고산	고산
36	고창	구례	용담	광양	흥양
37	구례	옥과	광양	구례	진도
38	운봉	동복	구례	진안	무주
39	화순	화순	고창	무주	진안
40	용담	용담	운봉	용담	용담

한전은 580결이다. 수전은 1,871결 13부이다(『여지도서』, 전라도, 옥구현).

지리지를 이용한 조선시대 지역지리의 복원

『여지도서』에는 전라도의 군현이 가장 많이 누락되어, 당시 56개 군현 가운데 40개 군현만 기록이 남아 있다. 따라서 통계 결과에 큰 의미를 부여하기 어렵지만, 표 5-7로 정리한 농경지 규모와 관련된 전라도 군현의 순위를 간략하게 살펴보자.

먼저 전체 결수가 많은 군현은 서남부에 많으며, 전체 결수가 적은 군현은 동부에 많았는데, 수전 결수와 한전 결수도 유사한 경향을 보였다. 수전이 많은 군현이 한전도 많았으며, 수전이 적은 군현이 한전도 적었다. 다만 예외적인 군현으로 옥구현은 수전이 많으나, 한전은 적었다.

1㎢당 경지 결수가 가장 많은 군현은 용안현으로 39.57결/㎢을 기록하였으며, 가장 적은 곳은 용담현으로 3.32결/㎢이었다. 1㎢당 경지 결수가 많은 군현들과 적은 군현들 간에는 분명한 지역적 차이가 나타났다. 결수가 많은 군현은 서해안을 따라 나타났다. 이에 비해 결수가 적은 군현은 동쪽에 치우쳐 있다. 즉 해안과 산지의 극명한 대조가 나타난다.

호당 경지 결수는 보성현이 1.08결/호로 1위였으며, 용담현이 0.32결/호로 40위였다. 호당 경지 결수가 많은 현과 적은 현의 지역적 분포는 1㎢당 경지 결수의 그것과 비슷한 경향을 보이나, 예외적인 군현이 3곳 있었다. 호당 결수가 많은 데도 1㎢당 결수가 적은 것으로 나타난 구례현과 동복현, 그리고 호당 결수가 적은 데 반해 1㎢당 결수가 많은 것으로 나타난 옥구현이다. 조심스러운 추정이나, 옥구현이 면적에 비해 경지는 많으나, 호당 경지 면적이 적은 것으로 보아 해안 저습지를 중심으로 경지 개간에 힘을 기울였고, 한편으로 집약적으로 농업을 영위하고 있었던 것으로 짐작해 본다.

강원도는 앞에서 언급한 바와 같이 『여지도서』에 26개 모든 군현의 1759년 시기 결수를 기록하였다. 이 때문에 다른 도에 비해 평균 결수가 매우 적은 편이다. 군현당 전체 경지의 평균 결수는 583결 5부 4속, 수전의 평균 결수가 160결 3부 8속, 한전의 평균 결수가 423결 1부 6속이었다. 물론 여기에는 지

표 5-8. 18세기 후반 농경지 규모와 관련된 강원도 군현의 순위

순위	전체 결수	수전 결수	한전 결수	1㎢당 경지 결수	호당 경지 결수
1	원주	강릉	원주	평해	이천
2	춘천	양양	춘천	원주	고성
3	강릉	간성	철원	간성	간성
4	철원	원주	삼척	철원	춘천
5	삼척	평해	강릉	횡성	양양
6	횡성	횡성	영월	춘천	횡성
7	평해	울진	이천	통천	평해
8	간성	고성	평강	양양	영월
9	양양	춘천	횡성	울진	철원
10	고성	삼척	홍천	고성	원주
11	울진	통천	고성	영월	통천
12	영월	철원	평해	안협	강릉
13	이천	영월	울진	삼척	삼척
14	평강	흡곡	통천	강릉	흡곡
15	통천	평강	간성	평창	울진
16	홍천	양구	정선	김화	양구
17	정선	김화	양양	이천	홍천
18	양구	회양	회양	평강	인제
19	회양	낭천	양구	양구	평창
20	김화	이천	김화	홍천	정선
21	금성	금성	금성	흡곡	평강
22	낭천	인제	평창	정선	낭천
23	평창	홍천	낭천	낭천	안협
24	안협	안협	안협	금성	김화
25	인제	정선	인제	인제	금성
26	흡곡	평창	흡곡	회양	회양

형과 기후 등의 측면에서 다른 도에 비해 열악한 강원도의 농업 환경도 반영되었을 것이다. 강원도의 1㎢당 결수의 평균은 0.67결, 호당 경지 결수의 평균은 0.19결이었다.

강원도 군현의 경지 면적에 관한 순위는 표 5-8로 정리하였다. 먼저 전체 결수의 1위부터 5위까지는 읍격이 높은 부와 목이 차지하였다. 절대 면적이

지리지를 이용한 조선시대 지역지리의 복원

넓은 것이 큰 역할을 하였을 것이다. 5위부터 26위까지의 순위를 살펴보면, 면적과 상관관계가 있으나, 그다지 크지는 않다. 대체로 순위가 높은 군현이 남쪽에, 순위가 낮은 군현이 북쪽에 많이 분포하였다.

수전 결수가 많은 군현들은 동해안을 따라 분포하였다. 강릉·양양·간성·평해·울진·고성·삼척 등이 그것이다. 반면 수전 결수가 적은 군현은 산지가 많은 평창·정선·안협·홍천·인제·금성 등이었다. 한전 결수가 많은 군현은 해안보다는 내륙에 주로 분포하였다. 강릉·춘천·횡성·원주는 한전과 수전이 모두 많았으며, 이천·홍천은 수전이 적었지만 한전이 많았다. 한전 결수가 적은 군현은 회양·김화·낭천·양구·인제·평창 등 산악 지역이었다.

1㎢당 결수가 많은 군현과 적은 군현의 분포는 대체로 남북으로 뻗은 태백산맥을 중심으로 한 중부의 산악 지역 군현들이 결수가 적었으며, 상대적으로 동부 해안과 서부는 결수가 많았다. 호당 경지 결수가 많고 적은 군현의 분포는 1㎢당 결수가 많고 적은 군현의 그것과 유사하였다.

23개 군현으로 이루어진 황해도는 『여지도서』에 누락된 군현은 없으나, 아래의 사례와 같이 11개 군현은 시기결수를 기록하였으며, 나머지 12개 군현은 별다른 설명 없이 결수만 적었다. 그래서 자료의 신뢰성 때문에 황해도도 분석에서 제외하였다.

한전은 기묘년 현재 경작하고 있는 밭[時起]이 5,567결 83부 4속이다. 수전은 기묘년 현재 경작하고 있는 논[時起]이 1,380결 61부 2속이다(『여지도서』, 황해도, 해주목).

한전은 2,111결 46부 3속이다. 수전은 3,843결 4부 3속이다(『여지도서』, 황해도, 연안도호부).

표 5-9. 18세기 후반 농경지 규모와 관련된 평안도 군현의 순위

순위	전체 결수	수전 결수	한전 결수	1㎢당 경지 결수	호당 경지 결수
1	평양	평양	평양	함종	강동
2	의주	정주	의주	중화	상원
3	중화	영유	중화	삼화	함종
4	용강	선천	용강	용강	중화
5	강동	함종	강동	강동	삼화
6	강계	중화	강계	영유	증산
7	상원	안주	성천	강서	강서
8	성천	박천	상원	상원	자산
9	함종	숙천	영변	평양	삼등
10	영변	용천	순천	숙천	용강
11	안주	용강	강서	박천	성천
12	삼화	삼화	삼화	선천	양덕
13	강서	곽산	함종	순안	운산
14	선천	가산	안주	자산	순안
15	정주	강서	이산	정주	순천
16	순천	순안	선천	안주	은산
17	영유	철산	은산	용천	태천
18	순안	의주	자산	의주	의주
19	숙천	영변	구성	은산	창성
20	이산	구성	순안	철산	영변
:	:	:	:	:	:
33	희천	이산	삭주	위원	곽산
34	창성	창성	태천	벽동	안주
35	태천	위원	곽산	운산	용천
36	삭주	벽동	운산	삭주	강계
37	증산	삼등	증산	창성	희천
38	가산	희천	맹산	양덕	삭주
39	운산	덕천	삼등	이산	위원
40	맹산	맹산	영원	희천	벽동
41	삼등	양덕	박천	강계	이산
42	영원	영원	가산	영원	영원

　평안도는 『여지도서』에 누락 없이 42개 군현이 모두 들어 있으나, 경지는 전라도와 마찬가지로 특별한 설명 없이 결수만 기록하였다. 42개 군현의 전체

경지의 평균 결수는 2,034결 48부 2속, 수전의 평균 결수는 284결 27부 5속, 한전의 평균 결수는 1,750결 20부 7속으로, 밭이 논보다 압도적으로 많았다. 1㎢당 결수의 평균은 4.14결, 호당 경지 결수의 평균은 0.35결이었다.

경지 면적과 관련된 평안도 군현의 순위를 정리한 표 5-9를 보면, 전체 결수에서는 평양부가 1위를 차지하였고, 42위는 영원군이었다. 전체 결수가 많은 군현은 도 남부의 평양 주변에 집중되어 있었다. 중화·용강·강동·상원·성천·함종 등이 그것이다. 전체 결수가 적은 군현은 상대적으로 북부에 많았다. 전체 결수에 있어 다른 도와 구분되는 평안도의 특징은 군현의 절대 면적과 상관관계가 낮다는 점이다. 희천·영원·삭주와 같이 절대 면적이 넓은 군현이 전체 결수에서 하위에 분포하였고, 용강·함종·강동과 같이 절대 면적이 좁은 군현이 전체 결수에서 상위에 분포하였다.

수전 결수에서 10위까지는 평양을 제외하곤 모두 서해안을 따라 위치한 군현들이 차지하여, 해안 평야를 중심으로 벼농사가 활발함을 확인할 수 있다. 반면 수전이 적은 군현은 낭림·묘향·적유령·강남산맥 등이 뻗어 있는 동부와 북부 산악 지역에 위치한 곳들이다. 수전의 분포는 지형과 절대적인 상관관계를 보였다. 이에 비해 한전의 분포는 지형과 상관관계가 적었다. 한전 결수가 많은 군현은 남부 지방에 많았고, 한전 결수가 적은 군현은 상대적으로 북부 지방에 많았지만 동서의 차이는 크지 않았다.

1㎢당 경지 결수가 가장 많은 군현은 함종부로 24.16결/㎢이었고, 가장 좁은 군현은 0.27결/㎢의 영원군이었다. 함종부는 평안도에서 절대 면적이 가장 좁은 군현이었다. 그림 5-8에서 확인할 수 있듯이, 1㎢당 경지 결수가 많은 군현들은 서남부의 해안 및 평야 지역에 집중적으로 분포하였으며, 평양을 제외하고 대체로 절대 면적이 좁은 군현들이었다. 함종을 비롯하여 중화·삼화·용강·영유·숙천·박천 등이 그러하다. 반대로 1㎢당 경지 결수가 적은 군현은 북부 및 동부의 산악 지역에 많았으며, 군현의 절대 면적도 넓은 군현이었

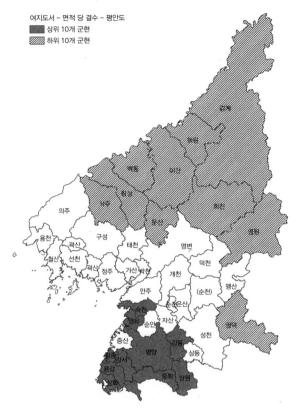

여지도서 – 면적 당 결수 – 평안도
█ 상위 10개 군현
▨ 하위 10개 군현

그림 5-8. 18세기 후반 평안도의 1㎢당 경지 결수의 상위 및 하위 군현 분포

다. 영원·강계·희천·이산·양덕 등이 좋은 예이다.

호당 경지 결수는 강동현이 1.00결/호로 1위였으며, 영원현이 0.12결/호로
40위였다. 호당 경지 결수가 많은 현과 적은 현의 지역적 분포는 1㎢당 경지
결수의 그것과 비슷한 경향이 나타났다(그림 5-9 참조). 호당 경지 결수에서
상위 1–10위권은 모두 남부 지방에 집중되어 있었다. 평양만 제외하고 평양
을 둘러싼 군현이 대부분 포함되었다. 반면 하위 10위권의 군현들은 중부에
위치한 안주목을 빼면, 모두 북부 지방에 있었으며, 특히 북동부 산악 지역에
집중해 있었다.

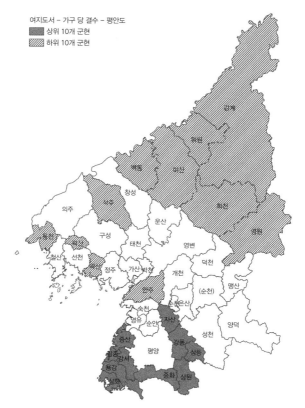

여지도서 - 가구 당 결수 - 평안도
상위 10개 군현
하위 10개 군현

그림 5-9. 18세기 후반 평안도의 호당 경지 결수의 상위 및 하위 군현 분포

끝으로 함경도는 『여지도서』에 빠진 군현 없이 23개 모두 수록되어 있으며, 대부분의 군현이 설명 없이 결수만 기록해 놓았다. 함경도 군현당 전체 경지의 평균 결수는 3,709결 18부 8속이었고, 수전의 평균 결수는 215결 88부 5속이었으며, 한전의 평균 결수는 3,493결 30부 3속이었다. 논보다 밭이 16배 이상 많은 것이다. 평안도와 비교하면, 평균 전체 경지 결수는 약 1,674결 많으며, 수전은 약 68결이 적었고, 한전은 약 1,743결이 많았다. 그리고 1㎢당 결수의 평균은 2.58결, 호당 경지 결수는 0.91결로, 평안도에 비해 1㎢당 결수는 적지만 호당 경지 결수는 많았다.

표 5-10. 18세기 후반 농경지 규모와 관련된 함경도 군현의 순위

순위	전체 결수	수전 결수	한전 결수	1㎢당 경지 결수	호당 경지 결수
1	영흥	함흥	영흥	덕원	삼수
2	함흥	정평	회령	회령	단천
3	회령	안변	함흥	경흥	정평
4	안변	영흥	안변	종성	종성
5	길주	북청	길주	영흥	무산
6	종성	홍원	종성	안변	부령
7	단천	길주	경성	이성	회령
8	경성	고원	단천	정평	경흥
9	북청	덕원	북청	고원	안변
10	명천	명천	무산	명천	길주
11	무산	이성	명천	함흥	경성
12	정평	문천	갑산	문천	문천
13	갑산	단천	정평	길주	덕원
14	삼수	종성	삼수	홍원	갑산
15	부령	경원	부령	온성	영흥
16	경흥	경흥	경흥	단천	명천
17	고원	회령	고원	경원	온성
18	홍원	경성	덕원	경성	이성
19	덕원	부령	홍원	북청	북청
20	문천	무산	문천	부령	고원
21	이성	온성	온성	삼수	함흥
22	온성	갑산	이성	무산	홍원
23	경원	삼수	경원	갑산	경원

　　표 5-10을 보면, 전체 결수에서는 영흥부가 가장 많았고, 그다음은 함흥·
회령·안변·길주의 순이었다. 이에 비해 전체 결수가 가장 적은 군현은 경원
이었고, 온성·이성·문천 등도 적었다. 전체 결수가 많은 군현과 적은 군현을
비교해 보면, 지역적 편중성은 발견되지 않으며, 절대 면적의 차이가 가장 중
요하게 작용한 것으로 판단된다. 절대 면적이 넓은 군현이 농경지가 많았고,
절대 면적이 좁은 군현은 농경지가 적은 것이다.

　　수전 결수가 가장 많은 군현은 함흥부이며, 가장 적은 군현은 삼수부였다.

수전 결수가 많은 군현들은 동해안을 따라 분포하며, 주로 남부에 많았다. 반면 수전 결수가 적은 군현들은 해안과 내륙 가리지 않고 북부에 편중되어 있었다. 한전 결수는 영흥부가 가장 많았다. 한전 결수가 많은 군현은 남북에 관계없이 동해안을 따라 분포하였고, 결수가 적은 군현은 대체로 절대 면적이 좁은 곳들이 많았다. 이성·문천·홍원·고원 등이 그러한 예이다.

1㎢당 경지 결수가 가장 많은 군현은 8.42결/㎢인 덕원부였고, 가장 적은 군현은 0.48결/㎢의 갑산부였다. 덕원부는 함경도에서 절대 면적이 가장 좁은 군현이었고, 갑산부는 가장 넓은 군현이었다. 1㎢당 경지 결수가 많은 군현들은 해안 지역에 많았으며, 결수가 적은 군현은 북부 지방에 많았다.

호당 경지 결수는 삼수부가 1.49결/호로 가장 많았으며, 경원부가 0.39결/호로 가장 적었다. 호당 경지 결수가 많은 현과 적은 현의 지역적 분포는 대체로 전자가 북부, 후자가 남부에 많았다.

(4) 19세기 전반의 농경지 규모와 분포

앞서 언급한 바와 같이 『대동지지』에 기재된 농경지 면적은 1828년의 실결수로 추정된다. 그런데 경기도와 전라도는 전과 답의 구분 없이 총 결수만 기록되어 있고, 평안도는 전체 42개 군현 가운데 19개 군현만 결수를 기록하였는데, 원장부결수는 논과 밭을 합쳐 적고, 시기결수는 논과 밭을 나누어 기록하였다. 이러한 도별 기록의 차이 때문에 『대동지지』를 이용한 전국적인 분석은 어렵다. 그렇지만 누락된 기록을 제외하고, 도별 경지 결수의 평균값을 계산하여 표 5-11로 정리하였다.

표를 보면, 먼저 논과 밭을 합친 농경지의 군현당 평균 결수가 가장 많은 도는 전라도였으며, 2위는 황해도였고, 3위와 4위는 근소한 차이로 경상도와 충청도가 차지하였다. 군현당 평균 결수가 가장 적은 도는 강원도였는데, 바로 위의 평안도와 차이가 매우 컸다. 경기도·전라도의 기록이 누락된 논의 결수에서는 경상도가 가장 많았고, 그다음은 충청도·황해도·평안도의 순이었다. 역시 강원도가 가장 적었다. 밭의 결수에서는 황해도가 가장 많았고, 함경도·충청도·경상도의 순이었으며, 강원도가 가장 적었다. 단위 면적 즉 1㎢당 농경지 결수에서는 전라도·충청도·경상도·황해도·경기도·평안도·함경도·강원도의 순이었다. 함경도가 군현당 농경지 결수가 많은 데 비해, 1㎢당 농경지 결수가 적은 것은 역시 군현의 절대 면적이 넓기 때문으로 풀이된다.

다음으로 표 5-12와 그림 5-10을 통해 1828년경 군현별 결수 규모를 살펴보면, 20,000결 이상의 농경지 규모를 가진 군현은 전국에 5곳이었다. 표 5-2의 1432년경의 그것과 비교해 보면, 해주목은 그대로였으나, 나머지는 북부 지방의 군현이 모두 충청도·전라도의 남부 지방 군현으로 바뀌었다. 10,000결 이상 농경지를 가진 군현도 함경도와 평안도는 한 곳도 없었으며, 황해도는 황주목이 추가되었다.

이에 비해 전라도는 9곳, 경상도는 8곳, 충청도는 4곳의 군현이 10,000결 이상의 농경지를 가지고 있었다. 경기도는 농경지 규모가 1,000결에서 4,000결 사이에 26개 군현이 속했고, 충청도는 2,000-4,000결에 가장 많은 22개 군현

표 5-11. 『대동지지』의 도별 경지 결수 평균

도	군현당 평균 결수(결)			
	수전+한전	수전	한전	1㎢당 결수
경기도	3,036.9	–	–	11.5
충청도	4,727.8	1,755.7	2,972.1	19.4
경상도	4,758.4	2,068.2	2,690.2	12.0
전라도	6,194.2	–	–	20.1
황해도	5,751.7	1,207.6	4,544.1	11.6
강원도	614.9	157.0	457.9	0.7
평안도	1,713.6	256.3	1,457.3	3.5
함경도	4,047.3	197.8	3,849.5	3.0

주1: 경기도와 전라도는 수전과 한전을 합친 결수만 기록함.
주2: 평안도는 기록이 있는 19개 군현의 시기결수를 기준으로 함.

지리지를 이용한 조선시대 지역지리의 복원

이 속하였으며, 전라도 18개 군
현이 여기에 속했다. 전라도의 군
현들은 농경지 규모에서 충청도
에 비해 다양한 분포를 보였다. 경
상도는 전체 군현의 약 50%인 36
개 군현이 2,000-4,000결의 범위
에 속하였다. 농경지 면적이 가장
적은 강원도는 대부분의 군현이
1,000결 미만의 농경지를 가지고
있었다. 황해도와 함경도는 군현들
의 농경지 결수가 비교적 다양하였
다. 19개의 군현만 기록이 있는 평
안도는 1,000-2,000결 사이에 11
개 군현이 포함되었다.

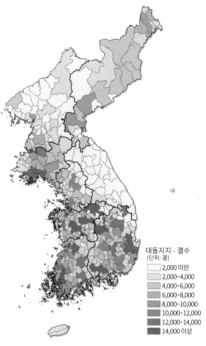

대동지지 - 결수
(단위: 결)

- 2,000 미만
- 2,000~4,000
- 4,000~6,000
- 6,000~8,000
- 8,000~10,000
- 10,000~12,000
- 12,000~14,000
- 14,000 이상

그림 5-10. 1828년경 군현별 결수 규모

끝으로 표 5-13은 1828년경 농경지 면적과 관련된 전국 군현의 순위를 정
리한 것이다. 먼저 경지 결수로 보면, 상위 20위권에 경상도가 7개 군현이 포
함되어 가장 많았고, 그다음은 전라도 6곳, 충청도 4곳, 황해도 2곳, 경기도 1
곳의 순서였다. 11위의 영광군과 17위의 영암군을 제외하면, 모두 읍격이 부·
목·대도호부·도호부인 곳이었다. 즉 경지 결수에서 상위권을 차지한 군현들
은 대부분 읍격이 높고 절대 면적이 넓은 곳이었다. 이에 비해 하위 10위권에
는 함경도 후주도호부를 빼고 9곳을 강원도가 점하였다. 표 5-11과 표 5-12
에서도 확인하였듯이 강원도의 군현들은 다른 도의 그것에 비해 경지 결수가
현저하게 적었다. 경지 결수가 적은 강원도의 군현들 중 흡곡현 외에는 모두
내륙 산지에 위치하였다.

단위 면적, 즉 1km²당 경지 결수에서는 다른 양상이 나타났다(그림 5-11 참

표 5-12. 1828년경의 경지 결수별 군현 수

결수	결수별 군현(군현 순서는 결수 순위)								계
	경기	강원	충청	전라	경상	황해	평안	함경	
20,000 이상			공주, 충주(2)	나주, 전주(2)		해주(1)			5
20,000-18,000			청주(1)						1
18,000-16,000					경주, 상주(2)				2
16,000-14,000					진주(1)				1
14,000-12,000			충주(1)	영광, 남원, 순천, 영암(4)	안동, 대구(2)	황주(1)			8
12,000-10,000	수원, 양주(2)			광주, 김제, 해남(3)	성주, 밀양, 김해(3)				8
10,000-8,000				장흥, 강진, 태인, 고부, 부안, 무장, 흥양(7)	선산, 의성, 울산, 永川(4)	평산, 안악, 연안(3)		함흥, 영흥, 종성(3)	17
8,000-6,000	개성(1)		서산, 진천, 덕산, 아산(4)	장성, 임피, 보성, 무안, 함평(5)	예천, 함안, 창녕, 창원, 고성, 의령(6)	재령, 봉산, 신천(3)		회령, 경원(2)	21
6,000-4,000	광주, 장단, 여주, 용인, 강화, 풍덕(6)		면천, 직산, 은진, 옥천, 서천, 천안, 임천, 연산, 보은, 태인, 예산, 홍산, 한산, 부여(14)	순창, 남양, 옥구, 진도, 남평, 금산, 금구, 임실, 익산, 여산, 능주, 만경, 함열(13)	청도, 거창, 인동, 김산, 함창, 현풍, 영산(7)	서흥, 신계, 수안, 배천, 문화(5)	의주(1)	안변, 길주, 북청, 무산, 단천, 정평, 경성, 명천(8)	54

인구									계
4,000~2,000	고양, 부평, 통진, 양성, 이천, 포천, 남양, 과주, 음죽, 안성, 파주, 진위, 죽산(13)	목천, 대흥, 보령, 당진, 노성, 회덕, 해미, 온양, 결성, 석성, 신창, 과산, 문의, 영동, 연기, 청안, 남포, 정산, 제천, 청양, 전의, 진잠(22)	원주(1)	제주, 흥덕, 교산, 진안, 나안, 청의, 무주, 광양, 곡성, 정읍, 장수, 고창, 장병, 우계, 동복, 대정, 운봉, 구례(18)	장산, 함양, 개령, 하동, 양산, 조제, 비안, 웅궁, 사천, 칠곡, 영일, 삼가, 래, 榮川, 자인, 남해, 고, 곤양, 문경, 순흥, 함창, 군위, 의흥, 흥해, 하양, 칠원, 단성, 인의, 기장, 청송, 신녕, 산청, 풍기, 연양, 영덕(36)	금성, 장연, 웅진, 강령, 송화, 국산, 은율(7)	영변, 강계, 정주(3)	은성, 감산, 정중, 고원, 부령, 삼수(6)	106
2,000~1,000	양근, 교하, 삭녕, 김포, 과천, 연천, 교동, 시흥, 지평, 안산, 양천, 영평, 양지(13)	비인, 청풍, 청산, 평택, 황간, 음성, 연풍, 회인, 단양, 영춘(10)	춘천, 강릉, 철원(3)	용인, 하순, 웅담, 진산(4)	영해, 웅천, 진보, 지례, 장기, 영양, 예안, 진해, 봉화, 청하(10)	토산, 풍천, 장련(3)	철산, 순천, 구성, 웅진, 태천, 창성, 위원, 벽동, 삭주(11)	중원, 이원, 문천, 덕원(4)	58
1,000 미만	양천, 마전, 가평(3)		평해, 삼척, 양양, 간성, 청산, 울진, 흥천, 이천, 양구, 영월, 통천, 평강, 고성, 김화, 낭천, 금성, 회양, 평창, 인제, 춘천, 정선, 인제(22)				박천, 은산, 가산, 희천(4)	장진, 후주(2)	31
계	38	54	26	56	71	23	19	25	312

表 5-13. 1828년경의 농경지 규모와 관련된 군현 순위

순위	경지 결수	1㎢당 경지 결수
1	나주(전라도)	옥구(전라도)
2	해주(황해도)	만경(전라도)
3	공주(충청도)	강령(황해도)
4	충주(충청도)	김제(전라도)
5	전주(전라도)	평택(충청도)
6	청주(충청도)	용안(전라도)
7	경주(경상도)	석성(충청도)
8	상주(경상도)	임피(전라도)
9	진주(경상도)	한산(충청도)
10	안동(경상도)	나주(전라도)
11	영광(전라도)	서천(충청도)
12	대구(경상도)	은진(충청도)
13	남원(전라도)	함열(전라도)
14	황주(황해도)	고부(전라도)
15	홍주(충청도)	익산(전라도)
16	순천(전라도)	덕산(충청도)
17	영암(전라도)	여산(전라도)
18	수원(경기도)	아산(충청도)
19	성주(경상도)	면천(충청도)
20	밀양(경상도)	연안(황해도)
:		
303	후주(함경도)	희천(평안도)
304	김화(강원도)	강계(평안도)
305	낭천(강원도)	평강(강원도)
306	금성(강원도)	낭천(강원도)
307	회양(강원도)	정선(강원도)
308	평창(강원도)	금성(강원도)
309	안협(강원도)	장진(함경도)
310	흡곡(강원도)	후주(함경도)
311	정선(강원도)	인제(강원도)
312	인제(강원도)	회양(강원도)

조). 상위 20위권을 전라도와 충청도가 각각 10곳과 8곳을 나누어 가졌다. 두 도가 아닌 군현은 각각 3위와 20위인 황해도 강령현과 연안도호부뿐이다. 20

위 안에 든 전라도 10개 군현의 위치를 살펴보면, 남부의 나주목을 뺀 9개 군현이 모두 북서부 해안 지역에 몰려 있다. 이들은 절대 면적이 넓지 않은 비교적 작은 군현이며, 해안 및 하천 하류의 충적 평야에 자리하였다는 공통점을 지니고 있다.

충청도의 8개 군현도 2개 지역에 나누어 집중되어 있다. 평택·아산·면천·덕산은 서북쪽의 해안 지역에, 서천·한산·석성·은진은 서남쪽의 금강 변에 모여 있다. 모두 저평한 평야 지대를 끼고 있는 군현이다. 황해도의 강령현과 연안도호부도 서해안에 자리한 군현이다. 주목할 만한 점

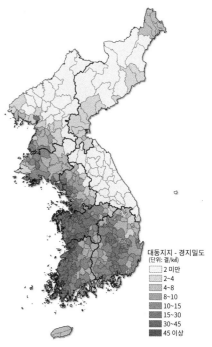

대동지지 - 경지밀도
(단위: 결/㎢)
- [ ] 2 미만
- [ ] 2~4
- [ ] 4~8
- [ ] 8~10
- [ ] 10~15
- [ ] 15~30
- [ ] 30~45
- [ ] 45 이상

그림 5-11. 1828년경 군현별 1㎢당 경지
결수 규모

은 『세종실록지리지』를 자료로 한 1432년경의 표 5-4와 비교해 보면, 전라도의 옥구·만경·김제·용안·임피·여산, 충청도의 평택·석성·아산, 황해도의 강령·연안 등 11곳이 겹친다는 것이다. 이들 군현은 조선시대 내내 농경지가 많았고, 따라서 농업이 매우 활발한 지역이었다고 평가할 수 있다.

1㎢당 경지 결수에서 하위 10위권에는 강원도 6곳, 평안도 2곳, 함경도 2곳의 군현이 포함되었다. 평안도의 희천군과 강계도호부는 도의 북동부 내륙 지역에, 함경도의 장진도호부와 후주도호부도 도의 북서부 내륙 지역에 위치한 군현이다. 강원도의 6곳도 모두 내륙의 산간 지역이었다.

2) 농산물의 지역적 분포

(1) 지리지의 생산물 기록에 대한 이해

조선시대 지리지에는 별도의 항목으로 각 지역에서 생산되는 물품들을 다루고 있다. 『세종실록지리지』의 토의(土宜)·토공(土貢)·토산(土産), 『신증동국여지승람』의 토산, 『여지도서』의 물산(物産)과 진공(進貢), 『대동지지』의 토산이 그것이다.16) 그런데 각 지리지마다 그 기록의 집계 방식과 상세함 등에서 차이가 있다.

먼저 지리지 가운데 경제와 관련된 내용을 가장 충실하게 담고 있는 『세종실록지리지』는 각 군현마다 토의·토공·토산으로 나누어 산물을 기록하였다. 이 가운데 토의는 그 지역에서 농사짓기에 알맞은 작물, 즉 그 지역에서 생산되는 농산물을 의미하며, 토공은 지역의 특산물로 매년 정기적으로 중앙에 바치는 공물(貢物)을 적은 것으로 추정된다. 그리고 일반적인 공물에 해당하지 않는 산물을 따로 구분할 필요가 있어 토산으로 정리한 것으로 생각된다.17) 그리고 다음과 같이 토의를 가장 먼저 적고, 이어서 토공과 토산을 차례로 기록하는데, 둘 사이에는 약재(藥材)를 따로 정리하여 적은 경우가 많으며, 토산

---

16) 지리지에 수록된 물산의 성격과 그 특징을 연구한 선행 연구는 다음과 같다.

원경렬, 1981, "16세기 조선의 토산물 분포에 대한 지리적 고찰," 사회과교육 14, 38–51.

정현숙, 1991, "신증동국여지승람에 관한 연구– 1. 토산식품을 중심으로," 순천대학교 농업과학연구 5, 29–45.

이기봉, 2003, "조선시대 전국지리지의 생산물 항목에 대한 검토," 문화역사지리 15(3), 1–16.

배재수, 2004, "조선전기 국용임산물의 수취– 전국 지리지의 임산물을 중심으로," 한국임학회 93(3), 215–230.

서종태, 2006, "『輿地圖書』의 物産 조항 연구," 한국사학보 25, 573–609.

박경자, 2011, "조선 15세기 磁器所의 성격," 미술사학연구 270, 97–124.

전영준, 2011, "조선전기 관찬지리지로 본 楮·紙産地의 변화와 사찰 製紙," 지방사와 지방문화 14(1), 47–77.

소순규, 2014, "『신증동국여지승람』 토산 항목의 구성과 특징," 동방학지 165, 33–64.

17) 이기봉, 2003, 위의 논문, 3–5.

다음에는 도기소(陶器所)·자기소(磁器所)와 염소(鹽所)·어량(魚梁)을 기록
하였다.

토의는 오곡과 삼·닥나무·왕골·모시이다. 토공은 범가죽·여우가죽·살쾡
이가죽·산달가죽[山獺皮]·수달가죽[水獺皮]·족제비털[黃毛]·상어·숭어·
부레[魚膠]·석류·대추·비자·작설차·지초(芝草)·오죽(烏竹)·자리[席]·죽
순·칠(漆)이다. 약재는 천문동(天門冬)·맥문동(麥門冬)·녹용·도아조기름
[島阿鳥油]·오징어뼈·방풍(防風)·모란뿌리껍질[牧丹皮]이다. 토산은 가는
대[篠]·왕대[簜]와 조기인데, 군의 서쪽 파시평(波市坪)에서 난다. 봄·여름
사이에 여러 곳의 어선(漁船)이 모두 이곳에 모여 그물로 잡는데, 관청에서
그 세금을 받아서 국용(國用)에 이바지한다. 자기소가 1이니, 군의 서쪽 구수
동(九岫洞)에 있고, 하품이다. 도기소가 1이니, 군의 남쪽 송악지동(松嶽只
洞)에 있고, 하품이다. 어량(魚梁)이 13곳인데, 모두 군의 서쪽 마성불동(馬
城佛洞)에 있다. 염소(鹽所)가 1이며, 가마[盆]가 1백 13개인데, 모두 군의 서
쪽 파시두(波市頭)에 있고, 염창(鹽倉)은 읍성 안에 있다. 염간(鹽干)이 1천
1백 29명이며, 봄·가을에 바치는 소금이 1천 2백 90석이다(『세종실록지리
지』, 전라도, 영광군).**18)**

토의는 벼·조·기장·피·콩·팥·뽕나무·삼이다. 토공은 꿀·지초·느타리·
싸리버섯이다. 약재는 오미자(五味子)이다. 도기소가 1이니, 현 동쪽 굴어실
[仇乙於谷洞]에 있고, 하품이다(『세종실록지리지』, 경기도, 연천현).**19)**

토의는 오곡과 모맥(牟麥)이다. 토산은 노루·사슴·다시마이고, 약재는 삽주

---

18) http://sillok.history.go.kr(조선왕조실록).
19) http://sillok.history.go.kr(조선왕조실록).

덩이뿌리[白朮]·버들옷[大戟]·오독도기[茹]·황경나무껍질[黃蘗皮]·바곳
[草烏頭]·흰바곳·외나물뿌리[地楡]·끼절가리뿌리[升麻]·칡뿌리·작약(芍
藥)·범부채[射干]·장군풀[大黃]·방풍(防風)·도라지·창포(菖蒲)·질경이
씨[車前子]·새삼씨[兔絲子]·대왕풀[白芷]·할미꽃뿌리·오갈피·멧미나리
[柴胡]·족두리풀뿌리[細辛]이다. 자기소가 1이고, 도기소가 2이다. 염소(鹽
所)가 1이며, 부의 동남쪽 대호야곶(大好也串)에 있다(『세종실록지리지』, 함
길도, 회령도호부).[20]

토의는 오곡과 뽕나무·삼이다. 토공은 표범가죽[豹皮]·살쾡이가죽·여우가
죽·잇[紅花]·지초·황랍(黃蠟)이고, 약재는 안식향(安息香)·모란뿌리껍질
이다. 토산은 족제비털·대구·연어·고등어·미역이다. 주산(主産)은 과어(瓜
魚)이다(『세종실록지리지』, 함길도, 정평도호부).[21]

이러한 예로 알 수 있듯이 『세종실록지리지』가 모든 군현의 산물을 동일한
양식으로 정리한 것은 아니다. 전라도 영광군과 같이 토의·토공·토산을 모
두 기록한 군현이 있고, 경기도 연천현과 같이 토의와 토공을, 함길도 회령도
호부와 같이 토의와 토산을 기록한 경우도 있다. 그리고 드물지만, 함경도 정
평도호부와 같이 마지막에 따로 '주산(主産)'이라는 것을 표시한 경우도 있다.
선행 연구에 의하면, 토의·토공·토산이 모두 기록된 군현은 한성과 개성을
뺀 전체 334개 가운데 148곳이었고, 토의와 토공이 기록된 군현이 169곳이었
다.[22] 또한 토의·토공·토산을 별도로 집계하면, 토의는 333개 군현, 토공은
317개 군현, 토산은 160개 군현에 기록되었다. 토의가 333개 군현인 것은 평

---

20) http://sillok.history.go.kr(조선왕조실록).
21) http://sillok.history.go.kr(조선왕조실록).
22) 이기봉, 2003, 앞의 논문, 5.

안도 무창군은 토의 기록이 없기 때문이다.

이에 비해 『신증동국여지승람』의 토산조는 그 이전의 지리지의 기록을 참고하기보다는 각사(各司)에 소장되어 있는 공물안(貢物案) 또는 공안(貢案)의[23] 내용을 정리한 것으로 보인다. 따라서 『신증동국여지승람』의 토산조에 기록된 물품은 각 군현에서 바치는 공물 또는 공물과 진상(進上)에 관한 내용만을 반영하고 있으며, 따라서 해당 군현의 산물 모두를 수록하고 있다고 볼 수 없다. 특히 당시에는 해당 군현에서 생산되지 않는 물품도 공물로 지정하는 경우가 적지 않았다. 이러한 점을 고려하면, 『신증동국여지승람』의 토산조에 수록된 물품은 모두 그 지역의 것으로 보기 어렵다.[24]

『여지도서』에는 물산조와 함께 진공조가 따로 기록되어 있다. 물산조에 기록된 물품을 살펴보면, 『여지도서』의 물산조는 『세종실록지리지』의 토산조와 유사한 성격을 가진 것으로 보인다. 진공조는 『세종실록지리지』의 토공조, 그리고 『신증동국여지승람』의 토산조와 비슷한 것으로 추정된다.

그런데 『여지도서』는 앞의 인구, 경지 분석에서도 지적한 바와 같이 몇 가지 한계를 지니고 있다. 먼저 39개 군현이 누락되어 있고, 도별, 군현별로 기록의 편차가 심하다는 점이다. 물산조도 마찬가지여서 경기도 교하현과 같이 물산조가 아닌 '토산조'로 되어 있는 경우도 있고, 경기도 풍덕부·진위현과 같이 아예 물산조가 없는 군현도 있다. 물산조의 구체적인 기록에 있어서도 매우 상세하게 기록한 군현이 있는 반면, 소략하게 기록한 군현도 있다. 진공조도 비슷하다. 경상도·전라도·강원도는 아주 자세하게 기록하였으나, 다른 도는 상대적으로 기록이 부실하다. 경기도 교하현과 같이 진공조가 없는 군현도

---

23) 공안은 조선시대 중앙의 각 궁(宮)·사(司)가 지방의 여러 관부에 부과, 수납할 연간 공부(貢賦)의 품목과 수량을 기록한 책이다(http://encykorea.aks.ac.kr/(한국민족문화대백과사전), '공안항목').

24) 이기봉, 2003, 앞의 논문, 8-9.

있다. 또 다른 한계로, 『여지도서』의 물산조에 실려 있는 물품의 종류가 『세종실록지리지』의 그것에 비해 대체로 적다는 점이다. 따라서 『여지도서』의 물산조와 진공조를 활용할 때는 이러한 문제점을 충분히 감안해야 한다. 이러한 한계에도 불구하고 『여지도서』는 각 군현에서 작성한 내용을 그대로 묶었다는 점에서 당시의 지역 상황을 잘 반영한 것이라 할 수 있다.

『대동지지』의 토산조에 대해서는 김정호가 어떤 원칙으로 내용을 서술했는지에 대해 다음과 같이 책 앞의 문목(門目)에 밝혔다.

> 산에서는 금(金)·은(銀)·동(銅)·철(鐵)·옥(玉)·석(石)이 나오고, 바다에서는 어(魚)·해(蟹)·패(貝)·라(螺)·곽(藿)·염(鹽)이 나온다. 팔곡(八穀)은 전야(田野)의 비옥함과 척박함에 달려 있고, 오과(五果)는 원륙(原陸)의 토의(土宜)에서 생산된다. 면(綿)·마(麻)·상(桑)·저(苧)·칠(漆)·피혁(皮革)·약품(藥品)은 그 소산(所産)에 따른다. 각 읍 항목에 대략을 기록하였다. 이로써 관부(官賦)를 만들어 국용(國用)에 공급하고 시장을 세워 교역을 통하게 하니 이것이 방국(邦國)을 경세(經世)하고 민생(民生)을 경제(經濟)하는 일대의 명맥(命脉)이라 할 수 있다. 만약 동·철·약재로서 옛날에 있었으나 지금은 없는 경우는 제외하였다.[25]

토산조의 내용을 살펴보면, 김정호는 당시까지 간행된 여러 지리지를 참고하여 토산조를 기술한 것으로 보인다. 그러나 『대동지지』에는 농산물 가운데 곡물은 기록하지 않았다.

표 5-14는 각 도별로 1개 군현씩 8개 군현을 추출하여 4종의 지리지의 생산물 기록을 비교한 것이다. 이를 살펴보면, 각 지리지의 생산물 기록의 특징이

---

25) 『대동지지』 문목.

지리지를 이용한 조선시대 지역지리의 복원

더욱 잘 드러난다. 농산물 가운데 자급자족적인 성격을 가진 식량 작물인 곡물과 섬유 작물은 『세종실록지리지』에만 기록되어 있다. 나머지 지리지에 기재된 농산물은 특산물 위주로 되어 있어 과일과 약재 등만 수록되어 있다.

기록된 생산물의 종류와 양을 비교해 보면, 『세종실록지리지』가 비교적 다양하고 상세한 편이었다. 표 5-14에는 '약재'를 제외하였기 때문에 이를 포함하면, 『세종실록지리지』에 가장 많은 종류의 생산물이 적혀있다고 할 수 있다. 나머지 『신증동국여지승람』의 토산, 『여지도서』의 물산과 진공, 『대동지지』의 토산은 약간씩 차이가 있으나 그 내용이 유사하며, 이 가운데 지역에 따라서는 『여지도서』의 진공조가 다음의 황해도 황주목의 사례와 같이 월별로 품목과 그 수량까지 매우 상세하게 기록된 경우가 발견된다.

진공(進貢)

2월령(二月令): 백급(白芨) 7냥(兩) 4전(錢) 8분(分), 세신(細辛)1냥 3전 2분, 백렴(白蘞) 1냥 1전, 목단피(牧丹皮) 1냥 4전 3분, 황금(黃芩) 2냥 1전, 대황(大黃) 6냥 6전, 곡정초(穀精草) 7전 7분, 상표초(桑螵蛸) 3전 3분, 향유(香薷) 14냥 3전이다.

3월령(三月令): 고삼(苦蔘) 2냥 9전 7분, 백작약(白芍藥) 2냥 3전 1분, 백미(白薇) 1냥 1전이다.

별진상(別進上): 황금 7냥 7전, 대황 6냥 6전, 승마(升麻) 5냥 5전, 원지(遠志) 7냥 4분, 백렴 1냥 6전 5분, 세신 6냥 6전이다.

가복정(加卜定): 황금 13냥 2전, 지모(知母) 1근(斤) 8냥 2전이다.

별복정(別卜定): 황백(黃栢) 1근 8냥, 백급(白芨) 4냥이다.

4월령(四目令): 원지 7냥 7천, 송화(松花) 1냥 6전 5분, 말린 숭어알[乾秀魚卵] 13부(部)이다.

5월령(五月令): 인진(茵蔯) 8냥 4전 7분, 황백 10냥 2전 3분, 섬수(蟾酥) 3목

표 5-14. 지리지의 생산물 기록 비교

군현	세종실록지리지	신증동국여지승람	여지도서	대동지지
포천(경기도)	토의: 오곡(五穀), 조(粟), 팥(小豆), 뽕나무(桑), 삼(麻) 토공: 꿀(蜂蜜), 느타리(眞茸), 지초(芝草) 토산: 산개(山芥), 신감초(辛甘草)	사기그릇(沙器), 꿀, 산개, 신감제, 누반(綠礬), 승이(松茸), 신감초(辛甘菜)	물산: 사기그릇, 꿀, 산개, 신감제, 승이, 누반 진공: 기록 없음	승이, 꿀, 산개, 신감제
당진(충청도)	토의: 오곡, 조, 콩, 메밀(蕎麥) 토공: 지초, 홍이(釙), 여우가죽(狐皮), 수달피(水獺皮), 족제비털(黃毛), 어교(魚膠) 토산: 낙지(落地), 굴(石花)	백복령(白茯苓), 청옥석(靑玉石), 굴, 승이(秀魚), 홍어(洪魚), 자하(紫蝦), 조기(石首魚), 조개(蛤), 부뚜막(魚鼈), 농어(鱸魚), 민어(民魚), 붕어(鯽魚), 꼬막(工蟻住), 게(蟹)	물산: 자하, 조기, 조개, 농어, 승이, 게, 붕어, 소금(鹽) 진공: 승이, 조기, 천문동(天門冬), 맥문동(麥門冬)	어물(魚物) 10여 종, 소금, 감(柿), 청옥석
영암(전라도)	토의: 오곡, 삼(麻), 닥나무(楮), 감, 밤(栗), 석류(石榴), 앵금(鶯禽) 토공: 여우가죽(狐皮)·삵괭이가죽·산수달가죽(狐狸山獺皮)·사슴뿔(鹿角), 족제비털, 꿀, 황랍(黃蠟), 칠(漆), 수어(水魚), 전복(全鰒), 석이(石茸), 죽순(筍), 작설차(雀舌茶), 지초, 비자(榧子), 자리(席), 분곽(粉藿) 토산: 꿀(橘), 가는 매(篠), 감태(甘苔)	감, 석류, 유자(柚), 전복, 꿀, 새우(蝦), 낙지(紅蛤), 조개, 승이, 게, 감태, 김(海衣), 우무(牛毛), 매산(莎山), 향각(香角), 미역(海藿), 가사리(加士里), 소금, 복령(茯苓), 안식향(安息香), 표고(香蕈), 생강(生薑)	물산: 감, 석류, 굴, 새우, 낙지(落蹄), 전복, 홍합, 승이(秀魚), 감태, 김, 우무, 참가사리(細毛), 매산, 향각, 소금, 안식향, 표고, 생강, 미역 진공: 전복(全鰒), 승어이알(秀魚卵), 홍합, 해삼(海蔘), 표고(蔈古), 무르고 만 미역(早藿), 유자(柚子), 석류, 자막, 나시막(多士기), 푸르고 긴 대(靑大竹), 사슴뿔, 다시마, 사슴고기(鹿), 김, 홍합, 말려 익힌 전복(乾鰒熱), 김게늘인 전복(長引鰒), 태수(胎水), 절선(節扇)	황죽(篁竹), 전죽(箭竹), 감, 유자, 석류, 칠, 감태, 김, 우무, 매산, 향각, 미역, 표고, 생강, 차(茶), 전복, 홍합 등 어물 수십 종

청송 (경상도)	토의: 오곡, 조, 메밀, 뽕나무, 삼 토공: 꿀, 황랍, 칠, 옹이, 자리, 여우가죽, 노루가죽(麃毛), 송이(松耳), 석이, 인삼(人蔘), 잣(松子), 지초 토산: 신감초, 백토(白土), 주토(朱土)	꿀, 송이, 칠, 석이(石茸), 잣(海松子), 지초, 웅담(熊膽), 응굴(鷹鶻), 자초(紫草), 산무애뱀(白花蛇), 영양뿔, 인삼	꿀, 송이(松耳), 칠, 석이, 잣, 웅담, 자초, 산무애뱀, 영양, 산무애뱀, 영양, 인삼 진공: 인삼, 따구, 청밀(淸蜜)	칠, 잣, 꿀, 송이, 석이, 자초, 웅담
정선 (강원도)	토의: 기장(黍), 피(稷), 조, 콩(豆), 보리(麥), 뽕나무, 삼, 배, 칠 토공: 자단향(紫檀香), 백단향(白檀香), 석이, 황랍, 꿀, 오배자(五倍子), 석이, 지초, 칠, 사슴포(鹿脯), 노루가죽, 여우가죽, 실꿩이가죽, 수달피, 돼지털, 곰털(熊毛) 토산: 금(金), 석철(石鐵), 종유석(石鍾乳), 청석(靑石), 숫이, 산개	석절, 정석, 종유석, 칠, 잣, 오미자, 자단향, 회양목(黃楊), 궁간상(弓幹桑), 자초, 송이, 석이, 지황, 복령, 꿀, 영양, 산무애뱀, 누지, 염모어(餘項魚), 쏘가리(錦鱗魚)	토산: 석절, 청석, 종유석, 칠, 잣, 오미자, 자단향, 회양목, 궁간상, 자초, 송이, 석이, 인삼, 지황, 복령, 꿀, 영양, 산무애뱀, 누지, 쏘가리, 염모어 진공: 인삼, 석청(石淸), 백청(白淸), 배청(白淸), 말린 꿩고기(乾雉), 백작약(白芍藥), 백복령, 자초용(紫草茸), 백급(白芨), 당귀(當歸), 오미자, 시호(柴胡), 천궁(川芎), 황백피(黃栢皮), 오미자, 강활(羌活), 천궁(芎芎), 연교(連翹), 무릇(木通), 과루인(瓜蔞仁), 산약(山藥), 산사(山査), 금은화(金銀花), 은진화(銀珍花), 자단향, 벽피(檗皮), 영수가(罌粟穀)	칠, 청석, 종유석, 칠, 금, 잣, 오미자, 자단향(柴檀), 자초, 궁간상, 자초, 송이, 석이, 인삼, 복령, 꿀, 영양, 산무애뱀, 누지, 염모어, 쏘가리, 삼
황주 (황해도)	토의: 기장, 피, 조, 호밀(唐麥), 조, 녹두(菉豆), 메밀, 잇꽃(紅花), 뽕나무, 삼 토공: 느타리(眞蕈), 오미자(五味子), 지초, 담배(野葱), 주토(朱土) 토산: 숫돌(礪石)	사(絲), 숫돌, 지초, 적토(赤土), 꿀, 철(鐵), 옹이(蓑魚), 숭어, 붕어, 누지(鮒魚), 쏘가리, 게	토산: 사, 숫돌, 꿀, 옹이, 숭어, 붕어, 누지, 쏘가리, 게, 철, 지초, 주토, 생지황(生地黃), 배, 감 진공: 별도 기재	숫돌, 적토, 칠, 꿀, 지황(地黃), 배, 감, 담, 옹이, 숭어, 붕어, 누지, 게, 쏘가리, 게, 전하(甸蝦)

지역	토의·토공·토산		물산·진공	
창성 (평안도)	토의: 전곡(田穀), 뽕나무, 삼 토공: 족제비털, 여우가죽, 살쾡이가 죽, 산달피(山獺皮) 토산: 담비가죽(貂鼠皮), 꿀, 잣	사(絲), 삼, 담비(貂) 인삼, 영양, 잣, 꿀, 배달(白獺), 부식(水泡石), 사향(麝香), 복신(茯神), 수달(水獺), 궁간목(弓幹木), 은어(銀口魚), 열목어	물산: 꿀, 인삼, 사, 수포석, 열목어, 송이, 사향, 수달, 삼, 궁간목, 은어, 석이, 곰(熊), 느타리버섯, 쏘가리, 사슴(鹿), 앵도(櫻桃), 오미자, 게, 오소리, 정장어(鯷長魚), 노루(獐), 눙인(菱仁), 영양 진공: 사향, 녹용, 백청	사, 삼, 담비, 청서, 영양, 인삼, 꿀, 잣, 배달, 부석, 사향, 복신, 복령, 수달, 궁간목, 은어, 열목어, 오미자, 눙인, 송이, 석이, 정장어(鯷長魚), 곰, 사슴, 오소리
갑산 (함경도)	토의: 기장, 피, 콩, 보리, 조, 메밀 토공: 표범꼬리(豹尾), 이양사슴가죽(樺皮), 지초, 녹비(鹿皮), 뺏나무껍질, 담비가죽(貂皮), 청서피(青鼠皮), 족제비털, 쥐돔, 잣, 열목어	삼, 귀리(瞿麥), 뺏나무껍질, 뺏반, 부석, 녹반, 오미자, 석이, 잣, 영양, 담비, 청서, 수달, 열목어	물산: 삼, 귀리, 부석, 뺏나무껍질, 녹반, 오미자, 영양, 뺏반, 담비가죽, 수달, 사향, 열목어, 꿀 진공: 녹용, 사향, 웅담, 궁(弓), 뺏나무껍질, 녹비, 부석	구리(銅), 연석(硯石), 부석, 숫돌, 오미자, 석이, 꿀, 잣, 담비, 수달, 열목어

주: 「세종실록지리지」의 '약재'는 제외함.

지리지를 이용한 조선시대 지역지리의 복원

(目), 포황(蒲黃) 12냥 1전, 금은화(金銀花) 3냥 8분이다.

8월령(八月令): 백급 13냥 2전, 누로근(漏蘆根) 7전 7분, 지부자(地膚子) 1전 1분, 회향(茴香) 3냥 6전 3분, 황금 6냥 5분, 실산조(實酸棗) 11냥 2전 2분, 백렴 1냥 2전 1분, 대황 7냥 3전 7분, 작옹(雀甕) 6통(筒), 목단피 1냥 3전 2분, 상표초 2전 2분, 세신 3냥 3전이다.

9월령(九月令): 백국(白菊) 1전 1분, 악실(惡實) 2냥 3전 1분, 토사자(免絲子) 4전 3분 9분, 삼능(三稜) 2냥 3전 1분이다.

별복정: 황백 12냥, 백급 4냥이다.

가복정: 향유 1근 3냥 8전, 조금(條芩) 4냥 4전이다.

10월령(十月令): 향유 12냥 1전, 지골피(地骨皮) 6냥 1전 6분

채무시(採無時): 박하(薄荷) 7냥 7전, 등심초(燈心草) 9전 9분, 백편두(白扁豆) 5냥 5전, 생배[生梨] 74개(箇)이다.

11월령(十一月令): 얼린 숭어[凍秀魚] 11마리[尾]이다.

12월령(十二月令): 황금 3냥 8전 5분이다.[26]

한편 표 5-14를 통해, 각 군현의 『신증동국여지승람』의 토산, 『여지도서』의 물산, 『대동지지』의 토산의 물품들을 비교해 보면, 그 내용이 대동소이한 것을 확인할 수 있다. 이것은 시간에 따른 변화가 크지 않는 것으로 이해할 수도 있고, 세 지리지의 토산과 물산 항목이 유사한 자료를 이용해 작성된 것으로도 볼 수 있다. 선행 연구에 따르면, 『신증동국여지승람』과 『여지도서』에 수록된 물산의 중복 비율은 71%였다.[27]

그리고 지리지에 따라 같은 물품의 표기가 서로 다른 경우가 발견된다. 일례로, 낙지를 『세종실록지리지』에는 '낙지(落地)'로, 『신증동국여지승람』에

---

26) 서종태 역주, 2009, 여지도서 23-황해도 I, 디자인흐름, 234-236.
27) 소순규, 2014, 앞의 논문, 52.

는 '낙체(絡締)'로 기록하였으며, 송이버섯도 『세종실록지리지』에는 '송이(松茸)', 『신증동국여지승람』에는 '송심(松蕈)'으로 표기하였다. 또한 『세종실록지리지』는 같은 물품을 군현에 따라 토의에 포함한 경우와 토공에 넣은 경우가 발견된다. 전라도 영암에서는 칠(漆)을 토공에 기록하였으나, 강원도 정선에서는 토의에 들어가 있다. 배(梨)도 경상도 청송에서는 토공에, 강원도 정선에서는 토의에 포함되어 있다. 한편 『여지도서』는 군현에 따라 당시 생산되지 않는 것에 대해서 따로 기록한 경우도 있는데, 경상도 청송도호부의 물산조에는 송이버섯·잣·웅담·산무애뱀에 대해 '금무(今無)'라고 표시되어 있다. 이상의 생산물 항목에 대한 검토를 통해, 이 책에서는 『세종실록지리지』와 『여지도서』를 주된 분석 자료로 활용하기로 하였다.

(2) 식량 작물의 분포

조선시대 각 지역의 생산물 가운데 식량 작물, 즉 곡물이 기록되어 있는 것은 『세종실록지리지』뿐이다. 그래서 여기에서는 『세종실록지리지』의 토의조의 기록을 중심으로 조선 전기 각 지역에서 재배하던 식량 작물을 살펴보았다.

토의조에 기록된 식량 작물로는 도(稻)·산도(山稻)·만도(晩稻) 등 도류(稻類), 맥(麥)·소맥(小麥)·대맥(大麥)·모맥(麰麥)·모맥(牟麥)·귀맥(鬼麥) 등 맥류, 숙(菽)·소두(小豆)·황두(黃豆)·녹두(菉豆) 등 두류(豆類), 서(黍)·당서(唐黍)·속(粟)·직(稷) 등 서속류(黍粟類), 그리고 교맥(蕎麥)이 있다. 이외에 오곡(五穀)·잡곡(雜穀)·전곡(田穀) 등 그 종류를 정확하게 알 수 없는 명칭이 있다.

가. 오곡

오곡은 일반적으로 밭작물 가운데 주요한 5종을 의미하나, 『세종실록지리지』에서는 도(稻), 즉 벼가 포함된 것으로 보인다. 그 근거는 경기도 광주목의

지리지를 이용한 조선시대 지역지리의 복원

토의조에 다음과 같은 설명이 있기 때문이다. 『세종실록지리지』에 수록된 군현 가운데 가장 첫 번째인 광주목의 내용에 이와 같은 설명을 넣은 것은 다른 모든 군현에서도 똑 같이 적용되는 일종의 주기(注記)와 같은 것으로 해석할 수 있다.

> 오곡의 주석(註釋)을 살펴보면, 모든 책이 같지 아니하다. 오직 『주례(周禮)』 직방씨(職方氏)에 "예주(豫州) 땅에 곡식의 5종류가 알맞게 된다."함에, 안사고(顔師古)가 주를 내되, "기장[黍]·피[稷]·콩[菽]·보리[麥]·벼[稻]"라 하였고, 주자(朱子)가 『맹자(孟子)』의 오곡을 주내되, 안사고의 말을 좇았으므로, 이제 그를 따른다(『세종실록지리지』, 경기도, 광주목).28)

즉 『세종실록지리지』에서 오곡은 기장·피·콩·보리·벼 등 5가지 곡식을 말하며, 토의조에 '오곡'이라고 기록된 군현은 이 5가지 곡식이 모두 재배된 것을 의미하는 것으로 보인다. 그래서 오곡이 모두 재배되지 못했던 군현은 한 작물씩 따로따로 이름을 기재하였다. 오곡 가운데 보리[麥]의 경우에는 '소맥'과 '대맥', 즉 밀과 보리를 총칭하는 것으로 생각된다. 황해도와 함길도 등에서 맥은 '소맥'과 '대맥'이 있다는 설명이 있기 때문이다.29) 그리고 피[稷]의 경우에도 피로 간주하기도 하지만,30) 한자 직(稷)이 피가 아니라 메기장을 의미하는 글자라는 주장도 있다.31) 이 연구에서는 메기장으로 간주하였다.

토의조에 오곡이 기록된 군현은 그림 5-12와 같이 전국적으로 모두 193곳이었다. 토의조의 기록이 없는 한성부와 개성유후사, 그리고 평안도 무창군을

---

28) http://sillok.history.go.kr(조선왕조실록).
29) 이호철, 1986, 앞의 책, 533.
30) 국사편찬위원회의 조선왕조실록 번역본인 'http://sillok.history.go.kr(조선왕조실록)'과 위의 이호철의 저서에서는 직(稷)을 피로 보았다.
31) http://encykorea.aks.ac.kr(한국민족문화대백과사전) '기장'항목.

제외한 전국 333개 군현 가운데 58%
가 오곡을 재배하고 있었던 것으로, 당
시 오곡이 가장 기본적인 식량 작물이
었음을 보여 준다.

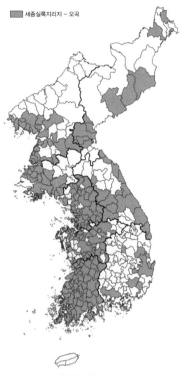

세종실록지리지 – 오곡

　도별로는 전라도가 53개 군현이 오
곡을 작부해 가장 많았고, 그다음은 경
기도 37곳, 충청도 32곳, 평안도 23곳
의 순서였다. 의외로 경상도가 가장 적
어 9개 군현만 오곡을 심었다. 경상도
에서 오곡을 재배한 군현은 경주·밀
양·양산·장기·영일·청하·청송·비
안·진주였다. 나머지 황해도는 15곳,
강원도는 14개, 함길도는 10곳의 군현
에서 오곡을 재배하였다.

그림 5-12. 『세종실록지리지』 토의조에
오곡(五穀)이 기재된 군현

　한편 잡곡과 전곡은 특별한 설명이
없어 어떤 곡식을 말하는 지 정확하게
알 수 없다. 잡곡과 전곡의 사례는 드물게 발견된다. '잡곡'은 경기도 광주목
과 안성군, 평안도 자성군과 우예군 등 전국에서 4개 군현의 토의조에만 기록
되어 있다. '전곡'은 평안도의 8개 군현에서만 나타났다. 인산·정녕·삭주·창
성·벽동·운산·박천·이산 등으로 모두 북부에 위치한 군현들이었다.

　나. 벼

　도는 물을 대는 논에서 재배하는 일반적인 벼를 말하며, 산도는 밭벼, 만도
는 늦벼를 의미하는 것으로 보인다. 밭벼는 논이 아닌 건조한 밭에서 재배하
는 것으로 육도(陸稻), 한도(旱稻)라고도 한다.[32] 조선 전기의 농서(農書)인

지리지를 이용한 조선시대 지역지리의 복원

『농사직설(農事直說)』 등에 의하면, 늦벼는 늦게 심어서 늦게 수확하는 품종을 뜻하였다.[33]

『세종실록지리지』 토의조에 산도는 전국적으로 황해도 황주목과 경상도 성주목, 그리고 전라도 제주목·대정현·정의현 등 모두 5개 군현에서 기록되었다. 이 가운데 성주목은 그 속현이었던 가리현(加利縣)의 토의조에 산도가 기재되어 있다. 전라도의 3개 군현은 모두 제주도이다. 이것으로 미루어 보아, 산도는 제주도에서 많이 재배되었고, 육지에서는 매우 한정된 지역에서 재배된 것으로 보인다. 제주도에서 산도가 많이 재배된 것은 대부분이 물이 잘 스며드는 현무암으로 덮여 있고 주로 화산회로 이루어진 토양의 배수가 매우 양호하기 때문에 물을 가두어야 하는 논을 만들기 어렵기 때문이다. 그래서 논벼 대신 밭에서 재배하는 밭벼를 주로 심었다.

만도는 전국에서 황주목의 토의조에만 기재되어 있다. 황주목은 토의조에 오곡과 벼는 없고, 서·직·숙(菽)·맥·만도·산도·속·당맥(唐麥)·소두·녹두·교맥 등 다양한 곡물이 기재되어 있다. 황주목은 재령강 유역의 비옥한 평야 지역이어서 일찍부터 농업이 발달한 지역이었다. 그런데도 오곡과 벼 대신 만도와 산도를 기재한 것은 이 지역이 강수량이 적은 지역이어서 봄에 가뭄이 심할 때 심는 만도와[34] 가뭄을 견딜 수 있는 산도를 많이 재배하였기 때문이라는 추정을 할 수 있다.

한편 『세종실록지리지』 토의조에 벼[稻]를 별도로 기록한 군현은 전국적으로 84곳이었다. 도별로는 경상도가 57곳으로 가장 많았고, 그다음은 충청도 16곳, 경기도와 함길도가 각각 4곳, 황해도 2곳, 평안도 1곳이었다. 전라도와 강원도는 한 곳도 없었다(그림 5-13 참조).

---

32) 『農事直說』 種稻附旱稻.
33) 『農事直說』 種稻附旱稻; 姜希孟, 『衿陽雜錄』 穀品.
34) 李春寧, 1989, 韓國農學史, 民音社, 78.

토의조에 벼·늦벼·밭벼와 벼가 포
함된 오곡이 기재되지 않은 군현은 전
국적으로 53곳이었다. 토의조 기록이
있는 전국 333개 군현 가운데 16%만
이 벼가 없는 것이다. 경기도·경상도·
전라도는 이러한 군현이 한 곳도 없었
으며, 가장 많은 도는 평안도로 22곳이
었다. 그다음은 강원도가 10곳, 함길도
가 8곳, 충청도가 7곳, 황해도가 6곳이
었다. 이들 군현의 수전, 즉 논에 대한
기록을 표 5-15로 정리해 보았다.

표를 살펴보면, 평안도 덕천군을 비
롯한 11개 군현은 논이 아예 없는 것
으로 기록되어 있으며, 나머지 군현들
은 논이 매우 적은 것으로 기록되어 있
다. 충청도 대흥현과 평안도 박천군은

■ 세종실록지리지 - 벼

그림 5-13. 「세종실록지리지」 토의조에
도+산도+만도가 기재된 군현

논이 전체 경지의 1/3 정도라고 기록되어 예외적이다. 즉 토의조에 벼가 빠진
군현들은 대부분 논이 없거나 논이 매우 적은 곳이었다. 이들 군현의 공통점
은 벼농사에 적당하지 않은 자연조건을 지닌 지역이라는 점이다. 이들 군현은
『세종실록지리지』에 대개 "산이 높다.", "산이 높고 험하다." 등으로 지형이 묘
사되어 있으며, 토양은 "척박하다."라고 기록된 경우가 대부분이었다. 그리고
"날씨가 차다.", "일찍 추워진다."라고 묘사된 군현이 많았다.

가장 남쪽에 위치한 충청도의 사례를 살펴보면, 단양·청풍·연풍·영춘·영
동·회인·대흥 가운데 대흥을 제외하면, 모두 동부 산지에 위치한 군현들이
다. 또한 대흥을 뺀 6개 군현 모두 "땅이 척박하다[厥土堉]."라고 기재되어 있

지리지를 이용한 조선시대 지역지리의 복원

표 5-15. 『세종실록지리지』 토의조에 벼가 없는 군현의 수전 기록

도	군현	간전 결수(결)	수전
충청도	단양	1,169	112결
	청풍	1,955	논은 135결에 그친다.
	연풍	1,011	논은 1/9이다.
	영춘	1,198	논은 21결에 불과하다.
	영동	2,592	논은 1/6이 조금 넘는다.
	회인	1,146	논은 1/9이다.
	대흥	3,026	논은 1/3이다.
강원도	정선	1,005	논은 겨우 1결이다.
	평창	1,078	논은 겨우 11결이다.
	영월	1,463	논은 8결뿐이다.
	회양	4,586	논은 7결뿐이다.
	금성	3,938	논은 겨우 12결이다.
	평강	3,778	논은 58결뿐이다.
	이천	3,310	논은 8결뿐이다.
	낭천	1,884	논은 겨우 49결이다.
	양구	1,797	논은 겨우 103결이다.
	인제	1,233	논은 겨우 14결이다.
황해도	서흥	8,800	논은 다만 105결이다.
	수안	6,987	논은 56결뿐이다.
	곡산	6,726	논은 54결뿐이다.
	신은	9,256	논은 겨우 84결이다.
	우봉	6,820	논은 겨우 55결이다.
	토산	2,033	논은 겨우 33결이다.
평안도	평양	48,160	논은 1/8이 넘는다.
	삼등	2,527	논은 겨우 8결이다.
	강동	8,031	논은 겨우 145결이다.
	순천	8,731	논은 겨우 98결이다.
	개천	10,280	논은 겨우 185결이다.
	덕천	6,039	논은 없다.
	맹산	2,862	논은 없다.
	의주	7,178	논은 겨우 20결이다.
	인산	1,444	논은 1/10에 약하다.
	정녕	2,906	논은 겨우 12결이다.
	삭주	3,583	논은 없다.
	창성	2,005	논은 없다.
	벽동	2,749	논은 없다.

평안도	운산	4,354	논은 겨우 2결이다.
	박천	3,942	논은 1/3에 약하다.
	강계	11,309	논은 겨우 7결이다.
	이산	6,454	논은 겨우 40부이다.
	희천	5,737	논은 없다.
	여연	785	논은 1결이다.
	자성	1,497	논은 없다.
	우예	518	논은 없다.
	위원	1,650	논은 1결이다.
함길도	함흥	27,774	논은 겨우 850결이다.
	경원	2,182	논은 겨우 50결인데, 이것도 경성에서 떼어내 내속시킨 것이다.
	갑산	3,940	모두 밭이다.
	경성	8,944	논은 겨우 74결이다.
	온성	2,970	논은 겨우 9결이다.
	경흥	2,283	논은 겨우 1결이다.
	부령	2,913	논은 없다.
	삼수	620	논은 없다.

으며, 단양은 "날씨가 일찍 추워진다[風氣早寒].", 청풍은 "날씨가 차다[風氣寒].", 연풍은 "산이 높고, 날씨가 몹시 차다[山高 風氣冱寒].", 그리고 영춘과 회인은 "날씨가 많이 차다[風氣多寒]."라고 적혀 있다. 강원도의 10개 군현은 모두 산악 지역이며, 황해도의 6개 군현도 모두 동부 산간 지역에 몰려 있다.

거꾸로 말하면, 15세기 전반 기후와 지형 조건이 매우 열악한 산악 지역을 제외한 거의 전국에서 벼가 재배되고 있었다. 표 5-15를 보면, 토의조에 벼가 없는 경우에도 적은 규모나마 논이 있는 경우가 많았으므로, 이를 포함하면 벼가 재배되지 않는 지역은 많이 잡아도 전국 336개 군현 가운데 20개 군현을 넘지 않을 것이다. 즉 전국 군현의 95% 정도에서는 벼를 재배하고 있었다고 추정할 수 있다.

지리지를 이용한 조선시대 지역지리의 복원

다. 맥류(麥類)

맥·소맥·대맥·모맥(麰麥)·모맥(牟麥)·귀맥 등 맥류를 살펴보자. 이중 소맥은 밀, 대맥·모맥(麰麥)·모맥(牟麥)은 보리, 귀맥은 귀리를 가리키는 것으로 보이며, 맥은 아래의 기록으로 보아 『세종실록지리지』에서 보리와 밀은 물론이고 메밀까지를 총칭하는 개념으로 사용된 것으로 보인다.

> 부세(賦稅)는 쌀[稻米](멥쌀[粳米]·흰쌀[白米]·세경미(細粳米)·점경미(粘粳米)·조미(糙米)가 있다.), 직미(稷米), 콩[豆](콩[大豆]·팥[小豆]·녹두(菉豆)가 있다.), 맥[麥](보리[大麥]·밀[小麥]·메밀[蕎麥]이 있다.), 지마(芝麻)(속명 참깨[眞荏子])… 등이 있다(『세종실록지리지』, 경기도관찰).35)

> 부세는 쌀(멥쌀·중미(中米)·조미·속미(粟米)·유미(糯米)가 있다.), 콩(콩·팥·녹두가 있다.), 맥(보리·밀·메밀이 있다.), 지마… 등이 있다(『세종실록지리지』, 황해도).36)

앞에서 살펴본 바와 같이 벼와 마찬가지로 맥, 즉 보리와 밀도 오곡에 포함되므로, 보리와 밀의 재배 지역에는 오곡의 재배 지역도 포함하여 살펴보아야 한다. 먼저 재배 지역이 가장 한정된 맥류는 귀맥, 즉 귀리였다. 귀맥은 함길도 부령도호부와 삼수군에서만 기록되었다. 귀리는 벼와 반대로 여름이 서늘한 기후에서 잘 되므로, 이와 같이 여름 기온이 낮아 다른 작물이 잘 되지 않는 북부의 산간 지역에서만 재배한 것으로 생각된다.

밀을 의미하는 '소맥(小麥)'이 토의조에 기록되어 있는 군현은 전국에서 충

---

35) http://sillok.history.go.kr(조선왕조실록).
36) http://sillok.history.go.kr(조선왕조실록).

청도 죽산현이 유일하다. 그러나 위에서 본 경기도, 황해도의 기록과 같이 도 단위에서는 구실[賦]의 하나로 밀이 기재되어 있다. 경기도·황해도·함경도 는 맥(麥)의 하나로 밀이 기재되어 있고,[37] 경상도[38]·전라도[39]·평안도는[40] 소맥(小麥), 즉 밀만 기재되어 있다. 도의 구실에 소맥이 빠져 있는 도는 충청 도와 강원도이다. 그러나 충청도와[41] 강원도[42] 모두 맥(麥)으로 '진맥(眞麥)' 과 메밀을 기록하였다. 그런데 진맥은 일반적으로 밀을 뜻하므로, 모든 도에 서 밀을 재배하였다고 할 수 있다. 여기에 오곡이 기록된 193개 군현 중 대다 수에서도 밀을 재배하였을 것이다. 따라서 군현 단위의 분포를 자세하게 살피 기는 어렵지만, 밀도 벼와 같이 15세기 전반 전국적인 작물이었다.

한편 토의조에 '대맥(大麥)'이 기록된 군현은 한 군데도 없다. 각 도의 구실 기록에는 위에서 살펴본 바와 같이 경기도·황해도·함길도 등 3개 도에 대맥 이 명시되어 있고, 경상도는 구실이 아니라 재배하는 약재[栽種藥材] 안에 대 맥이 포함되어 있으나,[43] 군현에는 그 이름을 찾아볼 수 없다. 그 대신 토의조 에 '맥(麥)'이라고 기록된 군현이 경상도에 29곳, 충청도·강원도·황해도에 각 각 9곳, 평안도에 8곳, 경기도에 2곳, 함길도에 1곳이 있었다. 모두 67곳으로

---

37) 『세종실록지리지』 함길도에 다음과 같이 기록되어 있다.
　"厥賦 稻米糙米 黃豆 麥大麥小麥 粟米…"
38) 『세종실록지리지』 경상도에 다음과 같이 기록되어 있다.
　"厥賦 稻米有白米糙米糯米粟米 豆有大豆菉豆 小麥 芝麻…"
39) 『세종실록지리지』 전라도에 다음과 같이 기록되어 있다.
　"厥賦 稻米粳米糙米 豆黃豆小豆菉豆 小麥 芝麻…"
40) 『세종실록지리지』 평안도에 다음과 같이 기록되어 있다.
　"厥賦 稻米糙米 稷米 粟米 黍米 豆大豆 麥小麥 芝麻…"
41) 『세종실록지리지』 충청도에 다음과 같이 기록되어 있다.
　"厥賦 稻米有粳米白米細粳米常粳米粘粳米粘白米糙米 稷米 豆有菉豆赤小豆大豆 麥眞
　　麥蕎麥 芝麻…"
42) 『세종실록지리지』 강원도에 다음과 같이 기록되어 있다.
　"厥賦 稻米 粟米 黃豆菉豆赤小豆 末醬 眞麥蕎麥 米 芝麻…"
43) 『세종실록지리지』 경상도에 다음과 같이 기록되어 있다.
　"栽種藥材 赤小豆 豆花 大麥 白藊豆 黑藊豆 鶯粟 紫蘇…"

　지리지를 이용한 조선시대 지역지리의 복원

이들 군현에서는 보리 또는 밀, 아니면 보리와 밀이 모두 재배되었을 것이다.

그리고 제주도인 전라도 제주목·정의현·대정현과 평안도 강동현은 '모맥(麰麥)'이, 충청도 평택현과 함길도 회령도호부는 '모맥(牟麥)'이, 함길도 삼수군은 '모(牟)'가 토의조에 적혀 있다. '모맥(麰麥)'·'모맥(牟麥)'·'모(牟)'는 모두 보리를 가리키는 말로 보이므로,[44] 이들 7개 군현도 보리 재배 지역으로 간주할 수 있다. 여기에 오곡 재배 지역 중 다수도 보리를 재배하였을 것으로 생각된다. 이를 모두 합치면, 15세기 전반 보리 역시 전국 8도 모두에서 재배된 전국적인 작물이었다. 특히 보리는 벼에 비해 비교적 서늘하고 건조한 기후에도 적응하는 작물이었고,[45] 쌀 대신 식량으로 사용할 수 있어 당시에도 매우 유용한 작물이었을 것이다.

라. 두류(豆類)

『세종실록지리지』에 기재된 두류의 명칭으로는 두(豆)·숙(菽)·대두(大豆)·황두(黃豆)·소두(小豆)·녹두(菉豆) 등이 눈에 띈다. 먼저 '두(豆)'는 경기 도관찰과 황해도의 구실[賦]에 관한 앞의 인용문에서 살펴본 바와 같이, "두에는 대두, 소두, 녹두가 있다."라고 쓰여 있어 콩뿐 아니라 팥과 녹두까지 두류를 통칭하는 용어로 사용된 것으로 생각된다. 그리고 숙·대두·황두는 모두 오늘날의 대두, 즉 콩을 지칭하는 것으로 판단된다.[46] 그런데 '대두(大豆)'는 경기도·충청도·경상도·황해도·평안도의 구실에 기록되어 있고, 군현의 토의조에는 평안도 위원군에서만 유일하게 발견된다.[47] 대두와 소두를 합쳐 '대소두(大小豆)'라 기재되어 있다. '황두(黃豆)'는 전라도·강원도·함길도의 구

---

44) 이호철, 1986, 앞의 책, 551.
45) 조재영, 1997, 田作(四訂), 鄕文社, 27.
46) 이호철, 1986, 앞의 책, 541.
47) 『세종실록지리지』, 평안도, 위원군. "土宜 黍 稷 粟 大小豆 蕎麥 桑 麻"

실에 적혀 있고, 군현의 토의조에는 함
길도 온성도호부와 부령도호부, 2곳에
만 기재되어 있다.

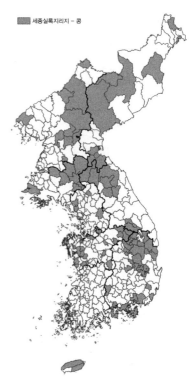

■ 세종실록지리지 – 콩

그림 5–14. 『세종실록지리지』 토의조에
콩이 기재된 군현

나머지 대부분의 토의조에는 콩이
'숙(菽)'으로 기록되어 있고, 강원도만
'두(豆)'로 기재되어 있다. 왜 강원도만
콩을 '숙'이 아닌 '두'로 기재했는지 그
이유는 알 수 없다. 토의조에 '숙'이 기
재된 군현은 경기도 5곳, 충청도 19곳,
경상도 24곳, 전라도 2곳, 황해도 8곳,
평안도 9곳, 함길도 8곳 등 전국적으로
모두 75곳이었으며, '두'가 적힌 곳은
강원도의 8개 군현이었다. 콩이 기재
된 군현이 경상도에 많고 전라도에 적
은 것은 실제 재배 상황을 반영한 것이
아니라, 경상도에는 콩이 포함된 '오곡'
이 적힌 곳이 적고, 전라도에는 많기 때문으로 풀이된다.

따라서 그림 5–14의 '숙'과 '두'가 기재된 83개 군현에 '대두'가 적힌 위원군
과 '황두'가 적힌 2개 군현을 더하고, 다시 그림 5–12의 오곡이 기재된 193개
군현을 합한 279개 군현이 15세기 전반의 콩의 재배 지역이라고 할 수 있으
며, 이는 벼보다는 적지만, 전체 군현의 약 84%에 해당하는 수치이다.

이와 같이 15세기 전반에 콩이 전국적인 작물이었던 이유는 고대부터 오랜
세월 동안 우리나라에서 재배되면서 각 지역에 상이한 자연환경에 맞는 품종
이 개발되었기 때문이다. 당시 콩은 어디에서나 잘 자라고 다른 작물과 섞어
심는 것이 가능하여 농업 경영 면에서 유리하였으며, 가난한 농민에게는 식량

으로써 매우 유용하였다.

이에 비해 '소두', 즉 팥은 재배 지역
이 한정되어 있었다(그림 5-15 참조).
『세종실록지리지』 토의조에 팥이 기재
된 군현은 경기도 38곳, 충청도 28곳,
경상도 1곳, 전라도 2곳, 황해도 24곳,
평안도 1곳, 함길도 2곳 등 모두 96곳
이었다. 오곡을 기록한 군현에도 팥을
따로 기재한 것으로 보아 팥은 오곡에
포함되지 않았다. 도별로 보면, 경기도
는 전체 42개 군현 가운데 38곳에서,
황해도는 전체 24개 군현 모두에서 팥
을 재배하였으며, 충청도는 전체 55개
군현 가운데 절반인 넘는 28개 군현에
서 팥을 심었다. 이 3개 도를 제외하면,
팥을 재배하는 곳이 거의 없었다. 경상

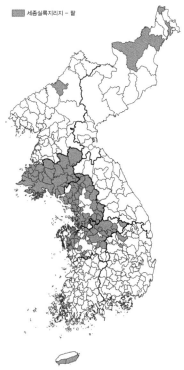

■■■ 세종실록지리지 – 팥

그림 5-15. 『세종실록지리지』 토의조에
팥이 기재된 군현

도는 예천군, 전라도는 제주도의 대정현과 정의현, 평안도는 위원군, 그리고
함길도는 온성도호부와 부령도호부에서만 팥을 재배하였다. 다 합쳐도 6곳에
불과하였다.

콩에 비해 팥의 재배 지역이 한정되어 있고, 또 지역적으로 특정 지역에 집
중되어 있는 것은 팥의 작물적인 특징에서 비롯된 것으로 생각된다. 콩과 마
찬가지로 팥도 우리나라에서 일찍부터 재배한 작물이지만,[48] 식량으로 활용

---

48) 경기도 양평과 함경도 회령 등지에서 무문 토기 시대(無文土器時代), 즉 청동기 시기의 것
으로 보이는 탄화된 팥과 팥의 압문(壓紋)이 있는 토기가 발견되었다(조재영, 1997, 앞의 책,
330.).

하는 데 콩보다 제한적이었으며, 콩보다 따뜻하고 습한 환경을 좋아하여 산지와 고위도 지방에서는 재배가 안정적이 못하였다.[49] 따라서 평안도·함길도와 같은 북부 지방과 산지가 많은 강원도에서는 재배가 어려웠던 것으로 추정된다. 그러나 경상도와 전라도에서 팥이 거의 재배되지 않았던 이유는 알 수 없다.

녹두는 전국적으로 모두 19개 군현에서 재배하였다. 경기도가 11곳으로 가장 많았고, 충청도가 3곳, 황해도가 5곳이었다. 경기도에는 음죽·금천·원평·교하·진위·안협·마전·부평·김포·양천·교동현에서, 충청도에서는 음성·청주·직산현에서, 황해도에서는 황주·서흥·신은·옹진·장련현의 토의조에 녹두가 기재되어 있었다. 이들 군현에서 공통적인 지리적 특징은 발견할 수 없다. 두류 가운데 녹두의 재배 지역이 가장 좁은 것은 다른 작물에 비해 재배가 용이하지 않고 생산성도 낮은 편이며, 그 용도가 제한적이기 때문이었을 것으로[50] 추정된다. 다만 팥과 마찬가지로 서울에서 가까운 지역에 재배지가 집중되어 콩보다는 기호 식품으로써 주로 사용되었을 가능성도 없지 않다. 녹두는 향미가 높고 독특한 맛이 있어 귀한 식품으로 여겨졌기 때문이다.

마. 서속류(黍粟類)

『세종실록지리지』에는 서속류로 서(黍)·직(稷)·당서(唐黍)·속(粟) 등이 기록되어 있다. 서는 찰기장이며, 직은 앞서 언급한 바와 같이 메기장으로 추정된다. 당서는 수수를, 속은 조를 말한다. 이 가운데 '서'와 '직'은 오곡에 포함되어 있으므로 재배 지역을 추정할 때 이를 감안해야 한다.

먼저 토의조에 '서'가 기재된 군현은 그림 5-16과 같이 전국적으로 92곳이

---

49) 조재영, 1997, 앞의 책, 335.
50) 조재영, 1997, 앞의 책, 340.

지리지를 이용한 조선시대 지역지리의 복원

었다. 경상도가 37곳으로 가장 많았고, 충청도 18곳, 평안도 9곳, 강원도가 8곳, 황해도와 함길도가 각각 7곳, 경기도 5곳, 전라도 1곳의 순서였다. 전라도의 1곳은 제주목이었다. 여기에 오곡이 기록된 193곳을 더하면, 전국적으로 285개의 군현에서 찰기장이 재배된 것으로 추정된다. 벼보다는 적지만, 콩보다 더 많은 군현에서 찰기장이 재배된 것이다.

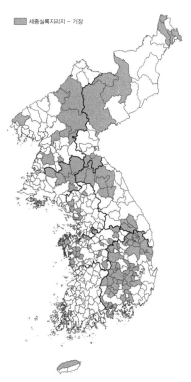

세종실록지리지 - 기장

그림 5-16. 『세종실록지리지』 토의조에 기장이 기재된 군현

그림 5-16을 보면, 찰기장은 전국의 모든 도에 걸쳐 고르게 재배되었으며, 해안보다는 내륙 지방, 특히 산간 지역에서 더 많이 재배된 것으로 보인다. 기장은 건조한 환경에서도 잘 자라고 척박한 토양에서 재배가 가능하기 때문이다. 전라도가 없는 것은 제주도를 제외한 전라도의 모든 군현에 오곡이 기재되어 있기 때문이다.

'직', 즉 메기장은 『세종실록지리지』에 68곳의 군현 토의조에 수록되어 있다. 이를 도별로 정리한 것이 표 5-16이다. 충청도가 가장 많았으며, 그다음은 함길도·평안도·강원도의 순서였다. 메기장의 재배 군현 역시 여기에 오곡이 기록된 193개 군현을 합해야 하므로, 모두 261개 군현이 된다. 찰기장에 비해 재배 지역이 더 적다. 찰기장은 쌀이나 팥과 섞어 밥을 짓거나 떡을 만들 수 있으나, 메기장은 활용도가 적어 덜 재배한 것으로 생각된다. 그림 5-12와 표 5-16으로 메기장의 재배 지역의 특징을 살펴보면, 거의 전국적인 분포를 보이나, 유난히 경상도에서 재배가 부진하였다. 그리고 찰기장과 마찬가지로, 산간 지역에서 폭넓게 재배된 것으로 보인다.

오늘날 수수라 부르는 '당서'는 모두 22개 군현에서 재배되었다. 수수는 오곡에 포함되지 않았으므로, 이 22개 군현이 15세기 전반의 재배 지역이라 해도 틀리지 않다. 전체를 열거하면, 경기도에서는 금천·고양·남양·삭녕·안협·강화·김포·양천 등 8개 군현, 황해도에서는 서흥·봉산·안악·수안·신은·해주·재령·신천·평산·우봉·토산·문화 등 12개 군현, 그리고 평안도의 희천과 여연 등 2개 군현이었다.

이렇게 수수는 3개의 도에서만 재배되었으며, 경기도의 경우, 삭녕을 제외하고 모두 서울과 가까운 서부 지방이었다. 황해도는 가장 넓은 지역에 걸쳐 재배되어 수수의 주산지라고 할 수 있다. 평안도의 희천과 여연은 도의 동북부에 있는 군현이었다. 이상과 같이 수수의 재배 지역에서 어떤 특징을 발견하기 어려우나, 15세기 전반 기장, 조 등 다른 서속류에 비해 재배 지역이 매우 좁았던 것이 가장 큰 특징이다. 주식으로 적당하지 않으며, 다른 용도로도 활용이 제한적이기 때문일 것이다. 일반적으로 수수는 고온과 많은 일사량을 좋아하고 건조한 환경에 아주 강한 작물로 알려져 있다.[51] 경기도와 황해도가

표 5-16. 『세종실록지리지』 토의조에 '직(稷)'이 기재된 군현

도	군현	숫자
경기도	연천, 양천	2
충청도	청풍, 제천, 직산, 평택, 회인, 임천, 정산, 홍산, 석성, 홍주, 서산, 청양, 대흥	13
경상도	대구, 언양, 영산, 성주, 합천, 김산, 문경, 군위, 진성	9
전라도	제주, 대정, 정의	3
황해도	황주, 서흥, 수안, 곡산, 신은, 장연, 우봉, 토산	8
강원도	정선, 평창, 영월, 회양, 금성, 평강, 이천, 낭천, 양구, 인제	10
평안도	평양, 삼등, 순천, 개천, 덕천, 맹산, 의주, 강계, 희천, 여연, 위원	11
함길도	함흥, 문천, 안변, 의천, 경원, 갑산, 경성, 종성, 온성, 경흥, 부령, 삼수	12
합계		68

다른 지역에 비해 건조한 것이 수수 재배에 영향을 미쳤을 것으로 생각된다.

『세종실록지리지』에 '속'으로 표기된 조는 한반도에서 농경이 시작된 이래 주식으로 많이 이용된 작물이다.[52] 그러나 『세종실록지리지』에는 모두 185개 군현의 토의조에 기록되어 있어 보리와 콩, 그리고 기장에 비해서도 재배 지역이 좁았다. 경상도가 58곳으로 가장 많았고, 그다음은 41곳의 충청도, 38곳의 경기도, 20곳의 황해도, 11곳의 함길도, 10곳의 강원도의 순이었다. 평안도는 5개 군현에서 재배하였으며, 전라도는 제주도의 정의현과 대정현에서만 재배하였다. 조의 재배 지

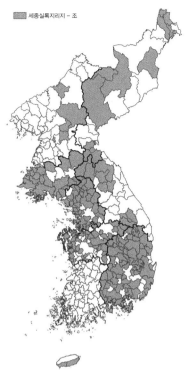

세종실록지리지 - 조

그림 5-17. 『세종실록지리지』 토의조에 조가 기재된 군현

역을 보여 주는 그림 5-17을 보면, 경기도·황해도·경상도는 거의 모든 군현에서 조를 재배한 데 반해, 전라도와 평안도는 조를 거의 재배하지 않았다. 경상도와 전라도가 이렇게 대조적인 양상을 보인 것은 이해하기 어렵다. 또한 조는 일반적으로 화전의 대표적인 작물이라고[53] 알려져 있는데, 산지를 중심으로 재배가 활발했던 것은 사실로 보인다.

51) 조재영, 1997, 앞의 책, 213-214.
52) 공우석, 2003, 한반도식생사, 아카넷, 465.
53) 정치영, 2006, 지리산지 농업과 촌락 연구, 고려대학교 민족문화연구원, 140.

바. 교맥(蕎麥)

『세종실록지리지』에 '교맥'으로 적혀 있는 메밀은 전국적으로 모두 101개 군현에서 재배되었다. 메밀을 재배하는 군현이 가장 많은 도는 황해도로, 24개 모든 군현이 메밀을 심었다. 그다음은 경기도로 전체 군현의 76%인 31곳에서, 충청도는 절반이 약간 안 되는 26개 군현에서 메밀을 재배하였다. 경상도는 안동·순흥·예천·청송·진보·진주·김해·거제 등 8개 군현에서, 함길도는 함흥·경원·갑산·경성·부령·삼수 등 6개 군현에서, 전라도는 제주·정의·대정 등 3개 군현에서, 평안도는 희천·위원 등 2개 군현에서, 강원도는 회양도호부에서만 메밀을 재배하였다.

일반적으로 메밀은 서늘한 기후와 거친 토양에 잘 견디며 적은 노력으로 많은 수확을 올릴 수 있으며, 무엇보다 생육 기간이 70–90일에 불과하여 특히 화전에 적합한 작물로 알려져 있다.[54] 이 때문인지 15세기 전반 메밀은 남부 지방보다는 중부 및 북부 지방에서 더 많이 재배되었다. 상대적으로 기후가 온화하고 비옥한 평야가 많은 전라도에서는 재배하는 군현이 전혀 없었다. 메밀을 재배하는 전라도의 3개 군현은 모두 제주도이다. 경상도도 재배 군현이 적을 뿐 아니라 북부 산간 지역에서 주로 재배하였다. 메밀의 재배가 가장 활발한 지역은 수수와 마찬가지로 황해도였으며, 그다음은 경기도였다. 한편으로 메밀이 서늘한 기후에 유리하고 생육 기간이 짧은 데도 불구하고, 강원도와 평안도에서는 별로 재배되지 않았다.

(3) 섬유 작물의 분포

섬유를 얻을 목적으로 재배하는 식물을 섬유 작물이라고 한다. 『세종실록지리지』 토의조에는 마(麻), 목면(木綿), 저(苧) 등 섬유 작물이 기재되어 있다.

---

54) 조재영, 1997, 앞의 책, 257.

직접 실을 뽑는 것은 아니지만, 비단을
짜는 데 이용하는 뽕나무[桑]도 포함하
여 15세기 전반 섬유 작물의 지역적 분
포를 분석하였다.

『세종실록지리지』에 '마(麻)'로 기재
된 삼은 '대마(大麻)'라고도 부르며, 그
줄기를 이용하여 삼베를 짠다. 삼베는
고려시대 목화가 도입되기 전까지 우
리나라 옷감의 주를 이루었다. 『세종
실록지리지』 토의조를 분석한 결과, 삼
은 전국적으로 216개 군현에서 재배되
었다. 전체 군현 가운데 65%에서 삼을
재배하고 있는 것이다. 군현별 분포를
지도화한 것이 그림 5-18이며, 도별
재배군현과 그 비율을 계산한 것이 표
5-17이다.

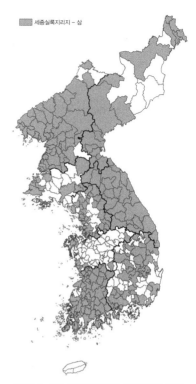

그림 5-18. 15세기 전반 삼의 재배 지역

그림과 표를 보면, 삼은 전국에 걸쳐 고르게 재배되었다. 다만 충청도만 삼
의 재배가 저조하여 전체 군현의 14.5%에서만 재배하였으며, 경상도와 황해
도는 절반에 가까운 군현이 삼을 심었다. 강원도는 모든 군현에서, 평안도도
91.5%의 군현에서 삼을 재배하였다. 이와 같이 삼은 15세기 전반 가장 널리
재배되는 섬유 작물이었다.

삼 다음으로 재배 지역이 넓은 섬유 작물은 목면이었다. 목면은 『세종실록
지리지』에 '목면(木綿)' 또는 '목면(木緜)'으로 기재되어 있다.[55] 목면은 토의

---

55) 전라도의 대부분의 군현과 경상도의 개령, 곤남 등은 '木緜'으로 기재되어 있다.

표 5-17. 15세기 전반 삼을 재배하는 군현의 도별 비율

도	경기도	충청도	경상도	전라도	황해도	강원도	평안도	함길도
전체 군현 수	41	55	66	56	24	24	47	21
삼 재배 군현 수	36	8	31	49	11	24	43	14
비율	87.8	14.5	47.0	87.5	45.8	100	91.5	66.7

표 5-18. 『세종실록지리지』 토의조에 목면이 기재된 군현

도	군현	숫자
충청도	온수, 임천, 보령	3
경상도	대구, 영천, 하양, 상주, 성주, 김산, 개령, 진주, 곤남, 하동, 진성, 산음, 의령	13
전라도	전주, 금구, 정읍, 고산, 해진, 무장, 함평, 무안, 고창, 흥덕, 장성, 남원, 순창, 구례, 곡성, 광양, 장흥, 담양, 무진, 낙안, 고흥, 능성, 창평, 화순, 동복, 옥과, 진원	27
합계		43

조뿐 아니라 토공조에 기록된 경우도 있었다. 전라도 나주목과 태인현이 그 예이다.[56] 토의조에 목면이 기재된 군현은 표 5-18과 그림 5-19와 같다.

이를 살펴보면, 삼 다음으로 넓다고 하지만, 목면의 재배 지역은 삼남 지방에 한정되어 있었다. 삼남 지방 가운데서도 충청도는 3개 군현밖에 안 되고 주로 전라도에 집중되어 있었다. 전라도에서 목면이 생산되는 군현은 북동부 산간 지역만 빼면, 전역에 고루 퍼져 있었다. 경상도에서는 목면이 중부와 서남부 지역에서 재배되었으며, 북부와 동해안에는 재배하는 군현이 없었다.

'저(苧)' 즉 모시는[57] 표 5-19와 같이 『세종실록지리지』 토의조뿐 아니라 토공조에도 기재되어 있다. 전국적으로 토의조에는 29개 군현에, 토공조에는 11개 군현에 모시가 기재되어 있다. 토의조에 수록된 것을 지도화한 것이 그림 5-20이다.

---

56) 토공조에 목면이 기록된 사례는 분석에서 제외하였다.
57) 정확한 식물명은 모시풀이다.

15세기 전반 모시는 충청도와 전라도의 해안 지방에서 주로 재배되었다. 모시는 여름철에 기온이 높고 습기가 많은 곳에서 잘 자라므로 이 지역이 재배의 적지였다. 충청도와 전라도가 우리나라에서 모시가 처음 재배된 곳이라고 추정되는 점도[58] 이 지역을 중심으로 모시 재배가 활발하였던 것과 관련이 있을 것이다. 그러나 모시는 삼남 지방에 재배가 한정되었던 목면에 비해 강원도, 황해도까지 더 넓은 지역에서 재배되었다. 여름이 덥고 습하면, 겨울이 상당히 추운 지방에서도 모시는 재배가 가능하기 때문이다.[59]

다음으로 『세종실록지리지』 토의조에 '상(桑)'으로 기록되어 있는 뽕나무

▦ 세종실록지리지 – 목면

그림 5-19. 15세기 전반 목면의 재배 지역

의 재배 지역을 살펴보자. 뽕나무는 누에를 키우기 위해 심었으며 약재로도 활용되었다. 토의조에 뽕나무가 수록된 군현은 전국적으로 모두 202개 군현으로, 61%에 해당하는 군현에서 뽕나무를 재배하고 있었다. 뽕나무가 삼에 버금갈 정도로 전국적인 작물이었음을 확인할 수 있다. 도별로 군현의 작부 비율을 정리한 표 5-20을 보면, 강원도는 모든 군현에서 뽕나무를 심었다. 평

58) 모시 시배지와 관련해 두 가지 설이 있다. 하나는 고려시대에 충청도 사람이 중국 중부 지방에서 모시 뿌리를 가져다가 충청도 처음 재배하였다고 하며, 다른 하나는 고려 경종 때에 전라도 정읍에서 처음 모시를 재배하였다는 설이다(http://encykorea.aks.ac.kr/(한국민족문화대백과사전) '모시풀' 항목).

59) http://encykorea.aks.ac.kr/(한국민족문화대백과사전) '모시풀' 항목.

표 5-19. 『세종실록지리지』 토의조와 토공조에 모시가 기재된 군현

도	군현		숫자
	토의	토공	
충청도	임천, 한산, 서천, 남포, 비인, 정산, 부여, 서산, 해미, 청양	홍산, 석성, 홍주	13
경상도	의령	–	1
전라도	금구, 만경, 함열, 용안, 부안, 태인, 해진, 영광, 함평, 장성, 담양, 보성, 능성, 진원	전주, 익산, 김제, 임피, 옥구, 여산, 순창, 창평	22
황해도	옹진, 강령	–	2
강원도	강릉, 삼척	–	2
합계	29	11	40

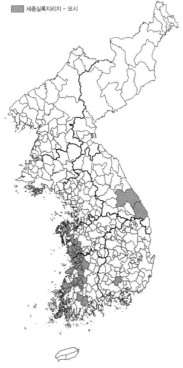

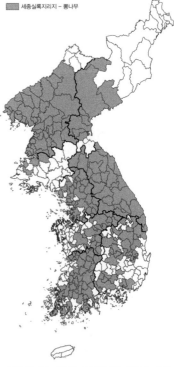

| 그림 5-20. 15세기 전반 모시의 재배 지역 | 그림 5-21. 15세기 전반 뽕나무의 재배 지역 |

지리지를 이용한 조선시대 지역지리의 복원

표 5-20. 15세기 전반 뽕나무를 재배하는 군현의 도별 비율

도	경기도	충청도	경상도	전라도	황해도	강원도	평안도	함길도
전체 군현 수	41	55	66	56	24	24	47	21
뽕나무 재배 군현 수	36	21	25	41	4	24	43	8
비율	87.8	38.2	37.9	73.2	16.7	100	91.5	38.1

안도는 대부분의 군현에서, 경기도와 전라도도 70% 이상의 군현이 뽕나무를 재배하였다. 상대적으로 뽕나무를 덜 심은 도는 충청도, 경상도, 황해도였다. 황해도는 뽕나무를 심는 군현이 20%가 되지 않았다. 삼의 재배 비율과 비교해 보면, 강원도는 두 작물을 모든 군현에서 심어 섬유 작물의 재배가 가장 활발한 도였다. 그리고 뽕나무 재배 비율에서 2·3·4위를 차지한 평안도·경기도·전라도는 삼의 재배 비율에서도 같은 순위였다. 다른 도에 비해 섬유 작물 재배가 특화되어 있었다고 평가할 수 있다.

뽕나무의 재배 지역을 그린 그림 5-21로, 황해도와 함경도 북부 지방, 경상도와 충청도 해안 지방을 뺀 전국에서 뽕나무가 재배된 것을 확인할 수 있다. 해안보다는 내륙 지역에서 뽕나무 재배가 성하였다.

(4) 과일류의 분포

『세종실록지리지』 토의조에는 감·배·밤·대추·잣과 같은 과수도 기록되어 있다. 이러한 과일은 곡물류와 달리 『여지도서』의 물산조에도 기재되어 있어 비교를 통해 재배 지역의 변화도 살펴볼 수 있다.[60]

먼저 감은 표 5-21과 같이 『세종실록지리지』에 토의조뿐 아니라 토공조,

---

60) 전국적인 현황을 파악하기 위해 여기에서는 『여지도서』에 누락된 군현은 국사편찬위원회가 영인본 편찬 시 추가한 보유편을 활용하였다.

표 5-21. 「세종실록지리지」에 감이 기재된 군현

도	군현			숫자
	토의	토공	토산	
경기도	강화	안성	–	2
충청도	청양	전의, 직산, 온수, 공주, 남포, 비인, 정산, 해미, 덕산, 예산, 보령	서천	13
경상도	합천, 진주, 함양, 곤남, 거창, 진성, 안음, 의령	하동, 산음, 삼가, 청도	(함양), 칠원, 인동	14
전라도	전주, 영암, 남원, 무주, 고흥, 화순	금구, 정읍, 태인, 고산, 나주, (남원), 순창, 구례, 운봉, 장수, 곡성, 광양, 담양, 순천, 무진, 창평	–	21
황해도	옹진	–	–	1
강원도	강릉, 양양, 삼척, 평해, 울진, 통천, 흡곡	–	–	7
합계	24	31	3	58

주1: 경상도 함양군은 토의조와 토산조에 중복 기재되어 있어 하나로 계산함.
주2: 전라도 남원도호부는 토의조와 토공조에 중복 기재되어 있어 하나로 계산함.

그리고 토산조에서도 발견된다. 토의조에 감이 기재된 군현이 24곳, 토공조에 감이 기재된 군현이 32곳, 토산조에 감이 기재된 군현이 4곳이었다.[61] 감은 '시(柿)'로 표기된 것이 대부분이며, 경상도 청도와 인동의 토산조에는 '홍시(紅柿)'로, 충청도 공주와 남포에서는 '시홍(柿紅)'으로 기재하였다. 특별히 홍시를 구분한 것으로 보인다. 또한 군현의 기록에는 없으나, 경상도·전라도의 궐공(厥貢)에는 '홍시자(紅柿子)', '건시자(乾柿子)'라는 표현도 보인다.

　표 5-21을 지도화한 것이 그림 5-22이다. 감은 주로 남부 지방에서 재배된 것을 확인할 수 있다. 경기도와 황해도에서는 감이 재배되었으나, 3개 군현에 불과하였다. 가장 북쪽에서 감이 재배된 곳은 강원도 흡곡현과 통천군이었으

---

61) 함양군과 남원도호부는 중복 기재되어 있다.

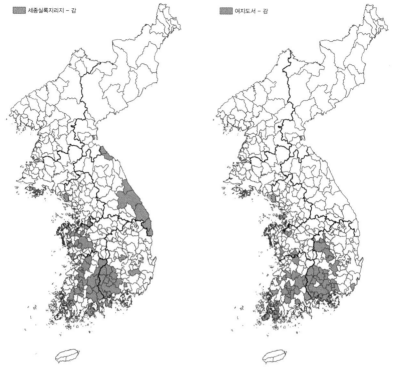

세종실록지리지 - 감

여지도서 - 감

그림 5-22. 15세기 전반 감의 재배 지역　　그림 5-23. 18세기 후반 감의 재배 지역

며, 강원도의 해안을 따라서 감이 생산되었다. 경기도 가장 남쪽에 있는 안성
군을 빼면, 경기도·황해도·강원도의 감 재배 군현은 모두 상대적으로 기후가
온화한 해안에 자리 잡고 있다. 추위에 약한 감의 생태적 특성이 반영된 것이
다.

　감의 생산지가 가장 넓게 분포하는 지역은 전라도와 경상도의 경계를 이루
는 산간 지역이다. 이 지역은 소백산맥이 끝나는 부분으로, 특히 지리산을 둘
러싼 전라도의 남원·구례·운봉·곡성·광양, 경상도의 진주·함양·산음·안
음·거창이 감의 주산지였다. 충청도는 동부의 산간 지역보다는 서부에 감 재
배 군현이 많았다.

그림 5-23은 『여지도서』 물산조에 감이 수록되어 있는 군현을 지도화한 것이다. 18세기 후반에는 모두 51개 군현에서 감이 재배되고 있었다. 숫자 면에서 약간 감소하였으나, 큰 차이는 없었다. 51개 군현 가운데 경상도가 24개 군현으로 가장 많았고, 전라도가 21곳, 충청도가 4곳, 경기도가 2곳의 순서였다. 군현별로 비교해 보면, 경기도는 강화부가 그대로이며, 안성군 대신 서해안의 남양도호부가 들어갔다. 충청도는 서천을 빼곤 모두 바뀌어 새로 연산·은진·홍산이 포함되었다. 전라도에서는 13개 군현은 변화가 없으나 나머지 8곳은 바뀌었는데, 동부 산지의 군현이 줄고, 서남부 해안의 군현이 늘었다. 재배 군현이 10곳 늘어난 경상도는 서부 산지의 재배 지역이 동쪽으로 더 확대되었고, 상주·선산 등 서북 지방의 군현도 추가되었다.

배 역시 『세종실록지리지』에 토의조, 토공조, 그리고 토산조에 모두 기록이 되어 있다. 배는 '리(梨)'로 기재되어 있는데, 토의조에 배가 기록된 군현은 40곳, 토공조에는 62곳, 토산조에는 1곳이 기록되어 15세기 전반 모두 103개 군현에서 배가 재배되었다. 도별 절대 숫자에서는 전체 47개 군현 가운데 32개 군현에서 배가 재배된 평안도가 가장 많았고, 전체 24개 군현 중에 19곳에서 배가 재배된 강원도가 그다음이었다. 그 뒤로는 전라도가 19곳, 충청도와 경상도가 14곳의 순서였으며, 경기도와 황해도, 함길도는 각각 1곳에서만 배가 재배되었다. 경기도는 안협현, 황해도는 은율현, 함길도는 고원군이었다. 그림 5-24를 통해 지역적 분포를 살펴보면, 가장 많은 군현에서 배를 재배한 평안도는 남부 지방에 편중되었고, 충청도·전라도·경상도 등 삼남 지방은 해안보다는 내륙 지방을 중심으로 배를 생산하였다. 강원도는 해안과 내륙, 남부와 북부를 가리지 않고 배를 재배하였다.

『여지도서』 물산조에는 배가 기록된 군현은 10곳밖에 되지 않았다(그림 5-25 참조). 평안도에는 중화군, 강원도에는 낭천현밖에 없었으며, 경상도도 용궁현뿐이었다. 전라도에서는 동복·임실·진도에서, 충청도는 영동·충원현

지리지를 이용한 조선시대 지역지리의 복원

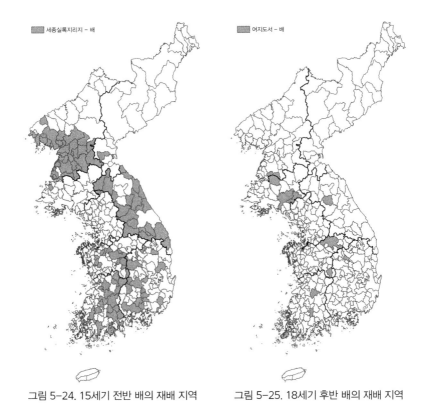

그림 5-24. 15세기 전반 배의 재배 지역   그림 5-25. 18세기 후반 배의 재배 지역

에서 배가 재배되었다. 유일하게 15세기 전반 1개의 현만 배를 생산하던 황해

도는 금천·평산·황주목 등 3곳으로 생산지가 늘어났다.

　다음으로 식품으로써뿐 아니라 관혼상제에 쓰임새가 많았던 밤에 대해 알

아보자. 1123년 고려에 사신으로 왔던 중국 송나라의 서긍(徐兢)이 쓴 『고려

도경(高麗圖經)』에는 고려의 밤이 "복숭아만큼 크고 맛이 매우 좋다."라는 기

록이 있어 고려 때부터 우리나라에서 품질 좋은 밤이 생산되었음을 알 수 있

다.62) 밤은 『세종실록지리지』에 '율(栗)'로 표기되어 있으며, 강원도 강릉도호

---

62) 장국종, 1998, 조선농업사 1, 백산자료원, 82.

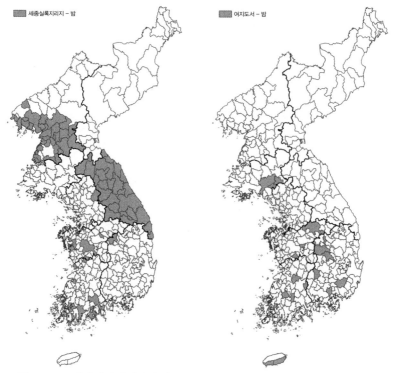

그림 5-26. 15세기 전반 밤의 생산 지역   그림 5-27. 18세기 후반 밤의 생산 지역

부만 '율목(栗木)'으로 기재되어 있다. 『세종실록지리지』에는 모두 67개 군현에 밤이 기재되어 있는데, 경기도 가평현만 토산조에 기록되어 있고, 나머지는 모두 토의조에 기록되어 있다.

그런데 밤의 생산지는 그림 5-26에서 보듯이, 강원도와 평안도에 집중되어 있다. 강원도는 24개 모든 군현에서 밤이 나오며, 평안도는 47개 현 가운데 주로 남부에 위치한 30개 현에서 밤이 생산된다. 다른 도는 많지 않았다. 전라도는 옥구·여산·영암·흥덕·장흥·순천·고흥 등 7개 군현에서, 충청도는 공주·은진·홍주·보령에서 밤이 생산되었다. 전라도에서 밤이 생산되는 군현은 남동부에 많았다. 경상도는 문경현 한 곳밖에 없었으며, 황해도와 함길도는 한 곳도 없었다.

『여지도서』 물산조에는 밤의 기록이 크게 줄어 전국 14개 군현에만 기재되어 있다(그림 5-27 참조). 충청도의 문의·연산·충원, 경상도의 거창·밀양·상주·선산·함안, 전라도의 광주·동복·운봉·임실, 황해도의 금천·평산이 그것이다.

『세종실록지리지』에 밤의 주산지였던 강원도와 평안도의 군현이 한 곳도 없었으며, 대신 밤 생산 군현이 한 곳밖에 없었던 경상도에서 5개 군현이, 한 곳도 없던 황해도의 군현이 2곳 포함되었다. 『여지도서』의 기록이 당시 밤 생산의 지역적 분포를 정확하게 반영하였다고 보기 어렵지만, 이를 통해 함경도를 제외하고 전국적으로 밤이 생산되고 있었다는 추정이 가능하다. 한편 『신증동국여지승람』 밀양도호부의 토산조에는 "앞 교외에 밤나무 숲이 있어 몇 리에 가득 찼는데, 해마다 수확이 아주 많고 그 품질 또한 좋아서 세상에서 밀율(密栗)이라고 부른다."라는[63] 기록이 있어 16세기에 밀양이 밤의 명산지로 알려져 있었음을 알 수 있다.

대추도 『고려도경』에 고려의 이름난 과일로 언급되었다. 역시 고려 때 편찬된 『향약구급방(鄉藥救急方)』에도 고려의 대추가 특별히 크기 때문에 '대조(大棗)'라고 불렀다는 기록이 있다.[64] 『세종실록지리지』에는 대추가 '조(棗)'라고 기재되어 있으며, 모두 88개 군현에서 보인다(표 5-22 참조). 특이한 점은 다른 과일과 달리 토의·토공·토산조 외에 '약재(藥材)'에 기록되어 있는 군현이 전라도 옥구현과 황해도 수안군·우봉현 등 3곳이 있다는 것이다. 대추가 약재로도 사용된 것을 보여 준다.

대추가 가장 많이 재배된 도는 충청도였다. 충청도는 전체 55개 군현 가운

---

63) 『신증동국여지승람』, 경상도, 밀양도호부, 토산조.
64) 장국종, 1998, 앞의 책, 82.

표 5-22. 『세종실록지리지』에 대추가 기재된 군현

도	군현				숫자
	토의	토공	토산	약재	
경기도	광주, 안성	양근, 이천, 지평	–	–	5
충청도	충주, 단양, 영춘, 목천	괴산, 음성, 청주, 천안, 옥천, 문의, 죽산, 청안, 전의, 연기, 직산, 온수, 아산, 영동, 황간, 보은, 청산, 진천, 공주, 임천, 정산, 홍산, 은진, 연산, 회덕, 석성, 이산, 홍주, 덕산, 예산, 청양, 대흥	청풍	–	37
경상도	의흥, 함안, 거창	대구, 경산, 창녕, 영산, 하양, 성주, 선산	–	–	10
전라도	–	전주, 진산, 금산, 익산, 고부, 임피, 정읍, 태인, 고산, 나주, 영광, 고창, 남원, 순창, 용담, 구례, 장수, 진안, 광양, 담양, 순천, 무진, 창평, 화순, 옥과	–	옥구	26
황해도	–	서흥, 봉산, 신은, 은율	–	수안, 우봉	6
강원도	영월, 김화	–	–	–	2
평안도	상원, 삼등	–	–	–	2
합계	13	71	1	3	88

데 37개 군현에서 대추를 키웠다. 서해안을 따라 있는 당진·해미·서산·태안·결성·보령·남포·비인·서천 등을 뺀 군현에서 대추를 재배하여 해안 지방에서는 대추가 거의 재배되지 않았다는 사실을 알 수 있다. 충청도 다음으로 26개 군현에서 대추를 재배한 전라도는 생산지가 고루 분포하였으나, 남해안의 군현들에서는 재배하는 군현이 적었다. 10곳의 군현에서 대추를 생산한 경상도는 대구군을 중심으로 한 중남부 내륙에 생산지가 모여 있었다. 황해도는 은율현을 제외하면, 모두 중동부의 내륙에 있는 군현에서 대추를 재배하였다. 경기도와 강원도, 평안도는 재배하는 군현이 적었으나, 모두 내륙에 있는 군현들이었다. 정리하면, 대추는 해안보다는 내륙에 치우쳐 재배되었다.

『여지도서』 물산조에는 대추가 '조(棗)', '대조(大棗)'로 기재되어 있으며, '조'가 충청도 문의·청풍·영춘·음성·충원현, 경상도 개령·경산·하양현, 전라도 동복·창평현 등 10개 군현, '대조'가 충청도 보은·청산·회인현, 경상도 함안군, 전라도 광주목, 함경도 고원군 등 6개 군현에 기록되어 있다. 『세종실록지리지』에 비해 크게 줄어든 숫자이다. 그리고 15세기 전반에는 재배 군현이 한 곳도 없던 함경도에서 대추가 재배되었다. 최근까지도 대추의 생산량이 많았던 경상도 경산·하양현은 『세종실록지리지』, 『여지도서』와 함께, 『신증동국여지승람』의 토산조에도 대추가 기록되어 있어[65] 조선시대 내내 대추의 명산지였음을 확인할 수 있다. 그러나 보은현은 『신증동국여지승람』 토산조에 대추가 빠져 있다.[66]

『세종실록지리지』에는 주로 '송자(松子)', 『여지도서』에는 '해송자(海松子)', '백자(柏子)', '백자(栢子)' 등으로 적혀 있는 잣은 고대부터 우리나라 특산품으로 중국에까지 알려졌다. 『세종실록지리지』에는 모두 50곳의 산지가 기록되어 있다. 밤과 마찬가지로, 강원도와 평안도의 군현 가운데 잣을 생산하는 곳이 많았다.

강원도는 강릉·양양·원주·회양·영월·횡성·홍천·금성·김화·평강·이천·삼척·춘천·낭천·인제 등 15개 군현에서, 평안도는 순천·개천·운산·성천·덕천·양덕·영변·강계·희천·자성·위원·삭주·창성 등 13개 군현[67]에서 잣을 생산하였다. 그다음으로는 경상도가 경주·대구·안동·순흥·청송·예안·봉화·성주·합천 등 9곳에서, 충청도가 단양·보은·공주·임천·연산·남포 등 6곳에서, 함길도가 단천·갑산·삼수 등 3곳에서 잣을 생산하였다. 경

---

65) 『신증동국여지승람』, 경상도, 경산현, ·하양현, 토산조.
66) 『신증동국여지승람』, 충청도, 보은현, 토산조.
67) 이 가운데 순천·개천·운산은 토의조에, 성천·덕천·양덕·영변·강계·희천·자성·위원은 토공조에, 삭주·창성은 토산조에 기록되어 있다.

기도와 황해도는 각각 2개 군현에서 잣이 나왔는데, 각각 양주와 가평, 은율과 곡산이었다. 전라도는 잣이 생산되는 군현이 한 곳도 없었다. 그림 5-28로 잣의 전국적 분포를 보면, 강원도와 평안도, 그리고 경상도의 산악 지역을 중심으로 잣이 생산되고 있음을 확인할 수 있다.

『여지도서』에는 잣이 물산조에 기록된 군현이 표 5-23과 같이 모두 57곳으로, 『세종실록지리지』보다 7곳이 증가하였다. 특히 경상도는 잣이 생산되는 군현이 9곳에서 21곳으로 크게 늘어났는데, 북부 내륙 지방에서 중부 및 남부 내륙 지방으로 확대되었다. 경기도·충청도·황해도는 숫자에 큰 변화가 없었지만, 군현의 변화가 있었다. 함경도는 3곳에서 6곳으로 늘어났으며, 단천을 제외하고 『세종실록지리지』에 기록이 없던 새로운 군현이 잣의 산지로 기재되었다.

그림 5-29는 『여지도서』의 잣 산지를 그린 것이다. 18세기 후반 한반도의 서부보다는 중부와 동부 지역에서 잣이 생산되었음을 확인할 수 있다. 서해안에서는 잣이 생산되는 군현이 거의 없었으며, 이에 따라 경기도·충청도·전라도가 함경도·강원도·경상도에 비해 잣의 산지가 훨씬 적었다. 한편으로 잣은 남북 간의 산지의 차이가 적어 기온과 상관관계가 적은 산물임을 알 수 있다.

표 5-23. 『여지도서』 물산조에 잣이 기재된 군현

도	군현	숫자
경기도	가평	1
충청도	공주, 보은, 연풍, 영춘, 청산	5
경상도	거창, 경주, 대구, 문경, 봉화, 선산, 성주, 안동, 영덕, 榮川, 예안, 예천, 용궁, 지례, 합천, 진주, 청송, 초계, 풍기, 함양, 永川	21
전라도	구례	1
황해도	문화, 서흥	2
강원도	강릉, 김화, 안협, 양양, 원주, 인제, 정선, 춘천, 평강, 평창, 홍천, 회양	12
평안도	강계, 벽동, 성천, 안주, 양덕, 영변, 위원, 운산, 희천	9
함경도	무산, 문천, 부령, 북청, 함흥, 단천	6
합계		57

지리지를 이용한 조선시대 지역지리의 복원

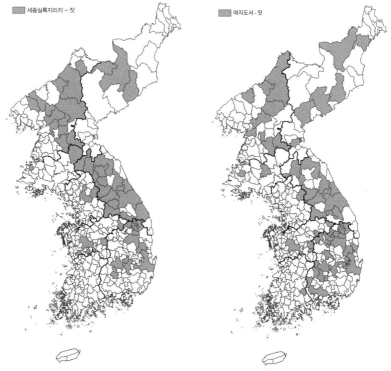

그림 5-28. 15세기 전반 잣의 생산 지역　　그림 5-29. 18세기 후반 잣의 생산 지역

이 밖에 『세종실록지리지』에 언급이 많은 과일로 호두·석류를 들 수 있다. 호두는 『세종실록지리지』에 '호도(胡桃)', '당추자(唐楸子)'로 적혀 있는데, 전국적으로 33개 군현에서 호두가 생산되었다. '당추자'라고 적혀 있는 군현은 전라도 구례현이 유일하며, 나머지는 '호도'로 기재되어 있다. 한편 토의조에 '추(楸)'가 기재된 군현이 충청도 천안군, 평안도 성천도호부와 상원군 등 3곳이 있었다. '추'는 호두나무로 해석할 수 있으나, 가래나무로 볼 수도 있으므로 여기에서는 제외하였다.[68]

---

68) 평안도의 두 개 현은 호두나무를 재배하기에 기온이 낮기 때문에 서늘한 곳에 잘 자라는 가

호두가 기록된 33개 군현 가운데 경주·청도·대구·경산·창녕·영산·현
풍·예천·영천(永川)·하양·인동·선산·개령·지례·거창 등 15개 군현을 차
지한 경상도가 15세기 전반 호두 재배가 가장 활발하였던 도로 추정된다. 우
리나라에서 호두가 처음 재배된 것으로 알려져 있는 충청도는[69] 9개 군현으
로 천안·제천·옥천·전의·영동·황간·보은·공주·연산이었다. 강원도도 8
개 군현으로, 강릉·양양·삼척·울진·평해·간성·고성·통천이었다. 그리고
전라도에서는 구례와 무주의 2개 군현에 호두가 기록되어 있으며, 나머지 경
기도·황해도·평안도·함길도에서는 호두가 생산되지 않았다. 즉 호두는 삼
남 지방과 기후가 상대적으로 따뜻한 강원도의 동해안에서만 재배되었다. 삼
남 지방에서 호두를 생산하는 25개 군현은 모두 내륙에 있는 곳들이었다.

『여지도서』 물산조에는 호두가 '호도', '추자(楸子)'로 기재되어 있는데, '추
자'로 적힌 것은 평안도 강계부가 유일하며, 나머지는 모두 '호도'로 적혀 있다.
물산조에 '호도'가 수록된 군현은 모두 12곳이었으며, 경상도가 대구·상주·
인동·함창·초계·안의현 등 6개 군현, 전라도가 광주·낙안·남원·담양·동
복·임실현 등 6개 군현이었다. 강계부를 빼면, 경상도와 전라도에서만 호두
가 생산되는 것으로 기록되어 있는 것이다. 그리고 강계부의 '추자'는 물고기
를 잡거나 약재로 사용하는 가래나무의 열매일 가능성도 있다.

끝으로 고려 초에 중국에서 들어온 것으로 추정되는 석류는 『세종실록지리
지』에 '석류(石榴)'로 쓰여 있으며, 그림 5-30에서 볼 수 있듯이 전국적으로
39개 군현에서 재배되었는데, 전라도가 30곳으로 대부분을 차지하였고, 경상

___

래나무로 보는 쪽이 맞을 것 같으나, 충청도 천안은 우리나라 호두나무의 시배지로 알려져 있
기 때문에 호두나무로 추정할 수도 있다.
[69] 고려시대에 유청신(柳淸臣)이 원나라 사신으로 갔다가 호두를 가지고 와서 고향인 천안에
처음에 심었다는 것이 정설이었으나, 일부 학자들은 초기 철기 시대의 유적인 광주 신창동
저습지 유적에서 호두가 출토된 것을 근거로 원삼국 시대에 유래되었다고 주장하기도 한다
(http://www.doopedia.co.kr/(두산백과), '호두'항목).

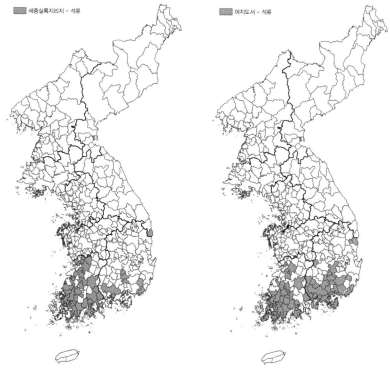

세종실록지리지 – 석류

여지도서 – 석류

그림 5-30. 15세기 전반 석류의 재배 지역   그림 5-31. 18세기 후반 석류의 재배 지역

도가 8곳, 그리고 강원도는 평해군 한 곳이었다. 이와 같이 석류는 따뜻한 남부 지방에서만 재배할 수 있는 작물이었다.

18세기 후반의 『여지도서』에는 석류가 52개 군현에 기재되어 15세기 전반에 비해 재배 지역이 증가한 것으로 보인다. 52개 군현 가운데 경상도가 27곳을 차지하여 크게 늘어난 반면에, 전라도는 25곳을 차지하여 5곳이 감소하였다. 그 분포는 그림 5-31과 같다. 전라도는 남서부 지방, 경상도는 남부 지방에 석류 생산지가 집중해 있다.

2. 임업과 수산업

1) 임업

일반적으로 임업은 산림을 조성하고 육성하여 임산물을 생산하는 산업을 말한다. 조선시대에는 산림을 인공적으로 조성·육성하기보다는 자연적인 산림에서 산물을 획득하는 사례가 더 많았다. 임산물은 여러 가지로 분류할 수 있는데, 선행 연구에서는[70] 전국 지리지를 이용하여 조선시대 국가에서 필요

표 5-24. 조선시대 국용 임산물의 분류

대구분	소구분
목재류	건축용재/연료용재(땔감, 숯)– 소나무, 궁삭목(弓槊木)
죽류	죽(조(篠)·탕(簜)), 전죽(箭竹)
종실류	밤, 잣, 대추, 호두, 은행, 배, 능금, 석류, 비자, 감, 모과, 유자, 귤
버섯류	송이, 표고, 진이(眞茸), 오족이(烏足茸), 석이
섬유류	닥나무, 화피(樺皮)
꿀	봉밀, 석청 등
칠	칠(漆)

출처: 배재수, 2004, "조선전기 국용임산물의 수취–전국 지리지의 임산물을 중심으로," 한국임학회지 93(3), 219.

지리지를 이용한 조선시대 지역지리의 복원

로 하였던 국용 임산물을 표 5-24와 같이 분류하였다. 이 가운데 종실류는 이미 앞의 과일류에서 다룬 바 있으므로, 여기에서는 이를 제외하고 나머지 임산물을 『세종실록지리지』와 『여지도서』의 기록을 통해 주로 그 분포를 중심으로 분석하였다.

(1) 목재류

『세종실록지리지』에는 목재류가 군현별로 기록되지 않고, 도별로만 기록되었다. 도의 궐공(厥貢)에 기재되어 있는 목재류를 정리한 것이 표 5-25이다. 궐공에 목재가 기재된 도는 경기도·충청도·강원도뿐이며, 나머지 5개 도에는 기록이 없다. 그 이유는, 공물은 모두 서울로 수송되는데, 다른 물품에 비해 무겁고 부피가 큰 목재를 먼 곳에서 서울까지 수송하기가 쉽지 않았기 때문이었을 것으로 추정된다.[71] 따라서 서울에서 가까운 도에서만 목재를 토공으로 받았다.

표를 보면, 경기도에서는 영선잡목, 즉 건축과 토목에 필요한 잡목을 생산하였으며, 자작나무 등 다양한 종류의 나무를 조달하였다. 자작나무는 단단하고

표 5-25. 『세종실록지리지』 궐공에 기재된 도별 목재류

도	목재
경기도	영선잡목(營繕雜木), 자작나무[自作木], 은행나무[杏木], 피나무[椵木], 뽕나무[黃桑木], 앵도나무[櫻木], 장작[燒木]
충청도	애끼찌[弓幹木], 자작나무[自作木], 장작[燒木], 영선대목(營繕大木), 서까래[椽木], 잣나무[栢木], 황양목(黃楊木), 대추나무[棗木], 피나무[椵木], 가래나무[楸木], 넓은 널판지[廣板], 대중목(大中木), 피나무널[椵板], 잣나무널[栢板], 해죽(海竹), 숯[炭]
강원도	자작나무[自作木], 소목[塑木], 재목[梓木], 재목(材木), 숯[炭]

70) 배재수, 2004, "조선전기 국용임산물의 수취−전국 지리지의 임산물을 중심으로," 한국임학회지 93(3), 219.
71) 배재수, 2004, 위의 논문, 221−222.

치밀해서 조각재로 많이 쓰이며, 특히 목판의 재료로 이용하였다. 피나무도 목재의 결이 곱고 목질이 곧아서 좋은 조각재료였으며, 자리를 만들기도 하였다.[72] 또한 경기도에서는 서울에서 많이 필요한 장작도 생산하였다.

충청도에서 나는 애끼찌는 활을 만드는 데 사용하는 나무이다. 충청도에서는 특히 건축에 사용되는 대목과 서까래가 생산되었으며, 피나무·잣나무로 만든 판자도 산출되었다. 건축에 쓴 대목과 서까래는 소나무로 만든 것으로 보이는데, 충청도에는 태안 등 해안 지방에 금산(禁山)이 많아 소나무의 공급지 역할을 하였다. 황양목은 회양목이라 부르는데, 조선시대에는 목판 활자를 만드는 데 많이 이용하였고, 호패(戶牌)를 만들기도 하였다.[73] 강원도의 목재 가운데 주목할 만한 것은 재목(梓木)이다. 재목은 관을 만드는 데 쓰는 소나무이다.[74]

(2) 대나무

『세종실록지리지』에 기록된 대나무로는 '조(篠)'와 '탕(簜)', 그리고 '오죽(烏竹)'과 '해죽(海竹)'이 있었다. '조'는 '가는대', '조릿대'로 번역하기도 하며, 이대를 가리키는 용어로 추정된다.[75] 이대는 공예품을 만들거나 약재로 사용하였다. '탕'은 왕대를 가리키는 한자어로, 왕대는 다양한 도구를 만들고, 식재료로도 활용되었다.[76] 오죽은 줄기가 검은색을 띤 대나무로, 관상용으로도 심고 여러 가지 세공 재료로 사용한다. 해죽은 바닷가에서 나는 대나무로, 화살을 만들거나 악기 재료로 이용하였다.

---

72) 임경빈, 1989, 나무백과 1, 일지사, 334-337.

73) http://www.doopedia.co.kr/(두산백과), '회양목' 항목.

74) 배재수, 2004, 앞의 논문, 222.

75) 공우석·원학희는 선행 연구에서 '조'는 이대[箭竹], '탕'은 왕대[竹]로 보았다(공우석·원학희, 2001, "조선시대 난대성 식물의 분포역 변화," 제사기학회지 15(1), 2.).

76) 공우석, 2003, 앞의 책, 430-431.

지리지를 이용한 조선시대 지역지리의 복원

『세종실록지리지』에 이들 4종의 대나무가 수록된 군현을 정리한 것이 표 5-26이다. 먼저 대나무는 충청도·경상도·전라도·강원도 등 4개 도에만 기록이 있고, 나머지 4개 도에는 기록이 없어 온화한 지역에서만 자라는 것을 확인할 수 있다. 대나무가 난대성 식물이라는 특징이 반영된 것이다.

대나무류는 토의조에도 기록이 있어 작물로서 재배가 된 것으로 보인다. 토의조에는 충청도 남포현과 전라도 전주·나주목에 기재되어 있다. 토공조에 기재된 군현이 가장 많으며, 그다음은 토산조였다. 특징적인 점은 경상도에서는 대나무류를 토공조에 기록한 반면, 전라도와 강원도에서는 주로 토산조에 적었다는 점이다. 경상도는 대나무류를 공물로서의 중요성에, 전라도와 강원도는 특산물로서의 가치에 더 의미를 부여한 것으로 생각된다.

대나무 종류별로 분포를 살펴보자. 먼저 이대는 경상도와 전라도의 각각 12개 군현에서 산출되었으며, 그다음은 강원도 6개 군현, 충청도 3개 군현에서 나왔다. 경상도는 동해안의 영해현을 제하면, 모두 남부 지방에 위치한 군현이었다. 전라도는 담양·창평현을 빼면, 서남부의 해안 지방에 자리한 군현이었다. 강원도의 군현들은 모두 동해안에, 충청도의 남포·태안·서천군은 모두 서해에 면한 군현이었다. 4개의 도 모두 상대적으로 기후가 더 온화한 해안과 남부에서 이대가 생산된 것이다.

왕대는 이대보다 더 넓은 지역에서 산출되었다. 왕대는 경상도의 28개 군현, 전라도의 20개 군현, 강원도의 5개 군현, 충청도의 2개 군현에 분포하였다. 경상도는 영해현을 뺀 이대 생산 군현 11곳이 모두 왕대 생산 군현에 포함되었으며, 여기에 17개 군현이 추가되었는데, 추가된 군현들은 서부 내륙 및 남부 해안 지방에 있는 군현들이었다. 전자의 예로, 김산·안음·산음·삼가·단성·초계현 등을, 후자의 예로 창원·칠원·진해·고성현 등을 들 수 있다. 전라도도 유사하여, 이대가 산출되던 군현 가운데 영암·무장·고흥을 뺀 9개 군현이 왕대 생산 군현에 들어갔으며, 여기에 전주·나주·무진·함열·부안·강

표 5-26. 「세종실록지리지」에 대나무류가 기재된 군현

종류	도	군현			숫자
		토의	토공	토산	
조(篠)	충청도	남포	태안	서천	3
	경상도	-	밀양, 양산, 울산, 동래, 창녕, 영일, 영해, 합천, 진주, 김해, 사천, 의령	-	12
	전라도	-	-	해진, 영암, 영광, 무장, 함평, 무안, 담양, 순천, 보성, 낙안, 고흥, 창평	12
	강원도	-	-	강릉, 양양, 삼척, 평해, 울진, 간성	6
소계		1	13	19	33
탕(簜)	충청도	-	태안	서천	2
	경상도	-	밀양, 양산, 울산, 동래, 창녕, 영산, 현풍, 영일, 인동, 성주, 합천, 초계, 김산, 고령, 진주, 김해, 창원, 함안, 고성, 사천, 하동, 진성, 칠원, 산음, 안음, 삼가, 의령, 진해	-	28
	전라도	전주, 나주	무진	함열, 부안, 해진, 영광, 강진, 함평, 무안, 순창, 구례, 광양, 담양, 순천, 보성, 낙안, 창평, 동복, 진원	20
	강원도	-	-	강릉, 삼척, 평해, 울진, 간성	5
소계		2	30	23	55
오죽	전라도	-	영광, 담양, 순천, 보성	-	4
소계		-	4	-	4
해죽	전라도	-	보성	-	1
소계		-	1	-	1
총계		3	48	42	93

진·순창·구례·광양·동복·진원현 등 11개 군현이 보태어졌다. 추가된 11개 군현은 동북부 산간 지방을 제외하고, 고루 펴져 있다. 강원도는 이대 생산 지역에서 양양도호부만 빠졌고, 충청도는 남포현이 제외되었다.

오죽과 해죽은 산출 지역이 매우 한정되어 있어, 오죽은 영광군을 비롯한 전라도의 4개 군현에서만 나왔고, 해죽은 전라도 보성군에서만 생산되었다. 한편 15세기 전반 이 4종의 대나무 생산 지역을 지도화한 것이 그림 5-32이다.

『여지도서』에 기록된 대나무로는 '죽(竹)', '전죽(箭竹)', '적죽(笛竹)', '대황죽(大篁竹)', '오죽(烏竹)' 등이 있다. '죽'은 왕대, '전죽'은 이대를 가리키는 것으로 보이며, '적죽'과 '대황죽'은 악기 재료로 사용한 대나무로 추정된다.

『여지도서』 물산조에 왕대가 기록된 군현은 전국적으로 37곳이었으며, 이 가운데 경상도가 20곳, 전라도가 15곳, 충청도가 2곳이었다. 경상도에는 고령·고성·곤양·기장·영산·웅천·진주·현풍·진해·창원·초계·칠원·하동·함안·함양·단성·사천·산청·안의·의령현이었으며, 전라도에는 고창·곡성·금구·나주·낙안·능주·담양·동복·보성·순창·영광·장성·창평·해남·화순현이었다. 그리고 충청도는 결성·남포현이었다.

이것을 『세종실록지리지』의 왕대 생산지와 비교해 보면, 먼저 경상도는 곤양·기장·웅천·함양을 제외한 16곳이 『세종실록지리지』와 겹치는 것을 확인할 수 있다.[77] 『세종실록지리지』에 있었으나, 『여지도서』에서 없어진 군현은 밀양도호부를 비롯한 12개 군현이었다. 이는 약 300년 사이에 왕대의 생산 지역이 축소된 것으로 해석할 수도 있는데, 김산·성주·인동 등 중서부 지방과 밀양·김해·양산·동래 등 남동 해안 지방이 왕대 생산 지역에서 제외되었다. 전라도는 5곳이 감소하였는데, 『세종실록지리지』의 전주·무진·함열·부안·

---

77) 『세종실록지리지』의 진성·산음·안음현은 『여지도서』 단계에서 각각 단성·산청·안의현으로 명칭이 변경되었다.

강진·함평·무안·구례·광양·순천 등 10개 군현이 빠지고, 대신 고창·곡성·금구·능주·화순 등 5개 군현이 새롭게 들어왔다. 나머지 10개 군현은 변화가 없었다.[78] 이러한 변화의 지역적 경향성은 나타나지 않았다.

이대가 기록된 군현은 전국적으로 25곳이었다. 경상도는 김해·동래·언양·사천·양산·울산·흥해 등 7곳, 전라도는 강진·나주·낙안·남평·능주·담양·무장·보성·부안·장성·진도·함평·무안·장흥·해남 등 15곳, 충청도는 서천·태안 등 2곳이었으며, 함경도 안변도호부가 포함되었다.

『세종실록지리지』와 비교하면, 경상도는 언양·흥해가 더해지고, 나머지 5

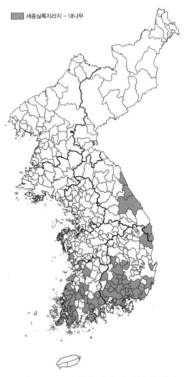

■ 세종실록지리지 - 대나무

그림 5-32. 15세기 전반 대나무의 생산 지역

개 군현은 같았다. 『세종실록지리지』에 있던 밀양·창녕·영일·영해·합천·진주·의령 등 7개 군현은 빠졌다. 전라도는 3곳이 증가하였다. 『세종실록지리지』의 영암·영광·순천·고흥·창평 등 5개 군현이 제외되고, 대신 강진·나주·남평·능주·부안·장성·장흥·해남 등 8개 군현이 추가되어 변화가 컸다. 충청도는 『세종실록지리지』의 남포만 제외되었다.

그런데 여기서 흥미로운 점이 발견된다. 『여지도서』 물산조에는 '죽', '전죽',

---

78) 『세종실록지리지』의 해진군은 『여지도서』 단계에서 해남현과 진도군으로 분할되었고, 『세종실록지리지』의 진원현은 『여지도서』 단계에서 장성부에 병합되었다.

지리지를 이용한 조선시대 지역지리의 복원

'적죽', '대황죽' 등 대나무류 외에 대나무로 만든 것으로 보이는 '죽전(竹箭)', 즉 대화살이 22개 군현에 기재되어 있다. 그 군현은 충청도의 은진현, 경상도의 대구·밀양·영덕·영산·영일·진주·창녕 등 7개 군현, 전라도의 고부·광양·남원·영광·태인·흥양·흥덕 등 7개 군현, 강원도의 간성·강릉·삼척·양양·평해 등 5개 군현, 함경도의 명천·함흥 등 2개 군현이었다. 이들 군현은 이대, 즉 전죽(箭竹)의 생산지와 한 곳도 겹치지 않는다. 즉 이대로 대화살을 만들지 않았다는 추론이 가능하다. 그러나 『여지도서』의 '죽전' 생산지는 『세종실록지리지』의 '조', 즉 이대 생산지와는 경상도에서 4개 군현, 전라

여지도서 – 대나무

그림 5-33. 18세기 후반 대나무의 생산 지역

도에서 2개 군현,79) 강원도에서 5개 군현 모두와 중복되었다. 따라서 『여지도서』 물산조의 '죽전'은 이대를 뜻하는 용어로 사용되었을 가능성이 매우 높으며, 그렇지 않더라도 이대를 사용하여 죽전을 만들었을 것이다. 정리하면, 『여지도서』 물산조에 '전죽'과 '죽전'이 기재된 군현은 모두 이대의 생산지로 간주할 수 있다.

한편 '적죽'은 경상도 밀양도호부, '대황죽'은 전라도 강진현, '오죽'은 전라도 남평현에서 생산되는 것으로 기재되어 있다. '적죽'은 밀양의 영정사(靈井寺)

---

79) 『세종실록지리지』의 고흥현은 『여지도서』 단계에서 흥양현으로 명칭이 변경되었다.

라는 절에서 생산되었다.[80] 이상의 『여지도서』물산조에 '죽'·'전죽'·'적죽'·
'대황죽'·'오죽'·'죽전'이 기록된 군현을 지도로 표시한 것이 그림 5-33이다.

『여지도서』물산조에는 대나무의 산지를 구체적으로 기술한 군현도 있다.
경상도 창녕현의 죽전은 화왕산(火王山)에서 나오며,[81] 김해도호부의 전죽
은 덕지도(德只島)와 죽도(竹島)라는 섬에서 생산되었다.[82]

(3) 버섯류

『세종실록지리지』에는 송이버섯·석이버섯·느타리버섯·표고버섯·싸리
버섯 등의 버섯류가 토공조와 토산조에 실려 있다. 먼저 송이버섯은 조선시대
에도 식용과 약용 등 다양한 용도로 사용되어 수요가 많은 품목이었다.[83] 『세
종실록지리지』에는 송이버섯이 '송이(松茸)'로, 전국에 걸쳐 54개 군현에 기
재되어 있다. 토공조와 토산조에 적혀 있으며, 유일하게 경상도 곤남군만 토
의조에 쓰여 있다. 송이버섯은 현재도 재배가 어려운 버섯이므로, 이것은 잘
못 기록한 것으로 보인다.

송이버섯이 기록된 군현은 경상도가 30곳으로 가장 많았고, 그다음은 충청
도 8곳, 경기도와 전라도가 6곳, 강원도 3곳, 평안도가 1곳이었다. 함길도와
황해도에서는 송이버섯이 산출되지 않았다. 경상도에서는 고성·군위·곤남·
기천·김산·문경·봉화·산음·삼가·상주·성주·순흥·신녕·안동·양산·영
덕·영일·영천(永川)·영천(榮川)·영해·예안·예천·의성·장기·지례·진
보·진주·청송·함창·합천이었으며, 충청도에서는 단양·보은·연풍·영동·
영춘·청풍·충주·황간이었다. 경기도는 가평·양주·영평·임강·지평·철원,

80) 『여지도서』, 경상도, 밀양도호부, 물산조.
81) 『여지도서』, 경상도, 창녕현, 물산조.
82) 『여지도서』, 경상도, 김해도호부, 물산조.
83) 배재수, 2004, 앞의 논문, 227.

지리지를 이용한 조선시대 지역지리의 복원

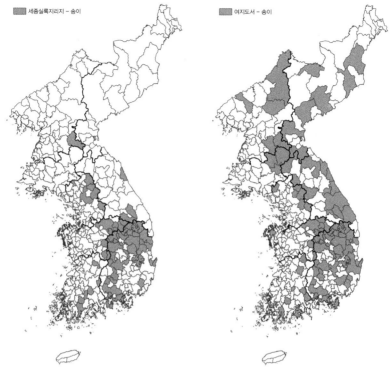

그림 5-34. 15세기 전반 송이버섯의 생산 　　그림 5-35. 18세기 후반 송이버섯의 생산
　　　　　　　　지역　　　　　　　　　　　　　　　　　　지역

전라도에서는 곡성·능성·동복·용담·운봉·장흥이었다. 그리고 강원도에서
는 간성·영월·정선, 평안도에서는 양덕 한 곳이었다.

　그 분포를 그림 5-34로 살펴보면, 산지가 많은 내륙에서 송이버섯이 주로
생산된 것을 알 수 있다. 특히 소백산맥이 뻗어 있는 강원도 남부와 충청도 동
부, 경상도 북부가 만나는 지역에 송이버섯 산지가 몰려 있다. 경기도도 동부
산간 지역에 편중되어 있다. 송이버섯은 소나무에 기생하는 버섯이므로, 송이
버섯의 분포는 소나무 숲의 분포와 밀접한 관련이 있을 것이다. 위의 소백산
맥과 태백산맥이 만나는 지역은 소나무 산지로도 널리 알려진 곳이다.

　『여지도서』 물산조에도 송이버섯이 기재되어 있는데, '송이(松茸)'보다 '송

심(松蕈)'으로 기재한 경우가 더 많았다. 송이버섯이 기재된 군현은 전국적으로 83곳으로, 15세기 전반에 비해 29곳이 늘어났다. 15세기 전반에는 송이버섯 산지가 한 곳도 없던 황해도와 함경도의 군현들도 추가되어 송이버섯은 모든 도에서 생산되는 산물이 되었다. 황해도는 곡산·수안·신계 등 3개 군현, 함경도는 경성·길주·북청·삼수·안변·영흥·함흥 등 7개 군현에서 송이버섯이 나왔다.

15세기 전반에 가장 많은 군현에서 송이가 산출되던 경상도는 34곳으로 4개 군현이 늘어났으며, 전체 군현의 절반에 가까운 군현에서 송이가 생산되었다. 충청도는 9곳으로 한 곳이 늘어났는데, 영동·영춘이 빠지고 서산·제천·청안이 추가되었다. 전라도는 2곳이 늘어나 8곳이 되었는데, 능성을 제외하곤 모두 바뀌었다. 새로 추가된 군현은 강진·광양·구례·금산·옥과·진안·흥양이었다. 경기도도 숫자는 그대로이나, 양주·임강·철원이[84] 빠지고, 개성·양근·포천이 추가되었다. 강원도는 3곳에서 11곳으로 송이버섯 산지가 크게 증가하였다. 영월이 제외된 대신, 강릉·고성·삼척·양양·이천·철원·춘천·평창·회양 등 9곳이 새로 포함되었다.

『여지도서』의 송이버섯 산지를 지도화한 것이 그림 5-35이다. 기존의 소백산맥 주변 지역 외에도 동해안을 따라 뻗어 있는 태백산맥 주변 지역, 그리고 평안도의 낭림산맥 주변, 그리고 평안도·황해도·함경도가 경계를 이루는 산악 지역에서 송이버섯이 생산되는 것을 확인할 수 있다. 송이버섯 산지의 확대는 송이버섯에 대한 수요가 시간이 흐를수록 늘어나면서 전에는 송이버섯을 채취하지 않던 지역까지 송이버섯을 적극적으로 채취한 결과로 보인다. 한편으로, 시간 경과에 따라 우리나라 전역에 소나무 숲이 늘어난 것으로 해석할 수도 있다.

---

84) 철원도호부는 1434년 강원도로 이속되었다.

석이버섯은 산지의 바위 표면에 자
생하는 버섯으로 식품과 약으로 사용
하는데, 『세종실록지리지』에는 '석이
(石茸)'라고 기재되어 있다. 전국적으
로 석이버섯이 산출되는 군현은 89곳
이었다. 강원도가 21곳으로 가장 많았
는데, 원주·흡곡·간성 등 3개 군현을
제외하고 모든 군현에서 생산되었다.
2위는 18곳에서 생산된 전라도였으며,
3위는 16곳에서 나온 경상도였다. 황
해도는 전체 24개 군현 가운데 절반인
곡산·문화·서흥·송화·수안·신은·
은율·장연·재령·토산·풍천·해주 등
12개 군현에서 석이버섯이 산출되었
다. 충청도는 괴산·단양·보은·연풍·
영동·영춘·옥천·제천·청풍·충주·

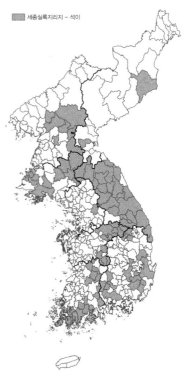

그림 5-36. 15세기 전반 석이버섯의 생산
지역

황간 등 11개 군현에서, 평안도는 덕천·맹산·양덕·영변·운산·은산·희천
등 7개 군현에서 석이버섯이 나왔다. 경기도는 안협과 양근, 함길도는 고원과
길주 등 각각 2개 군현에 그쳤다.

그림 5-36을 이용해 석이버섯의 분포를 살펴보면, 산지가 많은 강원도는
거의 전역에 분포하며, 평안도·황해도·충청도도 내륙을 중심으로 석이버섯
이 산출되었다. 이에 비해 평안도·경기도·충청도·전라도의 평야 지역에서
는 석이버섯이 거의 나오지 않았다. 예외적으로 전라도는 서남쪽의 해안 지방
에서도 석이버섯이 생산되었다.

『여지도서』 물산조에 석이버섯이 기재되어 있는 군현은 전국적으로 64곳

이었다. 『여지도서』에는 석이버섯이 '석이(石茸)'보다 '석심(石蕈)'이라 기록된 경우가 훨씬 많았다. 도별로는 경상도가 19개 군현으로 가장 많았고, 그다음은 강원도 12개, 함경도 10개, 충청도 7개, 평안도 6개, 전라도 5개, 황해도 4개, 경기도 1개의 순서였다. 경상도는 거창·문경·밀양·봉화·상주·안동·언양·영천(榮川)·예안·의흥·지례·진보·합천·청송·청하·풍기·함양·산청·안의였고, 강원도는 금성·낭천·안협·원주·이천·정선·춘천·통천·평강·평창·홍천·회양이었다. 함경도는 고원·길주·단천·명천·북청·삼수·영흥·이성·함흥·홍원이었으며, 충청도는 보은·연풍·영춘·청주·청풍·충원·황간이었고, 평안도는 강계·벽동·양덕·영원·이산·창성, 전라도는 구례·무주·운봉·장수·진안, 황해도는 곡산·서흥·수안·평산, 마지막으로 경기도는 가평이었다.

18세기 후반 석이버섯의 지리적 분포의 가장 큰 특징은 함경도의 군현들과 강원도 통천군, 경상도 청하현을 제외하고는 모두 내륙에 있는 군현에서 석이버섯이 산출된다는 점이다. 특히 전라도의 5개 군현은 동부 산간 지역에 모여 있으며, 충청도도 동부 내륙 지역에 치우쳐 분포하였다.

다음으로 느타리버섯은 『세종실록지리지』에 '진이(眞茸)'로 기재되어 있다. 느타리버섯은 참나무류에 기생하며, 식용으로 많이 사용하였다. 참나무, 즉 진목(眞木)에서 자라므로 '진이'라는 명칭이 붙은 것으로 보인다.

『세종실록지리지』에 의하면, 느타리버섯은 전국적으로 85개 군현에서 산출되었다. 송이버섯보다는 많았고 석이버섯보다는 약간 적은 군현에서 나온 것이다. 느타리버섯을 생산하는 군현이 가장 많았던 도는 각각 19곳을 기록한 충청도와 황해도였다. 각각 17곳인 경기도와 강원도가 공동 3위를 기록하였다. 5위는 개천·맹산·벽동·양덕·영변·운산·은산·희천 등 8곳의 군현에서 느타리버섯이 난 평안도였으며, 6위는 군위·영천·청송 등 3곳의 경상도였다. 전라도는 광양현 한 곳, 함길도도 길주목 한 곳뿐이었다.

지리지를 이용한 조선시대 지역지리의 복원

그림 5-37을 통해 그 분포를 확인하면, 15세기 전반 느타리버섯의 주산지는 중부 지방임이 밝혀졌다. 중부 지방에서 북쪽으로 갈수록, 그리고 남쪽으로 갈수록 생산 지역이 줄어들었다. 이러한 느타리버섯의 분포는 참나무류의 분포와 일치할 것이다. 우리나라 식생의 주를 이루는 낙엽 활엽수림, 그 중에서도 참나무류는 중부 지방에 가장 폭 넓게 분포하고, 북부로 갈수록 침엽수림으로 바뀌며, 남쪽 해안 지방에는 난대림이 나타나기 때문이다.

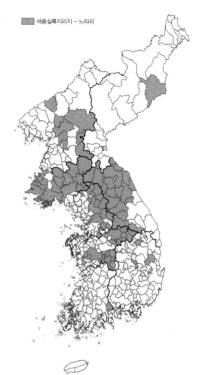

세종실록지리지 - 느타리

그림 5-37. 15세기 전반 느타리버섯의 생산 지역

(4) 닥나무

닥나무는 종이를 만드는 원료이다. 삼국 시대에 중국으로부터 제지 기술이 전래된 이후, 고려시대 들어 종이 생산이 급증하면서 제지 원료인 닥나무의 확보가 국가 차원의 중요한 문제로 대두되었다. 조선시대에도 종이의 수요가 더욱 늘어나서 닥나무는 공납 물품으로 그 중요성이 커졌다.[85]

『세종실록지리지』에 닥나무는 '저(楮)' 또는 '저목(楮木)'으로, 전국적으로 108개 군현에 기재되어 있다. '저목'이라고 기재되어 있는 군현은 경상도 하양현이 유일하며, 나머지는 모두 '저'로 기록되어 있다. 그리고 108곳 중에 황해

---

85) 전영준, 2011, "조선전기관찬지리지로 본 楮·紙産地의 변화와 사찰 제지," 지방사와 지방문화 14(1), 48-61.

표 5-27. 『세종실록지리지』에 닥나무가 기재된 군현

도	군현		숫자
	토의	토공	
경기도	광주		1
충청도	단양, 청풍, 음성, 제천, 회인, 보은, 공주, 정산, 은진, 연산, 해미, 청양, 대흥		13
경상도	영해, 하양, 성주, 합천		4
전라도	진산, 금산, 익산, 고부, 옥구, 부안, 정읍, 태인, 고산, 나주, 해진, 영암, 영광, 강진, 함평, 남평, 남원, 순창, 용담, 구례, 임실, 장수, 진안, 곡성, 광양, 장흥, 담양, 순천, 무진, 보성, 낙안, 능성, 화순, 동복, 옥과		35
황해도	수안, 배천, 토산, 송화	곡산	5
강원도	강릉, 양양, 평창, 원주, 영월, 횡성, 홍천, 금성, 김화, 삼척, 평해, 울진, 춘천, 간성, 고성, 통천, 흡곡		17
평안도	평양, 중화, 상원, 삼등, 강동, 순안, 증산, 함종, 삼화, 용강, 안주, 성천, 숙천, 자산, 순천, 개천, 덕천, 영유, 맹산, 은산, 양덕, 의주, 정주, 용천, 철산, 곽산, 수천, 선천, 가산, 정녕, 영변, 박천, 태천		33
계			108

도 곡산군만 토공조에 닥나무가 적혀 있고, 나머지는 모두 토의조에 쓰여 있다. 108곳 모두를 정리한 표 5-27을 보면, 닥나무를 생산하는 군현 숫자에서는 전라도가 35곳으로 가장 많았고, 그다음은 33곳의 평안도, 17곳의 강원도, 13곳의 충청도의 순서였지만, 전체 군현에서 닥나무를 생산하는 군현의 비율에서는 71%인 강원도가 1위였고, 2위는 70%의 평안도, 3위는 63%의 전라도였다. 나머지 경상도·황해도·경기도는 닥나무를 산출하는 군현이 많지 않았고, 함길도는 한 곳도 없었다.

이를 지도화하면 그림 5-38과 같은데, 강원도는 북부 산악 지역을 빼고 전역에서 닥나무를 생산하였으며, 전라도도 북서부의 일부 군현을 제외하고 닥나무 생산이 활발하였다. 평안도는 북동부 지방에서 전혀 닥나무가 나오지 않았으며, 남서부 지방에서 산출하였다. 함경도에서도 닥나무가 나오지 않아 추

지리지를 이용한 조선시대 지역지리의 복원

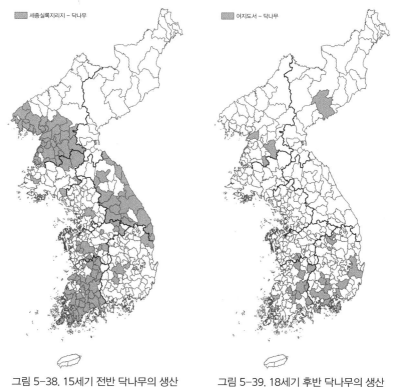

그림 5-38. 15세기 전반 닥나무의 생산
지역

그림 5-39. 18세기 후반 닥나무의 생산
지역

운 지역에서는 닥나무가 잘 자라지 않았던 것으로 보인다.

『여지도서』물산조에도 닥나무는 '저(楮)' 또는 '저목(楮木)'으로 기재되어
있으며, 여기에 '왜저(倭楮)'가 추가되었다. '왜저'는 닥나무 부족에 시달린 조
선 초기인 1430년 세종이 예조에 명하여 대마도(對馬島)에 사람을 보내어 구
해온 일본산 닥나무이다. 처음에는 경기도 강화와 경상도 동래에서 재배하였
고, 점차 다른 지역에도 보급하였으나, 지방관의 무관심과 가중되는 공납의
부담 등으로 널리 보급되지는 못한 것으로 추정된다.[86]

---

86) 오용섭, 1994, "倭楮의 傳來와 抄造," 서지학연구 10, 659-662.

『여지도서』에 닥나무 산지로 기록된 군현은 모두 28곳에 불과하다. 경상도가 남해·밀양·예천·진주·합천·초계·풍기·의령·울산·거제·경주·고성·창원 등 13곳으로 가장 많았다. 이 가운데 울산·거제·경주·고성·창원 등 5개 군현은 '저'가 아니라 '왜저'의 산지로 기재되어 있는데, 창원대도호부와 고성현은 '금무(今無)' 즉 지금은 나오지 않는다고 기록되어 있다. 그리고 고성현은 왜저를 자란도(自卵島)라는 섬에 심었으며, 거제부는 유자도(柚子島)에 심는다고 적혀 있다.

그다음으로 전라도는 고산·곡성·광양·낙안·남원·담양·동복·무주·옥과·운봉·진안·함평 등 12곳에서 닥나무가 나왔으며, 평안도는 상원·성천·안주 등 3곳, 충청도는 연산·진잠 등 2곳에서 나왔다. 함경도에서는 북청부에서만 닥나무가 산출되었고, 나머지 경기도·황해도·강원도는 한 곳도 없었다 (그림 5-39 참조).

기록 그대로 해석하면, 15세기 전반에 비해 18세기 후반에는 닥나무 산지가 크게 줄어들었지만, 이것이 실제 상황을 반영한 것인지는 확실하지 않다. 다만 선행 연구에 따르면, 조선 후기 들어 대동법(大同法)이 실시되면서 닥나무 생산량이 급감하였다. 닥나무를 심던 밭에 곡식을 심었고, 지방 관사에서 직접 종이를 생산할 필요가 없어지자 닥나무를 굳이 재배할 이유가 없었던 것이다.[87] 그렇지만 경상도는 오히려 닥나무를 재배하는 군현의 숫자가 증가한 점, 그리고 15세기 전반에 많은 군현에서 닥나무를 재배하던 강원도에서 18세기 후반에는 닥나무가 전혀 생산되지 않은 것은 의외의 일이다.

(5) 꿀

『세종실록지리지』에 '봉밀(蜂蜜)' 또는 '밀봉(蜜蜂)'으로[88] 기록되어 있는

---

87) 김삼기, 2006, 조선시대 제지수공업 연구, 민속원, 107.

표 5-28. 15세기 전반 꿀을 생산하는 군현의 도별 비율(%)

도	경기도	충청도	경상도	전라도	황해도	강원도	평안도	함길도	합계
전체 군현 수	41	55	66	56	24	24	47	21	334
꿀 생산 군현 수	8	19	53	33	8	24	25	1	171
비율	19.5	34.5	80.3	58.9	33.3	100	53.2	4.8	51.2

꿀은 전국 334개 군현 가운데 절반이 넘는 171개 군현에서 생산되었다. 밀원식물(蜜源植物)의 개화시기에 맞추어 벌통을 옮겨 다니며 일 년에 4-5차례 꿀을 채취하는 오늘날과 달리, 조선시대에는 한 곳에 벌통을 고정시켜 놓고 벌을 사육하며 일 년에 한 차례 꿀을 채취하는 것이 일반적이었다.

표 5-28은 도별로 꿀이 생산되는 군현의 숫자와 그것이 전체 군현에서 차지하는 비율을 정리한 것이다. 강원도는 24개 전체 군현에서 꿀을 생산하여 15세기 전반 양봉이 가장 활발한 도였다. 그다음으로 비율이 높은 곳은 경상도로 80.3%의 군현에서 꿀을 생산하였다. 각각 33곳과 25곳의 군현에서 꿀을 산출한 전라도와 평안도도 전국 평균 이상이었다. 전국 평균보다 낮은 도는 경기도·충청도·황해도·함길도였으며, 특히 함길도는 온성도호부 1곳에서만 꿀이 나왔다.

그림 5-40을 통해 꿀 생산 지역의 분포를 살펴보면, 경기도는 동부 내륙의 산간 지역, 충청도도 동부 내륙 지역에 극도로 편중되어 있었다. 경상도는 워낙 광범위한 지역에서 꿀이 생산되어 경향성을 찾기 어렵지만, 동해안보다는 서쪽 내륙이 더 생산이 많았다. 전라도도 유사한 경향이 나타나 꿀 생산 지역이 넓게 분포하지만, 서해안보다는 동부 내륙 지역이 우세하였다. 황해도도 꿀 생산 군현이 서쪽 해안보다 동쪽 내륙에 많았다.

---

88) '밀봉'은 경상도 하양현에만 기재되어 있다. '봉밀'의 오기로 보인다.

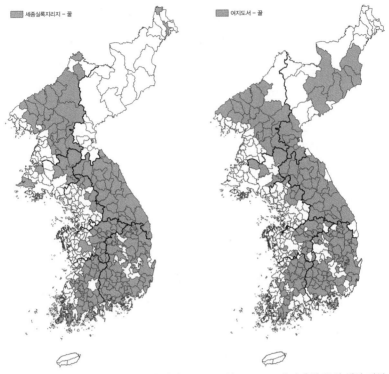

그림 5–40. 15세기 전반 꿀의 생산 지역   그림 5–41. 18세기 후반 꿀의 생산 지역

『여지도서』에는 '봉밀'과 함께, '청밀(淸蜜)', '석청밀(石淸密)', '황밀(黃蜜)'
이 기재되어 있다. '청밀'은 꿀을 부르는 별칭으로 생각되며, '석청밀'은 산속
의 나무나 돌 사이에 야생벌이 모아 놓은 꿀로, 벌을 사육하여 얻은 꿀과 구분
된다. '황밀'은 글자 그대로 누런 꿀 또는 벌통에서 떠낸 그대로의 꿀을 의미한
다. '청밀'이 생산된 군현은 경기도 양주, 강원도 영월, 경상도 안의·칠원, 전
라도 강진·고산, 함경도 영흥 등 모두 7개 군현이었으며, '석청밀'이 생산된 군
현은 경상도 봉화·언양·초계, 평안도 덕천 등 4개 군현이었고, '황밀'은 평안
도 운산에서만 생산되었다.

　표 5–29와 그림 5–41을 보면, 『여지도서』에는 모두 154곳의 꿀 산지가 기

　　　　　　　　지리지를 이용한 조선시대 지역지리의 복원

표 5-29. 18세기 후반 꿀을 생산하는 군현의 도별 비율(%)

도	경기도	충청도	경상도	전라도	황해도	강원도	평안도	함경도	합계
전체 군현 수	38	54	71	56	23	26	42	23	333
꿀 생산 군현 수	5	18	49	23	5	23	19	12	154
비율	13.2	33.3	69.0	41.1	21.7	88.5	45.2	52.2	46.2

록되어 『세종실록지리지』보다 적다. 전국적으로 46.2%의 군현에서 꿀을 생산하였으며, 도별로 꿀을 생산하는 군현의 비율이 가장 높은 곳은 88.5%의 강원도였으며, 2위는 69.0%의 경상도였다. 여기까지는 15세기 전반과 변화가 없으나, 3위인 52.2%의 함경도는 15세기 전반에는 꿀을 생산하는 군현이 한 곳밖에 없던 도였다. 함경도에서의 꿀 생산의 확산이 두드러진 특징이었다. 15세기 전반에 전국 평균 이하였던 경기도·충청도·황해도는 18세기 후반에도 큰 변화가 없었다.

(6) 칠(漆)

표 5-30을 보면 『세종실록지리지』에 206곳의 군현에서 생산된 것으로 기록된 '칠'은 옻나무의 수액으로 천연 도료나 약용으로 사용한다. 칠을 도료로 사용하면, 잘 썩지 않고 물과 열에도 잘 견디며 벌레도 먹지 않기 때문에 칠은 옛날부터 고급 도장재로 사용되어 수요가 많았다. 이 때문에 전체 군현의 61.7%에 해당하는 곳에서 옻이 생산되어 임산물 가운데 가장 전국적인 산물이었다.

칠의 생산이 가장 활발한 도는 모든 군현에서 칠이 나오는 강원도였다. 특히 다른 도는 칠이 대부분 토공조에 기재되어 있는 데 반해,89) 강원도는 토의조

---

89) 토의조에 칠이 기재된 군현은 경기도 광주, 충청도 단양·제천·해미와 황해도의 배천, 평안

표 5-30. 15세기 전반 칠을 생산하는 군현의 도별 비율(%)

도	경기도	충청도	경상도	전라도	황해도	강원도	평안도	함길도	합계
전체 군현 수	41	55	66	56	24	24	47	21	334
칠 생산 군현 수	1	36	56	42	11	24	36	0	206
비율	2.4	65.5	84.8	75.0	45.8	100	76.6	0	61.7

에 적혀 있는 군현이 14곳이나 되어 칠이 작물로 많이 재배된 것으로 추정된다.[90] 정선군은 칠이 토의조, 토공조는 물론, 약재에도 기재되어 3번이나 언급되어 있으며, 평창군도 토의조와 토공조에 모두 기록되어 있다. 또한 홍천현에는 전국에서 유일하게 '건칠(乾漆)'이 토공조에 기재되어 있다. 이와 같이 강원도는 15세기 전반 칠뿐 아니라 꿀, 닥나무 등 다른 임산물의 생산도 활발하여 전국 최고의 임업 지역이었다고 평가할 수 있다.

15세기 전반 꿀의 생산 지역에서 2·3·4위를 차지하였던 경상도·전라도·평안도는 칠의 생산 지역에서도 각각 2·4·3위를 점하였다. 역시 꿀에서 5·6위였던 충청도·황해도는 칠에서도 5·6위였다. 경기도는 광주목 한 곳에서만 칠이 나왔고, 함길도는 칠이 나오는 군현이 한 곳도 없었다. 전국적인 분포를 살펴보면, 그림 5-42와 같다.

『여지도서』에는 칠(漆)' 외에 옻나무를 뜻하는 '칠목(桼木)',[91] '노목(櫨木)'[92] 등도 물산조에 등장한다. 이를 모두 합쳐 칠이 생산되는 것으로 기록된 군현은 모두 54곳으로, 『세종실록지리지』에 비해 크게 줄었다. 가장 많은 군현에서 칠이 생산되는 도는 경상도이며, 거제·경주·군위·남해·대구·밀양·

도의 성천·자산 등 모두 7곳이었다.
90) 강릉, 김화, 삼척, 양구, 양양, 영월, 원주, 정선, 춘천, 통천, 평창, 홍천, 횡성, 흡곡이 토의조에 칠이 기재되어 있다.
91) 함경도 북청도호부의 물산조에 있다.
92) 거망옻나무라고 하는데, 전라도 대정현의 물산조에 있다.

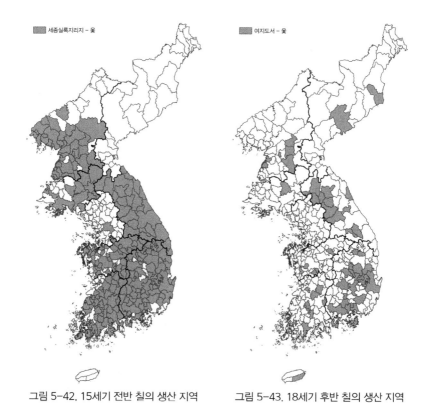

그림 5-42. 15세기 전반 칠의 생산 지역	그림 5-43. 18세기 후반 칠의 생산 지역

비안·선산·성주·신녕·영천·예안·의령·의성·의흥·진주·창원·청송·초계·칠원·함안 등 21개 군현이었다. 그다음은 간성·금성·김화·낭천·안협·정선·철원·춘천·평강·평창·홍천 등 11개 군현에서 칠이 나는 강원도였으며, 3위는 금구·담양·동복·운봉·임실·장흥·정의·진안·창평 등 9개 군현의 전라도였다. 충청도는 괴산·연산·정산·진잠·홍산 등 5개 군현, 평안도도 덕천·성천·순천·영유·증산 등 5개 군현에서 칠이 생산되었으며, 15세기 전반에는 한 곳도 없던 함경도에서는 명천·북청 등 2개 군현, 황해도에서는 서흥에서만 칠이 생산되었다. 경기도는 칠이 나오는 군현이 한 곳도 없었다(그림 5-43 참조).

V. 산업

2) 수산업과 제염업

삼면이 바다로 둘러싸여 있는 우리나라는 수산업에 매우 유리한 조건을 갖추고 있다. 동해·서해·남해의 세 바다의 특징이 서로 다른데, 동해는 수심이 깊고, 한류와 난류가 만나는 조경 수역(潮境水域)이어서 플랑크톤이 풍부하고 이를 먹이로 하는 어류가 회유한다. 서해는 평균 수심 50m 미만의 얕은 바다로서 전체가 대륙붕으로 이루어져 있으며, 한강·대동강·금강 등 큰 하천으로부터 유입되는 영양 염류가 풍부하여 각종 어족의 산란장과 생육장이 된다. 남해는 우리나라 최대의 어장으로 크고 작은 반도와 섬이 많아 해안선이 복잡하고, 겨울에도 수온이 높게 유지되는 것이 특징이며, 어종이 매우 다양한 편이다.[93]

이러한 좋은 자연조건에도 불구하고, 조선시대의 수산업 기술 수준은 낮았다. 당시 수산업의 기술 수준이 낮았던 이유는 조기를 비롯한 일부 어종을 제외하고는 어류에 대한 수요가 많지 않았고, 수산 자원이 풍부하여 유치한 어구(漁具)·어법(漁法)으로도 그 수요를 충족시키는 데 충분했기 때문으로 추정된다.[94] 여기에 더해 교통이 발달하지 못하여 어류의 유통이 어려웠고, 봉건적 수탈과 산업의 미발달로 일반 대중의 구매력이 빈약하여 어업만으로는 사람들이 생계유지가 어려웠던 점과 어업보다는 농업을 중시했던 문화적 전통도 어업의 발달을 가로 막았다.

이 절에서는 『세종실록지리지』를 주된 자료로, 당시 주된 어로 방법이자 시설이었던 어량(漁梁)의 분포와 주요 수산물의 생산지를 살펴보았다. 그리고 시기적 변화를 살피기 위해 『여지도서』에 기재된 수산물도 활용하였다. 이와

---

93) 권혁재, 2003, 한국지리─ 총론(제3판), 법문사, 267-271.
94) 박구병, 1981, "韓國水産業技術史", 韓國現代文化史大系 5권, 고대 민족문화연구소, 856-857.

함께 소금을 생산하는 제염업의 지역적 분포에 대해서도 분석하였다. 제염업은 광물인 소금을 다루는 산업이라 하여 오늘날에는 광업으로 분류하지만, 조선시대에는 제염업이 어업과 동일한 계열의 산업으로 다루어졌다.[95] 또한 지리학에서는 전통적으로 제염업을 수산업에 포함시켜 다루어왔기 때문에 이 절에서 수산업과 같이 살펴보았다.

(1) 어량(魚梁)의 분포

'어량'은 고려에서 조선 전기에 이르는 시기, 우리나라 어업의 대표적인 생산 형태였다. 어량은 하천이나 연해의 얕은 바다에 대나무·나뭇가지·갈대 등의 재료를 이용하여 방사형의 발[簾]을 수면 위로 나오게 세우고, 이 좌우의 발이 모이는 한 가운데에 원형 또는 사각형의 통을 설치하여 강이나 바닷물의 흐름에 따라 여기에 모이는 물고기를 포획하는 어구였다.[96] 고려시대에는 '어량'이라 불렸으며, 조선시대 들어 '어량' 또는 '수량(水梁)'이라 불리다가, 세종 때에 이르러 처음으로 '어전(魚箭)' 또는 '어전(漁箭)'이라는 명칭이 사용되기 시작하였고, 성종 때부터는 '어전'으로 통칭되었다. '어량'을 '어전'으로 개칭한 이유는 교량이라는 뜻에서 이름을 딴 하천 어량에 비해 해양 어량의 비중이 갈수록 커졌기 때문으로 추정된다.[97]

그런데 『세종실록지리지』에는 모두 어량으로 기재되어 있으며, 다음과 같은 기록들이 있다.

어량(魚梁)이 2곳이고, 홍어·숭어·민어·쌀새우[白蝦]·대합조개[生蛤]·미네굴[土花]·굴[石花]이 난다. 염소(鹽所)가 11곳이다(『세종실록지리지』, 경

---

95) 권혁재, 2003, 앞의 책, 297.
96) 박평식, 2007, "15세기 조선의 漁箭정책과 漁箭경영," 역사교육 101, 126-127.
97) 박구병, 1975, 한국어업사, 정음사, 74-75.

기도, 강화도호부).

어량이 1곳인데, 구산현(龜山縣) 여음포(餘音浦)에 있다. 주로 대구어가 잡힌다(『세종실록지리지』, 경상도, 칠원현).

어량이 1곳이고, 염소(鹽所)가 1곳이다(『세종실록지리지』, 황해도, 은율현).

보현산(普賢山)은 군의 북쪽에 있다. 전탄(箭灘)은 군의 북쪽에 있는데 어량이 있다(『세종실록지리지』, 함길도, 문천군).

파독천(波獨川)은 군의 동쪽에 있다. 그 근원이 갑산(甲山) 지경의 쌍청동(雙靑洞) 북쪽 큰 산 아래에서 시작하여 채금동(採金洞)을 지나, 군치(郡治) 240여 리를 경유하여 바다로 들어간다. 이마이천(泥亇耳川)은 군의 북쪽에 있다. 그 근원은 갑산(甲山) 지경의 쌍청동(雙靑洞) 큰 산 아래에서 시작하여 덕응주(德應州) 산성(山城)을 지나서 20여 리를 흘러 바다로 들어간다. 위의 두 내는 모두 어량이 있는데, 주로 연어(連魚)가 난다(『세종실록지리지』, 함길도, 단천군).

경기도 강화도호부의 기록이 가장 일반적인 형식으로, 토공이나 토산에 대한 설명 다음에 적었으며, 군현에 있는 어량의 숫자를 기록하고 그곳에서 나오는 어류의 종류를 기재하였다. 그리고 경상도 칠원현과 같이 어량의 위치를 구체적으로 기록한 사례가 있으며, 황해도 은율현과 같이 어량의 숫자만 기재한 경우도 있다. 함길도 문천군과 단천군의 사례는 어량을 기록하기 위한 것이 아니라 건치연혁 다음에 나오는 산천에 대한 설명 가운데 하천을 설명하면서 그 곳에 어량이 있다고 밝힌 것이다. 이러한 사례는 함길도의 이 두 군현에서만 발견된다.[98]

지리지를 이용한 조선시대 지역지리의 복원

표 5-31. 『세종실록지리지』에 기록된 어량의 숫자

도	어량 보유 군현 숫자	어량 보유 군현(괄호 안은 어량 숫자)	전체 어량 수
경기도	8	강화(2), 김포(1), 남양(2), 부평(1), 수원(2), 안산(5), 인천(19), 통진(2)	34
충청도	12	결성(1), 남포(3), 당진(1), 보령(5), 비인(15), 서산(10), 서천(17), 아산(3), 직산(1), 태안(46), 홍주(33), 해미(1)	136
경상도	4	경주(1), 진주(2), 칠원(1), 하동(3)	7
전라도	4	무장(34), 부안(2), 영광(13), 낙안(1)	50
황해도	8	강령(84), 연안(2), 옹진(26), 은율(1), 장연(2), 장련(1), 풍천(7), 해주(4)	127
강원도	–	–	–
평안도	–	–	–
함길도	3	안변(1), 단천(2), 문천(1)	4
계	39		358

주: 함길도 문천, 단천군은 산천(山川) 기록에서 추출한 어량임.

이와 같이 『세종실록지리지』에 기재된 어량의 숫자를 군현별로 정리한 것이 표 5-31이다. 전국적으로 358개의 어량이 기재되어 있다. 당시 어량은 그 이익이 막대하였기 때문에 권세가와 거상(巨商)들이 차지하려고 애썼다. 그러나 조선 정부는 "산림천택의 이익을 백성과 같이 누린다."라고 표방하고 이의 사점을 배제하는 정책을 폈다. 그 결과, 전국의 어량을 관어전(官魚箭)과 사어전(私魚箭)으로 편성하여 호조의 사재감(司宰監)에서 관할하게 하였다.[99] 『세종실록지리지』에 기록된 어량들은 사재감에서 관리하던 관어전일 가능성이 높다.

어량의 도별 분포를 보면, 충청도가 12개 군현에 136개의 어량이 있어 가장

---

98) 어량의 기록은 아니지만, 이 책에서는 통계에 포함하였다.
99) 김동진, 2017, 조선의 생태환경사, 푸른역사, 197-198.

많았으며, 그 뒤를 8개 군현에 127개 어량을 가진 황해도가 이었다. 3위는 4개 군현에 50개의 어량을 가진 전라도였고, 4위는 8개 군현에 34개 어량을 보유한 경기도였다. 경상도는 4개 군현에 7개의 어량이 있었으며, 함경도는 3개 군현에 4개의 어량밖에 없었다. 가장 어량의 숫자가 많은 군현은 84개의 황해도 강령현이었으며, 그다음은 46개의 충청도 태안군이었다.

물론『세종실록지리지』가 당시 존재하던 모든 어량을 기록한 것은 결코 아니며, 국가에서 관리하던 규모가 큰 어량 위주로 기록하였을 가능성이 높다. 그렇지만 이를 통해 어량 분포의 특성

세종실록지리지 - 어량
(단위 : 어량 개수)

1 ~ 5
5 ~ 10
10 ~ 20
20 ~ 40
40 이상

그림 5-44. 15세기 전반 어량의 분포

은 어느 정도 파악할 수 있다. 가장 큰 특징은 어량이 동해안이나 남해안에 비해 서해안에 편재되어 있었다는 사실이다.

그림 5-44를 보면 이러한 특징이 잘 드러나는데, 어량은 황해도에서 경기도, 충청도, 그리고 전라도로 이어지는 서해안에 집중되어 있는 것을 확인할 수 있다. 그리고 서해안의 어량은 거의 대부분 바다에 설치된 어량이었다. 그 증거는 서해안에 설치된 어량의 어획물 기록이다.

『세종실록지리지』에 기재된 서해안에 위치한 어량에서 잡히는 어류는 홍어·숭어·민어·조기·농어·준치·광어·갈치·전어·청어 등 모두 바닷고기였다. 서해안에 위치한 31개 군현 가운데 어획물의 기록이 없는 곳은 전라도 무장현과 영광군, 그리고 황해도 은율현인데, 무장현·영광군은 어량의 위치

지리지를 이용한 조선시대 지역지리의 복원

나 토공·토산으로 미루어 볼 때 해양 어량이 확실하며, 은율현은 확실치 않다. 이와 같이 서해안 군현의 어량이 바다에 설치된 이유는 서해안이 세계적으로도 조석 간만의 차가 큰 해안이며, 평탄한 간석지가 넓게 펼쳐져 있어 어량을 설치하기에 적합한 자연조건을 가지고 있기 때문이다. 15세기 전반에 우리나라에서 연해 어업이 가장 활발하였던 지역은 서해안이었다.

이에 비해 동해안은 조석 간만의 차이가 적고 암석 해안이 많으며, 모래 해안이라도 서해안에 비해 경사가 급해 어량을 설치하기에 좋지 않은 조건이다. 동해에 면해 있는 함길도·강원도·경상도가 서해에 면한 도에 비해 어량 숫자가 매우 적거나 없는 것도 이와 밀접한 관련이 있다. 동해안에 위치한 함길도의 3개 군현과 경상도의 경주부의 기록을 분석하면, 모두 바다가 아닌 하천에 설치된 어량임을 알 수 있다. 먼저 경주부의 어량은 "안강현의 동쪽 수방동(輸方洞)의 대천(大川)에 있는데, 연어(年魚)가 난다."라고[100] 되어 있으며, 함길도 안변도호부의 어량(魚梁)도 "부(府)의 남천(南川)에 있다."라고[101] 기재되어 있다. 앞서 살펴보았듯이, 함길도 단천군과 문천군에 있는 어량도 하천에 설치된 것이었다. 동해안에 면한 강원도에 어량이 한 곳도 없고, 경상도도 어량이 적은 것이 이러한 이유 때문이다.

남해안은 서해안과 동해안의 중간적 위치를 점하였다. 남해안에 위치한 어량은 경상도의 진주·칠원·하동과 전라도 낙안군의 어량이었다. 낙안군의 어량은 장도(獐島)라는 섬에 있다고 적혀 있고, 구산현(龜山縣) 여음포(餘音浦)에 있는 칠원현의 어량도 대구어가 잡히므로 해양 어량이다. 진주목의 어량은 하나는 김양촌(金陽村)에,[102] 하나는 강주포(江州浦)에 있다고 기재되어 있는데 모두 남해안에 있다. 하동현의 어량은 그 위치를 정확하게 파악하기 어

---

100) 『세종실록지리지』, 경상도, 경주부.
101) 『세종실록지리지』, 함길도, 안변도호부.
102) 현재의 경남 하동군 금남면 대치리로 추정되며, 남해안에 면한 곳이다.

렵다. 따라서 남해안은 서해안에는 한참 못 미치지만, 동해안에 비해서는 어량에 의한 어업이 활발하였다고 평가할 수 있다.

한편 『세종실록지리지』에는 기록이 거의 없으며, 그림 5-44에서도 내륙에는 어량이 없는 것으로 나타나지만, 당시에 해양 어량 못지않게 하천 어량도 많았을 것으로 추정된다. 어량은 원래 하천에 설치하였던 어구였으며, 하천 어량에서 생산된 어류는 주로 은어였다.[103]

(2) 주요 수산물의 분포

조선시대 수산업의 특징은 어업 기술의 수준이 낮아 내만(內灣) 내지 연안 어업의 테두리를 면하지 못하였고, 그 생산물도 연안에 정착해 있는 수중 동식물이나 계절에 따라 연안, 내만에 회유하는 어류를 포획하여 초보적인 가공을 한 수산물이었다. 그러나 당시 우리나라 연안의 수산 자원은 대단히 풍부했던 것으로 보인다. 왜냐하면 어업 기술이 유치하였음에도 불구하고 문헌에 나타나는 어종이 많고, 수확고도 비교적 많았다는 것은 수산 자원이 풍부한 것을 전제로 하여야만 가능하기 때문이다.[104]

『세종실록지리지』 토공 및 토산조에 나타나는 수산물은 매우 다양하다. 은구어(銀口魚)·대구어(大口魚)·민어(民魚) 등 50여 종의 어류, 홍합(紅蛤)·석화(石花) 등 10여 종의 조개류, 우모(牛毛)·곤포(昆布)·곽(藿) 등 20여 종의 해조류, 문어(文魚)·낙지(落地)·해(蟹) 등 10여 종의 기타 수산물, 그리고 어교(魚膠)·어피(魚皮)·건합(乾蛤) 등 20여 종의 가공품이 기재되어 있다. 이 가운데 대표적인 수산물의 분포를 살펴보았다.

---

103) 박구병, 1975, 앞의 책, 74.
104) 임인영, 1977, 이조어물전 연구, 숙명여자대학교 출판부, 15.

가. 어류

조선시대 인기가 높았던 어류로는 은어, 조기가 대표적이다. 은어는 어릴 때 바다로 나갔다가 번식을 하러 다시 하천으로 돌아오는 회유성 어종으로, 주로 강에서 잡았다. 은어는 맛이 담백하고 살에서 오이향 또는 수박향이 나서 사람들이 선호하였기 때문에 주요한 토공품이었다.

『세종실록지리지』에는 은어가 '은구어(銀口魚)'로 표기되어 있으며, 전국적으로 50개 군현의 토공조와 토산조에 기재되어 있다(그림 5-45 참조). 경기도·황해도·함길도는 각각 한 곳의 군현에서만 은어를 잡았는데, 광주목·해주목·단천군이었다. 가장 많은 군현에서 은어가 나온 도는 경상도로, 36개 군

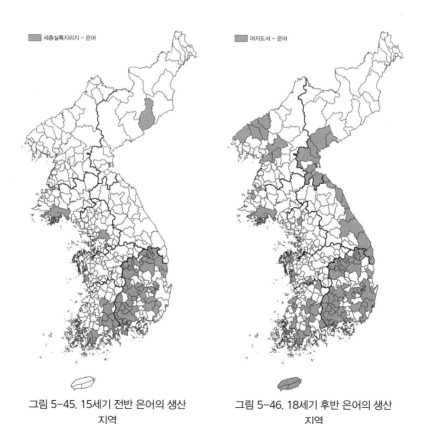

그림 5-45. 15세기 전반 은어의 생산 지역 　　　　 그림 5-46. 18세기 후반 은어의 생산 지역

현에서 생산하였다. 전체 군현의 절반이 넘는 곳에서 은어를 잡은 것이다. 전라도는 강진·곡성·광양·구례·남원·동복·순천·임실·장흥 등 9개 군현에서 은어가 생산되었다. 곡성·광양·구례·남원 등 섬진강이 흐르는 군현에서 은어가 많이 나온 것이 특징이다. 섬진강은 지금도 은어의 명산지로 꼽히는데, 은어는 바닥이 자갈이나 모래로 이루어져 있고 맑은 물이 흐르는 하천을 좋아하기 때문이다. 충청도에서는 결성현과 남포현의 2곳에서 은어가 잡혔고, 강원도와 평안도는 한 곳도 기록이 없었다.

『여지도서』에는 은어가 '은구어' 또는 '은어(銀魚)'로[105] 표기되어 있다. 그림 5-46은 『여지도서』 물산조에 은어가 기록되어 있는 군현을 보여 준다. 전국적으로 90개 군현으로, 경상도가 40개 군현으로 가장 많았고, 전라도 17개, 강원도 9개, 평안도와 함경도가 각각 7개, 충청도가 6개, 경기도와 황해도가 각각 2개였다. 15세기 전반에는 한 곳도 없던 강원도와 평안도에서도 은어가 나왔다.

강원도는 흡곡·통천·고성·간성·양양·강릉·삼척·울진·평해 등 동해안을 따라 줄을 지어 있는 군현들이었으며, 평안도는 개천·벽동·삭주·안주·영변·의주·창성이었다. 이 가운데 안주·영변·개천은 청천강을 따라, 의주·삭주·창성·벽동은 압록강을 따라 위치해 있는 군현들이다. 충청도에는 남포·보령·서산·연산·은진·해미 등 서해안과 금강 및 그 지류 변에 있는 군현에서 은어가 나왔다. 경기도는 안산과 파주, 황해도는 은율과 해주였다. 전라도에는 제주도의 제주·대정·정의의 3개 군현도 포함되어 있다.

전체적으로 보면, 서해안보다는 동해안과 남해안으로 유입되는 하천에서 은어가 더 많이 잡힌 것으로 추정된다. 이에 따라 황해도·경기도·충청도는 군현 수에 비해 은어가 나오는 군현이 적었고, 상대적으로 함경도·강원도·경

---

105) '은어'로 표기된 곳은 강원도 고성군과 전라도 대정현이다.

상도·전라도에서 은어가 많이 생산되었다. 강원도의 경우, 태백산맥 서쪽의 영서 지방에서는 은어가 전혀 나오지 않았으며, 대동강·한강·금강 유역에도 은어 산지가 극히 한정되어 있었다.

잔칫상이나 제사상에 빠지지 않는 조기는 우리나라 사람들이 가장 좋아하는 생선으로 꼽힌다. 특히 조기를 소금에 절여 말린 굴비는 오래 보관할 수 있어 상품으로써 가치가 높았으며, 중요한 진상품이었다. 『세종실록지리지』에는 조기가 '석수어(石首魚)'로 기재되어 있는데, 이러한 가치에도 불구하고 많이 등장하지 않는다. 토의, 토산조에 조기가 실린 군현은 전국적으로 7개 군현에 불과하였다. 경기도 교동현, 전라도 만경현·무장현·영광군·순천도호부, 황해도 해주목과 평안도 용천군 등이었다. 남해안의 순천도호부를 빼곤 모두 서해안에 위치한 군현들이다. 이 7개 군현 외에 앞에서 언급한 바 있는 어량의 어획물로 조기가 기재된 군현들이 있는데, 경기도의 남양·안산·인천·교동, 충청의 태안·서산·해미·결성현 등 모두 8곳으로 역시 모두 서해안에 있다.

『여지도서』에는 조기가 '석수어' 내지 '석어(石魚)', '황석수어(黃石首魚)[106]'로 기재되어 있으며, 64개 군현의 물산조에 조기가 수록되어 있다. 15세기 전반에 비해 크게 늘어난 숫자이다. 도별로는 충청도와 경상도가 12곳으로 가장 많았다. 충청도는 결성·남포·당진·면천·보령·비인·서천·아산·직산·한산·해미·홍주이며, 경상도는 거제·고성·곤양·남해·동래·사천·웅천·진주·진해·창원·칠원·하동이다. 충청도의 홍주와 직산현은 바다에 바로 면해 있지 않지만, 서해안에 월경지(越境地)를 가지고 있어 조기가 물산에 등재될 수 있었던 것으로 생각된다. 경상도의 군현들은 동해안에는 한 곳도 없고 모

---

106) '황석수어'로 적혀 있는 군현은 충청도 직산현이며, 경기도 수원도호부는 '황석수어(黃石秀魚)'로 기재되어 있다.

두 남해안에 위치한 곳들이다.

그다음은 11개 군현의 평안도로, 구성·삼화·선천·숙천·영유·용강·용천·정주·증산·철산·함종이었고, 강진·고부·무장·부안·순천·영광·함평·흥덕·흥양 등 9개 군현의 전라도가 뒤를 이었다. 평안도는 구성부를 빼곤 모두 서해안에 위치한 군현이었으며, 구성부는 서해안에 월경지를 가지고 있었다. 전라도의 경우, 강진·순천·흥양은 남해안, 나머지는 서해안에 있는 군현이었다. 그리고 경기도는 강화·남양·부평·수원·안산·인천 등 6개 군현, 황해도는 강령·옹진·은율·해주 등 4개 군현에서 조기를 잡았다.

그림 5-47을 보면, 조기는 18세기

여지도서 – 조기

그림 5-47. 18세기 후반 조기의 생산 지역

후반 서해안 전역에서 잡힌 것을 알 수 있으나, 계절에 따라서 차이가 있었을 것이다. 조기는 겨울에 제주도 부근에서 월동하며, 점차 북상하면서 4월에는 칠산 바다, 5월에는 연평도, 6월에는 평안도 북부 해안까지 올라가기 때문이다.[107] 그리고 서해보다는 적지만, 남해에서도 일부 조기가 생산되었으며, 동해에서는 잡히지 않은 것으로 보인다.

이에 비해 숭어는 보다 넓은 지역에서 산출되었다. 숭어는 『세종실록지리지』에 '수어(水魚)'라고 기재되어 있으며, 조기보다 많은 32곳 군현의 토공, 토

---

107) http://encykorea.aks.ac.kr/(한국민족문화대백과사전) '조기'항목.

지리지를 이용한 조선시대 지역지리의 복원

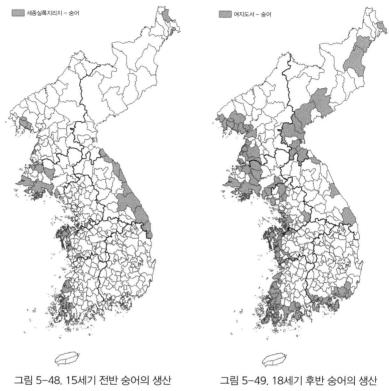

그림 5-48. 15세기 전반 숭어의 생산
지역

그림 5-49. 18세기 후반 숭어의 생산
지역

산조에 등장한다. 도별로는 강원도의 9개 군현, 충청도와 황해도의 6개 군현, 전라도의 4개 군현, 경기도와 평안도의 3개 군현, 함경도의 1개 군현에 수록되어 있으며, 경상도는 한 곳도 없다(그림 5-48 참조). 그런데 경상도 군현에는 기록이 없지만, 경상도의 궐공조에는 '건수어(乾水魚)', 즉 말린 숭어가 수록되어 있다. 이를 포함한다면, 숭어는 8도 모두에서 생산된 것이다.

숭어는 말린 숭어로 유통되는 경우가 많았던 것 같다. 경기도 양성현, 전라도 무장현, 황해도의 봉산·안악·장연현 등 5개 군현은 '건수어'로 기재되어 있기 때문이다. 한편 숭어는 바다에서뿐만 아니라 강 하류에서도 잡혔다. 경기도 양천현의 토산조에는 "양화도(楊花渡) 아래에서 주로 웅어[葦魚]·숭어

표 5-32. 『여지도서』 물산조에 숭어가 기록된 군현

도	숭어가 기록된 군현	숫자
경기도	강화, 교동, 교하, 남양, 수원, 안산, 양천, 여주, 인천, 장단, 파주	11
충청도	결성, 남포, 당진, 덕산, 면천, 보령, 부여, 비인, 서산, 서천, 석성, 아산, 은진, 직산, 태안, 한산, 홍주	17
경상도	거제, 고성, 곤양, 김해, 남해, 동래, 사천, 양산, 웅천, 창원, 하동	11
전라도	나주, 낙안, 무안, 무장, 보성, 부안, 영광, 영암, 옥구, 장흥, 진도, 함열, 함평, 해남, 흥덕, 흥양	16
황해도	강령, 금천, 배천, 봉산, 안악, 연안, 장련, 장연, 재령, 해주, 황주	11
강원도	삼척, 양양, 통천	3
평안도	가산, 강서, 곽산, 구성, 박천, 삼화, 선천, 안주, 영유, 용천, 정주, 중화, 증산, 철산, 평양, 함종	16
함경도	경성, 경흥, 덕원, 문천, 부령, 북청, 안변, 영흥, 정평, 함흥	10
계		95

[水魚]·면어(綿魚)가 난다."라고 기재되어 있어 한강 하류에서 숭어가 잡힌 사실을 언급하고 있다. 우리나라 연안 전역에 서식하며, 강의 하구나 민물에도 들어간다는 숭어의 특성이 『세종실록지리지』에 잘 드러나 있다.

『여지도서』에는 숭어가 '수어(秀魚)'로 기재되어 있다. 표 5-32, 그림 5-49와 같이 숭어는 모두 95개 군현에 수록되어 있어 은어, 조기보다 많았다. 그리고 도별로도 고른 분포를 보이며, 바다에 면해 있지 않은 내륙의 군현에서도 생산되는 것으로 나타났다. 그렇지만 경기도 여주목은 남한강 중류에 있는데, 여기에서도 숭어가 잡혔는지는 의문이다. 『세종실록지리지』와 비교해 보면, 모든 도에서 생산 군현이 증가하였는데, 특히 경상도·함경도·평안도가 크게 늘어났다.

나. 해조류

『세종실록지리지』에 수록되어 있는 해조류는 우모(牛毛)·곤포(昆布)·해

조(海藻)·황각(黃角)·세모(細毛)·곽(藿)·분곽(粉藿)·상곽(常藿)·조곽(早藿)·사곽(絲藿)·다사미(多絲亇)·청각(靑角)·감태(甘苔)·해의(海衣)·해대(海帶)·해각(海角)·무산이(莓産伊) 등 다양하다.

이 가운데 곽(藿)·분곽(粉藿)·상곽(常藿)·조곽(早藿)·사곽(絲藿)은 각각의 특징이 다르나 모두 미역을 부르는 명칭으로 보인다. '분곽'은 품질이 가장 좋은 미역을, '상곽'은 품질이 보통인 미역을, '조곽'은 일찍 따서 말린 미역을, '사곽'은 가늘고 부드러운 실미역을 일컬으며, '곽'은 미역을 통칭하는 단어로 사용된 것 같다. 예로부터 해조류 가운데 가장 많이 먹은 것은 미역이다. 『세종실록지리지』에 위의 5가지 미역 중 한 가지 이상이 기록된 군현은 모두 21곳이었다. 서해안의 경기도·충청도·평안도는 한 곳도 없었고, 황해도도 장련현 한 곳뿐이었다. 경상도가 거제·고성·곤남·김해·동래·사천·영덕·영일·영해·울산·장기·진주·창원·청하·칠원·하동·흥해 등 17개 군현, 전라도가 고흥·광양·낙안·해진·강진·장흥·영암·순천·대정·정의 등 10개 군현, 강원도가 간성·강릉·고성·삼척·울진 등 5개 군현, 그리고 함길도가 경원·길주·단천·부령·북청·정평·종성·함흥 등 8개 군현이었다. 이 가운데 분곽은 전라도 해진·영암·장흥·순천·낙안·고흥 등 6개 군현에서, 상각은 전라도 해진·강진·장흥 등 3개 군현에서, 조곽은 경상도 동래·영덕에서, 그리고 사곽은 황해도 장련현에서 생산되었다(그림 5-50 참조).

미역 생산지의 지역적 분포에서 가장 두드러지는 특징은 서해안에서는 거의 생산되지 않고, 동해안과 남해안에서 주로 나온다는 것이다. 서해안과 남해안에 면해 있는 전라도를 보면 이를 확인할 수 있는데, 전라도에서 미역이 산출되는 10개 군현은 영암군만 빼고 모두 남해에 면해 있는 군현이다. 이는 서해안과 동해안·남해안의 지형적 특징과 관련이 있어 보인다. 서해안은 상대적으로 갯벌, 즉 간석지나 모래 해안으로 이루어진 경우가 많은 반면, 동해안과 남해안은 암석 해안으로 이루어진 경우가 많다. 미역은 해안의 돌이나

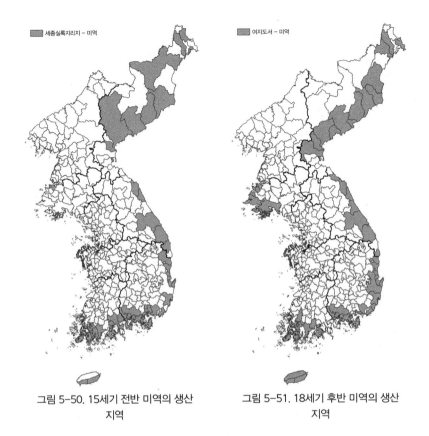

그림 5-50. 15세기 전반 미역의 생산
지역

그림 5-51. 18세기 후반 미역의 생산
지역

바위에 붙어 자라기 때문에 서해안보다는 동해안과 남해안이 미역이 서식하
기 좋은 환경을 가지고 있는 것이다.

『여지도서』에는 미역이 곽, 사곽, 조곽 외에도 '감곽(甘藿)', '해채(海菜)'로
108) 표기되어 있으며, 그림 5-51과 같이 모두 55개 군현에 기록되어 있어 『세
종실록지리지』보다 배 이상 늘었다. 서해안의 평안도·경기도·충청도는 여전
히 미역이 산출되는 군현이 한 곳도 없었으나, 황해도는 1곳에서 7곳으로 증
가하였다. 장련현에 더해 강령·옹진·은율·장연·풍천·해주에서 미역을 생

---

108) 해채로 표기된 곳은 강원도 고성군이었다.

산하였는데, 이 가운데 강령·은율·장
련·풍천은 사곽, 즉 실미역이었다. 황
해도 이외에서 실미역이 생산된 곳은
경상도 곤양과 하동뿐이어서 황해도는
실미역 산지로 특화된 곳이라 할 수 있
다.

황해도 외에 18세기 후반 미역의 생
산 군현은 경상도가 18곳으로 가장 많
았고, 함경도가 13곳, 전라도가 10곳,
강원도가 7곳이었다. 경상도의 18곳
가운데 북쪽의 영해부터 영덕·청하·
흥해·영일·장기·경주·울산·기장·
동래에 이르기까지 동해에 면해 있는
군현이 10곳이므로, 함경도·강원도와
합치면, 동해에서 미역이 생산되는 군

여지도서 - 김

그림 5-52. 18세기 후반 김의 생산 지역

현이 30곳에 이른다. 전체의 54.5%에 해당하는 것이다. 이에 비해 서해는 황
해도 7곳과 전라도의 나주목과 영암군뿐이어서 전체의 16.4%에 그쳤다.[109]

다음으로 김을 살펴보자. 김은 『세종실록지리지』에 '해의(海衣)'로 기재되
어 있다. '감태(甘苔)'도 김으로 간주하는 경우가 있으나, 『조선왕조실록』에
해의와 감태를 구분하여 사용하고 있고,[110] 『여지도서』 물산조에도 한 군현

---

109) 전라도 나주는 서해에 가깝지만, 남해안에 여러 곳의 월경지가 있었다.

110) 『세조실록』 16권, 세조 5년 4월 12일 계해 기사의 "임금이 판내시부사(判內侍府事) 전균
(田畇)에게 명하여 녹피(鹿皮)·녹미(鹿尾)·육포(肉脯)·건어(乾魚)·건균(乾菌)·호도(胡
桃)·복어젓[鰒魚鮓]·은구어젓[銀口魚鮓]·해의(海衣)·감태(甘苔) 등의 물품을 가지고 명나
라 사신에게 주게 하니 진가유(陳嘉猷)는 받지 않았으나, 왕월(王軏)은 이를 받았다."라는 사
례와 같이 해의와 감태를 같이 언급하면서 구분하여 쓴 용례를 왕조실록에서 찾을 수 있다.

안에서 감태와 해의를 별도로 기재한 경우가 발견되므로[111] 여기에서는 해의 만 김으로 간주하여 분석하였다.[112] 『세종실록지리지』에 해의가 기재된 군현 은 충청도 태안군과 경상도의 울산·동래·기장·장기·영일·영해·영덕 등 모 두 2개 도에 걸쳐 8개 군현밖에 없었다. 서해안이 1곳, 동해안이 7곳이었다.

『여지도서』 물산조에 김이 기록된 군현은 『세종실록지리지』에 비해 크게 늘어나 32곳이었다(그림 5-52 참조). 모두 해의로 적혀 있고, 황해도 장련현 은 '해태(海苔)'로 수록되어 있다.[113] 경상도가 경주·곤양·기장·동래·영덕· 영일·영해·울산·장기·청하·흥해 등 11곳으로 가장 많고, 전라도가 강진· 나주·보성·영암·장흥·진도·해남·흥양 등 8곳, 충청도가 결성·남포·비 인·서천·태안·홍주 등 6곳, 강원도가 강릉·삼척·양양·평해 등 4곳, 황해도 가 강령·옹진·장련 등 3곳이었다. 15세기 전반까지 김의 생산이 기록되지 않 았던 황해도·전라도·강원도에서도 김이 산출되었으며, 경상도는 15세기 전 반에 비해 경주·곤양·청하·흥해 등 4곳이 늘어났다. 해안별로 살펴보면, 동 해안이 14곳, 남해안이 7곳, 서해안이 11곳이었다.

(3) 제염업의 분포

조선시대 소금 생산 방법은 오늘날과 달랐다. 바닷물을 솥에 담아 끓이는 방 식이었다. 이러한 제염법을 자염(煮鹽) 또는 전오염(煎熬鹽)이라 하는데, 크 게 직자식(直煮式)과 염전식(鹽田式)으로 구분할 수 있다.[114] 직자식은 바닷 물을 바로 솥에 넣어 끓여 소금을 만드는 것으로, 많은 연료가 소모되고 생산

---

111) 『여지도서』, 전라도, 강진현, 물산조, 나주목, 물산조, 영암군, 물산조, 충청도, 태안군, 물산 조.
112) 현재는 생물학적으로도 감태와 김을 구분한다. 감태는 갈조식물 다시마목이며, 김은 홍조 식물 보라털목이다.
113) '해태'는 김을 지칭하는 것이 아니라, 파래를 부르는 말이라는 견해도 있다.
114) 유승훈, 2008, 우리나라 제염업과 소금 민속, 민속원, 26-27.

성이 낮았다. 그렇지만 바닷물을 증발시켜 농축시킨 함수를 만들 만한 공간이 별로 없었던 동해안에서는 직자식이 많이 행해졌다.[115] 동해안에 비해 조석 간만의 차가 크고 갯벌이 넓게 발달한 서해안에서는 염전식이 이루어졌다. 염전식은 직자식에 비해 연료를 절약하고 생산량을 늘릴 수 있는 방법으로 갯벌의 염전을 이용해 바닷물을 농축시킨 뒤에 그 물을 가마솥에서 끓이는 방법이었다.

염전 중에는 둑으로 둘러막은 것이 있고 둑이 없는 것도 있었는데, 염전을 둑으로 둘러막는 방법은 18세기 이후 보급되었다.[116] 어느 경우이든 염전은 사리 때만 바닷물이 들어오는 갯벌에 만들었고, 제염 방법은 대동소이하였다. 둑이 갖추어진 염전에서의 제염 과정은 다음과 같았다. 우선 평평한 염전 바닥에 흙을 두껍게 깔고, 사리 때 바닷물을 염전에 끌어들여 흙에 충분히 흡수시켰다. 사리가 지나 바닷물이 빠지고 표면의 흙이 어느 정도 굳어지면, 수분을 증발시키기 위해 써레로 염전의 흙을 갈아엎는 일을 반복하였다. 그리고 마른 흙을 걷어서 염전 안이나 주변에 만들어 놓은 웅덩이인 '간수 구덩이' 가까이로 옮겨 쌓아놓고 바닷물을 퍼부어 흙에 들어 있는 염분을 걸려냈다. 이렇게 해서 얻은 농축된 소금물을 가마솥에 끓여 소금을 만들었다.[117]

조선 초기에는 대체로 개인의 소금 생산과 판매를 허용하였다. 『세종실록지리지』가 만들어질 무렵의 소금 정책은 대체로 그 생산은 생산자인 염한(鹽漢)에게, 유통과 판매는 상인에게 맡기되 국가에서는 그에 대한 세금만을 거두는 수세제(收稅制)로 운영되었다.[118]

위에서 살펴보았듯이 조선시대에 소금을 만들려면, 넓은 갯벌과 함께 풍부

115) 한국역사연구회, 1996, 조선시대 사람들은 어떻게 살았을까 1, 청년사, 189~190.
116) 한국역사연구회, 1996, 앞의 책, 190.
117) 권혁재, 2003, 앞의 책, 297~298.
118) 한국역사연구회, 1996, 앞의 책, 195.

한 연료가 확보되어야 하며, 소금 생산이 이루어지는 시기에 강수량이 적은 것이 유리하였다. 그럼 『세종실록지리지』의 기록을 이용해 15세기 전반 구체적으로 어느 지역에서 소금 생산이 이루어졌는지 알아보자. 『세종실록지리지』에는 다음과 같이 각 군현의 토공조나 토산조에 이어서 염소에 대한 기록이 있다.

토공은 지초이며, 약재(藥材)는 …연밥이다. 염소(鹽所)가 44곳이다(『세종실록지리지』, 경기도, 남양도호부).

염소가 4곳인데, 둘은 모두 현 동쪽에 있고, 하나는 현 서쪽에 있으며, 하나는 현 남쪽에 있다(『세종실록지리지』, 경상도, 거제현).

염소가 3곳인데, 모두 부(府) 남쪽에 있고, 염창(鹽倉)이 있고, 염장관(鹽場官)이 감독하고 지킨다(『세종실록지리지』, 경상도, 창원도호부).

염소가 1곳인데, 영덕(盈德)과의 경계에 있다. 고을 사람들이 왕래하면서 구워 온다(『세종실록지리지』, 경상도, 흥해군).

염소가 1곳이다. 염정(鹽井)이 2이고, 가마[盆]가 3이다(『세종실록지리지』, 충청도, 서산군).

염분(鹽盆)이 18이고, 염정이 3이다(『세종실록지리지』, 충청도, 남포현).

염소가 35곳이다. 주의 서쪽 여러 섬에 흩어져 있는데, 염창은 주 남쪽 9리에 있다. 염간(鹽干)이 259명인데, 봄·가을에 공납하는 소금이 2,590석이다. 나주 관관(羅州判官)이 관장하여 민간의 면포(綿布)와 무역해서 국용(國用)에 이바지한다(『세종실록지리지』, 전라도, 나주목).

지리지를 이용한 조선시대 지역지리의 복원

염소가 1곳이다. 가마가 1백 13개인데, 모두 군의 서쪽 파시두(波市頭)에 있고, 염창은 읍성 안에 있다. 염간이 1,129명인데, 봄·가을에 바치는 소금이 1,290석이다(『세종실록지리지』, 전라도, 영광군).

염소가 1곳인데, 현의 서쪽에 있다. 염창은 현의 서쪽에 있다. 공사 염간(公私鹽干)이 모두 113명인데, 봄·가을에 바치는 소금이 1,127석 남짓하다(『세종실록지리지』, 전라도, 부안현).

염분이 17이고, 열산(烈山)의 염분이 6이다(『세종실록지리지』, 강원도, 간성군).

도마다, 그리고 군현에 따라 기록의 차이가 있는 것을 알 수 있다. 경기도는 남양도호부의 사례와 같이 염소의 숫자만 밝힌 경우가 대부분이다. 경상도는 거제현 등의 예와 같이 염소의 위치를 적었으며, 창원도호부의 사례에서 볼 수 있듯이 소금을 보관하는 염창(鹽倉)과 소금을 생산·보관하는 염장의 관리인 염장관(鹽場官)의 유무까지 밝힌 경우가 있고, 흥해군과 같이 누가 소금을 굽는지를 적은 경우도 있다. 강원도는 염소가 아니라 모두 '염분(鹽盆)'으로 기재하고 그 숫자를 밝혔는데, 간성군의 사례처럼 속현에 있는 염분의 숫자도 적었다.

충청도 서산·남포의 사례를 보면, 염소, 염분, 염정(鹽井)의 숫자가 기재되어 있다. 즉 염소, 염분, 염정은 모두 다른 의미를 지니고 있었다. 선행 연구에 의하면, 염소는 전오염에 있어 염부(鹽釜), 즉 가마솥에 소금물을 넣고 끓이기 전에 넓은 갯벌을 이용하여 소금 농도가 높은 개흙을 만드는 염전을 지칭하였다.[119] 이에 비해 염분은 간수를 끓이는 가마솥을, 염정은 간수 구덩이를 의미

---

119) 김일기, 1988, "곰소만의 어업과 어촌연구," 지리학논총 별호5, 52.

하는 것으로 추정된다. 따라서 서산군의 기록은 "서산군에는 염소 즉 염전이 한 곳 있는데, 그곳에 염분 3개와 염정 2개가 설치되어 있다."고 해석할 수 있다. 그렇다면 전라도 영광군은 염분 113개를 갖춘 대규모의 염소가 한 곳 있는 것이다.

전라도는 염소에 대한 기록이 다른 도에 비해 상세하여, 염소의 숫자와 위치, 염소의 염분 숫자와 소금 생산에 종사하는 염간(鹽干)의 숫자, 염창의 위치, 그리고 공납액까지 기술한 군현들이 있다. 그리고 강원도와 함길도는 간성군의 사례와 같이 염분의 숫자만 적은 경우가 많았다.

『세종실록지리지』에 염소 또는 염분이 있는 것으로 기록된 군현은 표 5-33과 그림 5-53과 같이 전국적으로 100곳이었다. 여기에 더해 전라도 흥덕현은 염소와 염분의 기록이 없으나, "염창이 성내(城內)에 있고, 공사 염간이 합쳐서 38명이며, 봄·가을로 공납하는 소금이 328석이다."라고[120] 적혀 있어 소금을 생산하였을 것으로 추정하여 소금 생산 군현에 포함하였다. 모든 도에서 소금을 생산하였으며 도별 숫자도 편중되지 않고 고루 분포하여, 소금이 그만큼 중요한 산물이었음을 알 수 있다. 한편으로 소금의 부피와 무게 등을 고려할 때 원거리 수송이 쉽지 않았다는 것도 보여 준다.

도별로는 경상도가 18곳으로 가장 많았고, 그다음은 16곳의 함길도였으며, 평안도·전라도·충청도·경기도의 순이었다. 특히 함길도는 전체 21개 군현 가운데 16곳의 군현에서 소금이 생산되었는데, 동해에 면한 거의 대부분의 군현에서 소금을 만든 것이다. 염소가 많았던 군현으로는 44개의 염소를 보유한 경기도의 남양도호부, 각각 35곳의 염소를 가진 충청도의 당진현과 전라도의 나주목을 꼽을 수 있고, 염분이 많았던 군현으로는 113개를 지닌 전라도 영광군, 103개를 보유한 평안도 영유현을 들 수 있다.

---

120) 『세종실록지리지』, 전라도, 흥덕현.

표 5-33. 『세종실록지리지』에 염소 또는 염분이 기록된 군현

도	군현(괄호 안은 염소/염분 숫자)	숫자
경기도	강화(11/-), 광주(1/1), 교동(3/-), 김포(2/-), 남양(44/-), 수원(6/-), 안산(5/-), 양성(1/-), 인천(6/-), 통진(3/-)	10
충청도	남포(-/18), 당진(35/-), 면천(1/36), 보령(3/18), 비인(-/20), 서산(1/3), 서천(2/21), 직산(1/6), 태안(-/11), 해미(-/1), 홍주(1/13)	11
경상도	거제(4/-), 경주(1/-), 고성(2/0), 곤남(3/-), 기장(1/-), 김해(2/-), 동래(3/-), 사천(2/-), 영덕(1/-), 영일(1/-), 영해(2/-), 진주(1/-), 진해(3/-), 창원(3/-), 청하(3/-), 칠원(1/-), 하동(1/-), 흥해(1/-)	18
전라도	광양(2/-), 나주(35/-), 낙안(1/-), 만경(1/-), 무장(1/30), 보성(1/-), 부안(1/-), 순천(9/-), 영광(1/113), 영암(3/-), 옥구(1/-), 함평(4/-), 흥덕(-/-)	13
황해도	강령(8/29), 안악(7/12), 연안(3/51), 옹진(9/82), 은율(1/6), 장련(3/14), 장연(1/3), 풍천(4/16), 해주(4/33)	9
강원도	간성(-/23), 강릉(-/48), 고성(-/23), 삼척(-/40), 양양(-/40), 울진(-/61), 통천(-/36), 평해(-/46), 흡곡(-/3)	9
평안도	곽산(1/-), 삼등(4/30), 선천(2/4), 수천(2/9), 숙천(1/17), 안주(1/11), 영유(4/103), 용강(2/-), 용천(3/27), 정주(1/12), 증산(2/18), 철산(4/8), 평양(2/18), 함종(3/41)	14
함길도	경성(-/21), 경원(2/-), 경흥(2/-), 길주(-/27), 단천(-/17), 부령(1/-), 북청(-/20), 안변(-/24), 영흥(-/22), 예원(-/14), 온성(6/-), 용진(-/11), 의천(-/9), 종성(3/-), 함흥(-/27), 회령(1/-)	16
계		100

주: 염소와 염분의 숫자 기록이 없는 경우, '-'로 표시하였음.

동·서·남해안으로 나누어 보면, 동해안의 32개 군현, 서해안의 53개 군현, 남해안의 15개 군현에서 소금을 생산하였고, 서해안에서의 소금 생산이 가장 활발하였다. 이는 앞에서 언급한 넓은 갯벌, 상대적으로 강수량이 적은 기후 조건이 작용한 것으로 보인다. 한 가지 주목할 만한 점은 함길도·강원도 등 동해안의 군현들은 염소의 기록이 적고 염분만 기록된 경우가 많다는 점이다. 강원도는 모든 군현이 염소 기록이 없으며, 함길도도 16곳 중 염소 기록은 6곳 뿐이다. 이는 앞서 언급한 대로 동해안이 염전을 만들기에 좋지 않은 자연조건을 가지고 있어 바닷물을 염분에 바로 끓이는 직자식으로 소금을 만든 것과

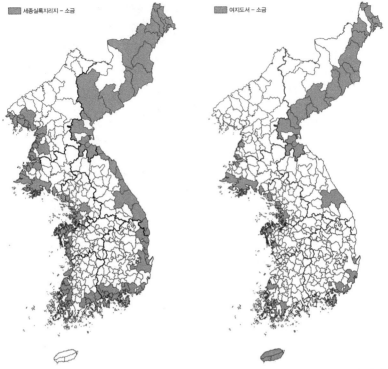

그림 5-53. 『세종실록지리지』에 염소 또
는 염분이 기록된 군현

그림 5-54. 18세기 후반 소금 생산 지역

관련이 있을 것이다. 반대로 서남 해안의 군현 가운데 염분만 기록된 군현은 충청도 남포·태안·해미 등 3곳뿐이다. 나머지는 모두 염소가 기록되어 있어 염전식으로 소금을 만든 것으로 추정된다.

『여지도서』에는 염소와 염분에 대한 기록이 없는 대신, 물산조에 소금이 기재된 군현들이 있다. 물산조에 소금은 주로 '염(鹽)'으로 기재되었고, '토염(土鹽)', '사염(沙鹽)'이 기록된 군현들이 있다. 토염은 함경도 북청·영흥, 사염은 경상도 영일·울산의 물산조에 기록되었다.

염·토염·사염을 합쳐 『여지도서』 물산조에 소금이 기록된 군현은 경기도 7곳, 충청도 4곳, 경상도 7곳, 전라도 6곳, 황해도 4곳, 강원도 1곳, 평안도 2

지리지를 이용한 조선시대 지역지리의 복원

곳, 함경도 18곳 등 모두 49곳이었다. 함경도는 전체 23개 군현 가운데 18곳에서 나올 정도로 소금 생산이 활발하였다. 『여지도서』 물산조에 소금을 기록한 군현들과 표 5-33의 『세종실록지리지』에 염소 및 염분이 기재된 군현을 비교해 보면, 36곳은 겹쳤고, 13곳은 새롭게 소금 산지에 포함되었다. 경기도의 부평, 경상도의 울산·웅천, 전라도의 장흥·제주·대정·정의, 평안도의 삼화, 함경도의 명천·문천·이성·정평·홍원이 그곳이다(그림 5-54 참조).

3. 광공업

1) 광산업

우리나라는 광물 자원이 다양할 뿐만 아니라, 일찍부터 이를 이용하여 다양한 도구를 만들어 사용해 왔다. 특히 조선시대에는 광물을 감정하고 탐사하는 방법이 고려시대에 비해 크게 발달하여 주요 광물인 철·납·아연·금·은·동의 광상 개발이 촉진되었으며, 그 생산이 증가하였다.[121] 철과 동은 농기구를 비롯한 생산 도구와 생활 도구를 제조하는 데 이용되었고, 금·은·동은 귀금속 제품과 금속 화폐를 주조하는 데 이용되었으며, 납·구리·철 등은 무기 생산의 원료로 공급되었다.[122] 당시 광산업 경영은 국가가 주도하였으며, 17세기까지 주요 광산물을 독점하고 그 유통을 통제하는 경향이 강하였다. 특히 조선 초기에는 새로운 수도의 건설과 무기 제조에 많은 광물이 필요하였다.

---

121) 장국종·리태영, 2010, 조선광업사, 사회과학출판사, 269-276.
122) 유승주, 1993, 조선시대광업사연구, 고려대학교 출판부, 1.

지리지를 이용한 조선시대 지역지리의 복원

그래서 철의 경우에는 생산량이 풍부한 곳에는 철장관(鐵場官)을 파견하여 광산을 직영하였고, 나머지 철광 산지에는 민간의 사적 생산을 허용하여 공철(貢鐵)을 수취하였다.[123] 이와 같이 국가가 광산업을 효율적으로 운영하기 위해서는 무엇보다 먼저 광상의 위치와 규모 등을 파악하는 것이 중요하였으며, 그 조사 결과가 『세종실록지리지』에 반영되어 있다. 그래서 여기에서는 『세종실록지리지』에 수록된 광산업 관련 자료를 분석하여 철을 비롯한 광물의 생산지를 살펴보았다.

(1) 철

금속 가운데 쓰임새가 가장 많은 철은 조선시대에도 가장 중요한 광물이었다. 철은 『세종실록지리지』의 토공과 토산조에 다음과 같이 여러 형식으로 기록되어 있다.

토산(土産)은 사철(沙鐵)인데, 군의 서쪽 30리 되는 며오지에서 난다(『세종실록지리지』, 충청도, 청풍군).

토산은 사철이 부의 동쪽 감은포(感恩浦)에서 난다. 철장(鐵場)이 있는데, 세공(歲貢)이 정철(正鐵) 6천 5백 33근이다(『세종실록지리지』, 경상도, 경주부).

토산은 경석(磬石)이 부 동쪽 만어사동(萬魚寺洞)에서 나며, 석철(石鐵)이 부 동쪽 송곡산(松谷山)에서 난다(『세종실록지리지』, 경상도, 밀양도호부).

철장이 1이다. 현의 북쪽 번북동(番北洞)에 있는데, 정철(正鐵)로 제련하여

---

123) 이헌창, 1999, 한국경제통사, 법문사, 1804-181.

704근 12냥을 군기감(軍器監)에 바친다(『세종실록지리지』, 전라도, 고산현).

철장이 2이니, 하나는 현의 동남쪽 시구동(柴口洞)에 있고, 하나는 현의 남쪽 탄동(炭洞)에 있다. 품질이 모두 상품이다. 연철(鍊鐵) 1천 5백 86근을 군기 감에 바친다(『세종실록지리지』, 전라도, 무안현).

철장이 1이다. 현의 북쪽 수냉천리(水冷川里)에 있는데, 중품(中品)이다(『세 종실록지리지』, 전라도, 화순현).

토공은 꿀·황랍(黃蠟)·정철·석이⋯지초이고, 약재는 복령(茯苓)⋯달래이 다. 자기소(磁器所)가 1이니, 현의 동쪽 20리 탄동(炭洞)에 있고, 도기소(陶 器所)가 1이니, 현의 동쪽 30리 무고리(無古里)에 있다. 모두 하품(下品)이 다. 석철이 현의 남쪽 25리 초전리(草田里)에 있는데, 하품이다(『세종실록지 리지』, 황해도, 신은현).

석철이 군의 동쪽 5리 대조모로(大棗毛老)에서 난다. 정철을 불려서 바치며, 또 수철(水鐵)을 바친다(『세종실록지리지』, 황해도, 재령군).

토공은 꿀·황랍·철(鐵)·호도·석이⋯홍합이다(『세종실록지리지』, 강원도, 울진현).

철야(鐵冶)가 현 북쪽 공전리(公田里)에 있다(『세종실록지리지』, 평안도, 순 안현).

먼저 토산조에 실려 있을 때는 충청도 청풍군·경상도 밀양도호부의 사례 와 같이 철의 종류와 생산지를 적은 것이 가장 일반적이며, 토공조에 실린 경 우, 황해도 신은현과 강원도 울진현과 같이 철의 종류만 적은 것이 보통이다.

지리지를 이용한 조선시대 지역지리의 복원

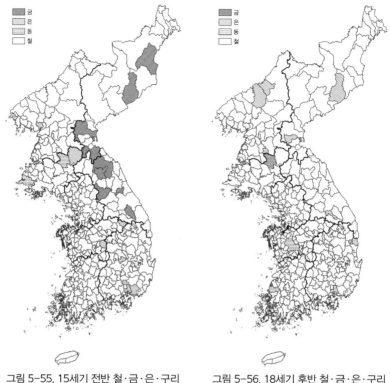

그림 5–55. 15세기 전반 철·금·은·구리 의 산지

그림 5–56. 18세기 후반 철·금·은·구리 의 산지

그리고 군현에 철장(鐵場)이 있을 때에는 경상도 경주부, 전라도 고산현·무안현·화순현과 같이 철장의 위치와 생산하는 철의 종류와 양, 품질, 공납하는 기관 등을 밝혔다. 철장이란 철의 생산지에 설치한 제련장(製鍊場)으로, 1391년부터 1407년, 즉 태종 7년까지 철장제(鐵場制)라는 제도 아래 유지되었으며, 그 후에는 철장도회제(鐵腸都會制)라는 새로운 제도가 시행되었다. 철장도회제는 1407년 기존의 철장제와 염철법(斂鐵法)을[124] 없애고 철장을 증설

---

124) 염철법은 고려 말부터 시행된 제도로, 농민들에게 일정액의 공철(貢鐵)을 부과하여 수취하는 제도였다. 수도 건설의 주무 관서인 선공감(繕工監)과 대규모 무기 제조장을 운영하던 군기감(軍器監)이 필요로 하는 철을 농민들로부터 경작 면적에 따라 수취하는 방법이다.

표 5-34. 『세종실록지리지』 토공, 토산조에 철이 기재된 군현

도	군현				숫자
	사철	석철	수철+생철	정철+연철	
경기도	–	–	영평	–	1
충청도	이산, 석성, 은진, 청풍	회덕, 회인		충주, 서산, 정산, 전의	10
경상도	경주, 영덕, 안동, 합천, 김해, 삼가, 산음, 상주, 언양, 예천, 창원, 용궁	밀양	울산	(경주), (예천), (영덕), (산음), (용궁), (안동), (합천)	14
전라도	함평			무안, 무주, 고산, 화순, 동복, 창평	7
황해도		우봉, 신은, 은율, 장련, 재령	(재령)	해주, 송화, 수안, (신은), 문화	9
강원도	삼척	양양, 정선, 금성, 김화	울진, 춘천, 홍천, 낭천	강릉, (양양), (정선), 간성, 고성, (금성), (김화), 양구, 영월, 원주, 이천, 인제, 통천, 평강, (홍천), 회양, 횡성, 흡곡, (삼척)	22
평안도			개천, 운산	순안, (개천)	3
함길도	경성, 길주, 문천	단천, 북청			5
총계	21	14	9	43	71(87)

주1: 철장 기록만 있고, 철의 종류가 미상인 경우 정철에 포함함.
주2: 한 군현에 여러 종류의 철이 기재된 경우, 괄호 안에 넣어 표시하고 도별 숫자에는 제외하고, 종류별 총계에는 포함함.
주3: '철'로만 표시된 경우에는 생철로 분류하였다. '철야'는 정철에 포함함.

하여 농한기의 농민들을 철장에 동원하여 선공감(繕工監)과 군기감(軍器監)에 필요한 철을 공납하도록 한 제도이다.[125] 따라서 『세종실록지리지』에 기재된 철장은 이러한 철장도회제 아래 운영되던 것으로 추정된다.

한편 위의 기록과 같이 『세종실록지리지』에는 다양한 종류의 철이 등장한

---

125) 유승주, 1993, 앞의 책, 9-19.

지리지를 이용한 조선시대 지역지리의 복원

표 5-35. 『여지도서』 물산조에 철이 기재된 군현

도	군현						숫자
	철	사철	석철	생철	수철	정철	
경기도					영평		1
충청도	노성, 목천, 서산, 은진, 정산, 충주	연산	회덕		공주, 보은, 옥천, 청풍, 회인		13
경상도	김해, 산청, 삼가, 상주, 안동, 언양, 영덕, 예안, 예천, 용궁, 창원, 합천	경주, 양산			울산	永川	16
전라도	광주, 창평					무주, 함평	4
황해도	봉산, 수안, 신계, 장연, 평산		해주, 은율, 재령		장련, 토산		10
강원도	삼척, 양양		금성, 김화, 안협, 영월, 정선, 홍천		평강		9
평안도					개천		1
함경도	경흥, 길주, 문천, 부령, 종성, 회령	경성		영흥	북청	단천	10
총계	33	4	10	1	12	4	64

다. 강원도 울진현의 사례와 같이 '철(鐵)'로 표기된 군현은 같은 강원도의 춘천도호부, 정선군 정도에서만 발견되며, 나머지는 '사철(沙鐵)'·'석철(石鐵)'·'수철(水鐵)'·'정철(正鐵)'·'생철(生鐵)'·'연철(鍊鐵)'·'철야(鐵冶)' 등이 적혀 있다. 이 가운데 사철과 석철은 철광의 유형을 설명하는 것으로, 사철은 하천의 모래흙에서 골라낸 철을, 석철은 산야의 암석, 즉 철광석에서 채굴한 철을 뜻한다. 그리고 수철과 생철은 같은 말로 '무쇠'라 한다. 무쇠는 주로 솥이나 농기구를 제조하는 데 사용하였다. 정철은 '시우쇠'라고 하는데 무쇠를 불에 달구어 단단하게 만든 것으로, 주로 무기류를 만드는 데 이용하였다.[126] 연철은 단련한 쇠로, 시우쇠와 같은 뜻으로 사용된 것으로 보이며, 철야는 평안도

순안현의 사례로 보아 쇠의 종류라기보다는 제련, 또는 제련장을 일컫는 용어로 사용된 것 같다.

지금까지 검토한 철의 종류가 생산되거나 철장이 있는 것으로 『세종실록지리지』에 언급된 군현은 모두 71곳이었다(표 5-34 참조). 도별로는 강원도가 22곳으로 가장 많았다. 그다음은 경상도·충청도·황해도·전라도·함길도·평안도·경기도의 순서였다. 철의 종류에서는 사철과 석철 중에는 사철이 많았다. 15세기 전반까지는 암석으로부터 직접 철을 추출하는 것보다는 모래에서 철을 골라내는 것이 더 용이한 방법이었던 것으로 생각된다. 그리고 무쇠보다는 이를 가공한 시우쇠의 형태로 공납하는 경우가 훨씬 많았으며, 각 군현에 설치된 철장소가 이 역할을 하였다.

도별로는 경상도가 사철이 유난히 많았으며, 추출한 사철을 철장소에서 가공하여 정철로 만들어 공납하였다. 이에 비해 강원도는 사철보다 석철이 많았다. 함길도는 사철과 석철만 기재되어 있고 어느 정도 가공하였는지는 『세종실록지리지』로 파악하기 어렵다.

『여지도서』 물산조에도 철·사철·석철·수철·생철·정철 등으로 철이 기재된 군현이 64곳이었다. 이를 정리한 것이 표 5-35이다. 구분 없이 철로 기재한 군현이 33곳으로 가장 많았고, 수철이 12곳, 석철이 10곳, 사철과 정철이 4곳 등의 순서였다. 『세종실록지리지』와 비교해, 사철과 석철의 숫자가 역전된 것을 광업 기술의 발전으로 볼 수도 있으나, 이 숫자가 당시의 상황을 정확하게 반영하였다고 단정하기 어렵다. 그리고 정철, 즉 시우쇠에 비해 생철과 수철, 즉 무쇠의 형태로 생산된 군현이 더 많은 것도 『세종실록지리지』와 다른 부분이다.

도별로는 경상도가 가장 많았으며, 충청도·황해도와 함경도·강원도·전라

---

126) 유승주, 1993, 앞의 책, 34-35.

지리지를 이용한 조선시대 지역지리의 복원

도의 순서이다. 강원도는 많이 줄었고, 함경도가 배로 늘어났다. 조선 후기 함경도의 철광산 개발이 활발해졌음을 반영하는 결과이다. 『세종실록지리지』와 군현별로 비교하면, 수적인 변화는 있으나 경상도·강원도·평안도·함경도·전라도·경기도는 구성에 별로 변화가 없었고, 충청도·황해도는 들고남이 컸다.

(2) 금·은·납·구리

귀금속인 금과 은은 『세종실록지리지』에 기록이 많지 않다. 금과 관련한 조선 정부의 광업 정책은 중국 명나라의 세공(歲貢) 문제와 밀접한 관련이 있다. 조선 초부터 명은 조선에 금과 은의 세공을 요구했고, 조선 정부는 세공으로 보낼 금·은의 조달이 쉽지 않았기 때문에 조선에서는 금·은이 생산되지 않는다고 주장하며 세공을 감면받기 위하여 노력하였다. 그리고 국내에서도 금·은의 사용을 제한하고 민간의 금·은을 수매하였다.[127] 이러한 정책 기조 아래서 금·은의 생산지를 문헌에 기록하는 것을 기피하였기 때문에 기록이 적을 수 있다는 추정이 가능하다. 그러나 금·은의 수요는 계속 증가하였고, 이에 따라 광산의 개발과 생산은 지속적으로 확대되었다.[128]

먼저 금은 '금(金)'으로 기록되어 있는데 『세종실록지리지』에 모두 8개 군현에서 생산되는 것으로 적혀 있다. 강원도의 금성·정선·춘천·회양도호부, 함길도의 경성·단천·안변·영흥대도호부가 그것이다. 이에 비해 『여지도서』에는 금의 기록이 없다.

『세종실록지리지』에 은은 '은석(銀石)'으로 기재되어 있으며, 충청도 영춘·보은현, 경상도 인동·김해도호부, 황해도 곡산군, 평안도 가산군 등 모두 6개

---

127) 유승주, 1993, 앞의 책, 61-82.
128) 장국종·리태영, 2010, 앞의 책, 324.

군현의 토산조에 수록되어 있다. 이 밖에 『세종실록지리지』에는 토공, 토산은 아니지만, 충청도 청주목과[129] 경상도 신녕현에[130] 은을 생산하던 특수 행정 구역인 '은소(銀所)'가 있었다는 기록이 있다.[131] 일반적으로 금과 은은 같은 광석에 포함되어 있는 경우가 많기 때문에[132] 은과 금은 산지가 같은 사례가 많다. 그러나 『세종실록지리지』에서 금과 은이 모두 생산되는 군현은 한 곳도 없었다. 『여지도서』물산조에 은이 기재된 군현은 평안도 위원·초산·이산부, 함경도 고원·단천·수안군 등 모두 6곳이었다.

　납은 『세종실록지리지』에 '연석(鉛石)', '연철(鉛鐵)'로 기재되어 있다. 납은 대개 아연과 같이 존재하며, 금·은, 그리고 구리와도 수반하여 복합 광석으로 존재하는 경우가 많다. 납은 다른 금속과 합금이 쉬워 다양한 용도로 활용되는데, 조선시대에는 특히 제련한 납에서 다시 은을 뽑아내거나, 무기 생산, 그리고 청기와를 굽는 데 유약으로 많이 이용하였다.[133] 그러나 『세종실록지리지』에 납이 생산된 군현은 황해도 봉산·서흥도호부, 강원도 금성현, 경상도 창원도호부 등 4개 군현만 수록되어 있다. 그리고 『여지도서』에는 납이 7개 군현에서 산출되는 것으로 기재되어 있는데, 경상도 영해·창원도호부, 강원도 금성현, 황해도 서흥도호부, 평안도 은산현, 함경도 고원·단천군 등이다. 서흥·금성·창원 등 3곳은 『세종실록지리지』와 겹친다.

　끝으로 구리는 『세종실록지리지』에 '동석(銅石)'·'동철(銅鐵)'·'백동(白銅)' 등이 기록되어 있다. 동석은 경상도 영산현과 창원도호부의 토산조에, 동철은

---

129) 소(所)가 2곳인데, 초자(椒子)와 배음(背陰)이다. 예전에는 초자 은소(椒子銀所)와 배음 은소(拜音銀所)라 하였다(『세종실록지리지』, 충청도, 청주목).

130) 속현(屬縣)이 1곳인데, 이지 은소(梨旨銀所)이다. 원래 영주(永州)에 붙였는데, 고려 말에 이지현(梨旨縣)으로 승격시켜 그대로 영주(永州)에 붙였다가, 조선 태조 갑술년에 신녕에 내속(來屬)시켰다(『세종실록지리지』, 경상도, 신녕현).

131) 지도통계에서는 제외하였다.

132) 장국종·리태영, 2010, 앞의 책, 334.

133) 장국종·리태영, 2010, 앞의 책, 338-345.

지리지를 이용한 조선시대 지역지리의 복원

황해도 수안·장연현의 토산조와 평안도 용천군의 토공조에 기록되어 있으며, 백동은 경상도 울산군의 철장에서 철·수철·생철과 함께 난다고 적혀 있다. 이 가운데 장연현의 기록이 가장 상세하여 "동철이 현의 동쪽 15리 점석동(粘石洞)에서 난다. 금상(今上) 7년에 비로소 구리를 불려서 바쳤는데, 매해 50근이다."라고 적혀 있다.[134] 이 밖에 충청도 괴산·음성 등 여러 군현과 전라도 진원현에 '자연동(自然銅)'이 기재되어 있으나, 이는 금속 재료가 아니라 약재로 사용한 것이므로 분석에서 제외하였다. 『여지도서』에는 당시 구리가 생산된 군현이 5곳 적혀 있다. 충청도 공주목, 경상도 영해·창원도호부, 강원도 평창군, 그리고 황해도 수안군이었다.

(3) 백토(白土)·녹반(綠礬)

백토는 고령토라고도 하며, 도자기를 만드는 흙이다. 고려시대부터 도자기 제조가 활발하였던 우리나라에서는 비금속 광물이지만 백토가 중요하였다. 그렇지만 『세종실록지리지』에는 백토의 산지가 한 곳밖에 기재되어 있지 않다. 바로 경상도 청송군으로 "백토(白土)가 청부현(靑鳧縣)의 북쪽 방광산동(放光山洞)에서 난다."라고 적혀 있다.[135] 『여지도서』에는 보다 많은 백토 산지가 수록되어 있다. 경상도 진주목과 평안도 구성·선천, 함경도 길주·단천·종성도호부이다.

녹반은 황산제일철이라는 광물로 염료와 약재로 사용하였다. 『세종실록지리지』에는 경상도 고성현, 충청도 청주·청산현, 함길도 갑산·길주·북청도호부 등 모두 3개도에 걸쳐 6곳의 녹반 산지가 수록되어 있다. 고성현의 녹반과 관련해, "현(縣) 남쪽 주악곶(住岳串)의 임해암산(臨海岩山)에서 나는데, 구

---

134) 『세종실록지리지』, 황해도, 장연현.
135) 『세종실록지리지』, 경상도, 청송군.

워서 만든다. 품질이 좋다."라는[136] 기록이 있어 녹반은 불에 구워서 가공한 것을 알 수 있다.

한편 『여지도서』에는 녹반 산지가 13곳으로 늘어났으며, 강원도와 전라도를 제외한 6개 도에 걸쳐 분포하였다. 경기도에는 가평·여주·포천·지평현, 경상도에는 고성현, 충청도에는 연산·진잠·청산·청주목, 평안도에는 순천군, 함경도에는 갑산·길주목, 황해도에는 평산도호부에서 녹반이 생산되었다. 『세종실록지리지』의 녹반 산지 중 북청도호부를 빼곤 모두 『여지도서』에도 수록되어 있다. 백토와 녹반은 생산되는 군현이 너무 적어 지리적 분포에 있어 특징을 찾기 어렵다.

▨ 여지도서 - 녹반

그림 5-57. 18세기 후반 녹반의 산지

2) 수공업

전근대 시대의 수공업은 농가의 부업으로 이루어지는 가내 수공업과 전업적인 수공업이라는 두 형태로 대별할 수 있다. 집권 국가가 형성되면서 가내 수공업의 생산물은 공물(貢物)로서 흡수되었고, 전업적인 수공업은 관청 수공업으로 편성되었다. 조선시대도 마찬가지여서 고려 말 쇠퇴하던 관청 수공

---

136) 『세종실록지리지』, 경상도, 고성현.

업이 15세기 들어 재건·정비되면서, 그 규모와 생산량이 증가하였다. 그러나 이러한 현상은 오래가지 못하였고, 17세기 이후 관청 수공업은 해체되기 시작하였으며, 민영화의 길을 걷게 되었다.[137] 그러나 이 절은 이러한 조선시대 수공업의 변천 과정을 다루기 위한 것이 아니므로 전국 지리지에서 수공업과 관련된 기록 가운데 그 중요도가 높고 생산 지역이 전국적인 도자기와 종이를 선택하여 그 지역적 면모를 간략하게 살펴보았다.

(1) 도자기

도자기(陶磁器)는 도기(陶器)·자기(磁器)·사기(沙器)·토기·질그릇 따위를 통틀어 부르는 명칭이다. 이 가운데 도기는 표면에 유약을 입혀 일반적으로 900-1,000℃ 내외의 온도에서 구운 그릇을 말하며, 자기는 순도 높은 백토로 그릇을 만들고 그 위에 유약을 입혀 1,300-1,350℃에서 구워내어 그 조직이 치밀한 그릇을 말하는데 이를 백자라고도 한다.[138] 그렇지만 조선시대 도기와 자기를 이러한 엄밀한 기준으로 나누지는 않은 것 같다. 다음에 인용할 경상도 초계군의 사례를 보면, 옹기(甕器)도 도기에 포함하였던 것으로 짐작된다.

조선 전기의 도자기 생산은 1466년부터 1469년까지 이루어진 관요(官窯)의 설치를 기점으로 크게 변화하였다. 관요는 국가에서 필요로 하는 백자를 전담하여 생산하는 사옹원(司饔院)의 사기소(沙器所)로, 그 운영에 필요한 인력과 재정을 국가가 전담하였다. 이와는 달리 관요가 설치되기 전에는 공납용 자기를 지방 군현이 주관하여 생산해 중앙 정부에 상납하였다. 이러한 공납용 자기는 전국적으로 분포한 자기소(磁器所)와 도기소(陶器所)에서 제작

137) 이헌창, 1999, 앞의 책, 164-167.
138) http://encykorea.aks.ac.kr/(한국민족문화대백과사전) '도자기' 항목.

되었는데, 이들 자기소와 도기소가 『세종실록지리지』에 기록되어 있다.[139]

『세종실록지리지』는 토산조 끝부분에 각 군현에 있는 자기소와 도기소를 다음과 같이 기록해 놓았다. 그 내용을 살펴보면, 군현별 숫자, 위치와 함께 생산품의 품질을 상·중·하로 분류하여 기록해 놓았는데, 경기도 광주목 고현에 있는 자기소와 같이 품질을 기록하지 않은 경우도 있다. 경상도 김산군과 같이 한 개 군현 내에 품질이 다른 도기를 생산하는 도기소가 있는 사례도 발견할 수 있었다.

자기소(磁器所)가 4곳이다. 하나는 주(州) 동쪽 벌내[伐乙川]에 있으며 상품(上品)이다. 하나는 주 동쪽 소산(所山)에, 하나는 주 남쪽 석굴리(石掘里)에 있으며 모두 하품(下品)이다. 하나는 주 동쪽 고현(羔峴)에 있다. 도기소(陶器所)가 3곳이다. 하나는 주 남쪽 초현(草峴)에 있고 중품(中品)이다. 하나는 주 동쪽 초벌리(草伐里)에, 하나는 주 서쪽 배곳이[梨串]에 있으며, 모두 하품이다(『세종실록지리지』, 경기도, 광주목).

자기소가 1곳인데, 황금소(黃金所) 보현리(普賢里)에 있으며, 중품이다. 도기소가 2곳인데, 하나는 군 남쪽 건천리(乾川里)에 있고 중품이다. 하나는 황금소 추풍역리(秋風驛里)에 있으며 하품이다(『세종실록지리지』, 경상도, 김산군).

도기소가 1곳인데 군 동쪽 오사요리(吾士要里)에 있고, 오로지 누런 옹기[黃甕]만을 만드는데 중품이다(『세종실록지리지』, 경상도, 초계군).

---

139) 박경자, 2011, "조선 15세기 磁器所의 성격," 미술사연구 270, 97.

표 5-36. 『세종실록지리지』에 자기소가 기재된 군현

도	자기소의 숫자 있는 군현(괄호 안은 숫자)				합계
	상	중	하	기록 없음	
경기도	광주		광주(2), 가평, 양근, 양주, 양지, 영평(2), 용인, 지평, 철원, 포천	광주	10(14)
충청도		공주(2), 남포, 대흥, 목천, 연기, 온수, 전의(2), 정산, 홍산, 황간	괴산, 보령, 부여, 서산, 연산, 영동, 예산, 진천, 천안, 청양, 충주, 대흥		22(24)
경상도	고령, 상주(2)	곤남(2), 군위, 김산, 삼가, 상주, 성주, 양산	경산, 경주(2), 김해, 밀양(2), 선산(2), 순흥, 언양, 영산, 永川, 울산, 의령, 의성, 의흥, 인동, 진성, 진주(3), 창녕, 창원, 함안, 합천, 흥해		29(37)
전라도		고창, 금산, 나주, 남원, 능성, 담양, 동복, 무안, 부안, 영암(2), 임실, 전주, 정읍, 흥덕	고부, 고흥, 곡성, 무주, 순창, 영광, 옥과, 장성, 장흥, 진안, 태인, 함평, 해진	금구, 무진, 순천	30(31)
황해도		서흥, 은율, 평산(2), 풍천, 해주	봉산, 신은, 장련, 재령(2), 황주		10(12)
강원도		양구(2)	강릉, 울진		3(4)
평안도		용천	강동, 삼등, 선천, 수천, 순천, 영변, 운산, 은산, 의주, 정녕, 정주, 태천		13(13)
함길도			문천, 함흥	경원(2), 회령	4(5)
총계	3 (4)	38 (44)	77 (85)	6 (7)	121/124 (140)

주: 도별 합계에서 ( ) 안의 숫자는 전체 자기소의 숫자임.

이러한 기록을 이용해 『세종실록지리지』의 자기소를 정리한 것이 표 5-36 이다. 당시 전국적으로 자기소는 121개 군현에 모두 140곳이 있었다. 경기도 광주목은 상품 1곳, 하품 2곳, 기록이 없는 1곳 등 4곳의 자기소가 있어 전국 적으로 자기소가 가장 많은 군현이었고, 경상도 진주목은 3곳의 자기소를, 충 청도 공주목을 비롯한 12개 군현도 2곳의 자기소를 보유하고 있었다. 그리고

V. 산업

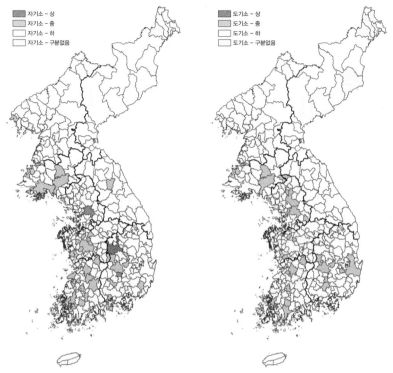

■ 자기소 – 상	
▨ 자기소 – 중	
□ 자기소 – 하	
□ 자기소 – 구분없음	

■ 도기소 – 상	
▨ 도기소 – 중	
□ 도기소 – 하	
□ 도기소 – 구분없음	

그림 5-58. 15세기 전반 자기소의 분포   그림 5-59. 15세기 전반 도기소의 분포

도별로는 경상도가 가장 많은 자기소를 가지고 있었으며, 그다음은 전라도·충청도·경기도·평안도의 순이었으며, 가장 적은 곳은 강원도였다. 생산품의 품질로 구분하면, 상품이 생산되는 곳은 3개 군현, 4개의 자기소밖에 없었으며, 대부분은 하품을 생산하는 자기소였다.

　자기소의 지역적 분포를 도별로 살펴보면, 경기도는 자기소들이 모두 동부 내륙 지역에 몰려 있다. 충청도는 상대적으로 남동부 지역이 적은 편이다. 경상도도 비교적 고른 분포를 보이나, 상대적으로 북부 지방에는 자기소가 적었다. 전라도와 황해도는 전도에 고루 퍼져 있었다. 평안도는 서북부에 많으며, 자기소의 숫자가 적은 함길도와 강원도는 특별한 경향성을 찾기 어렵다.

지리지를 이용한 조선시대 지역지리의 복원

표 5-37. 「세종실록지리지」에 도기소가 기재된 군현

도	도기소가 있는 군현(괄호 안은 숫자)				합계
	상	중	하	기록 없음	
경기도		과천, 광주, 안협, 양주, 여흥, 적성	광주(2), 삭녕, 양근, 양주, 양지, 연천, 영평, 용인, 지평, 철원, 포천	임강, 안성	17(20)
충청도		온수, 임천, 전의, 태안, 홍산(2)	공주(2), 괴산, 남포, 대흥, 덕산, 목천(2), 보령, 보은, 비인, 서산, 연기, 영동, 예산, 옥천, 정산, 제천, 직산, 진잠, 진천, 천안, 청안, 청양, 청주, 청풍, 충주(2), 해미, 홍주, 회인	해미	34(38)
경상도		경주(2), 김산, 성주, 의령, 초계	개령, 거창, 군위, 김산, 대구(2), 밀양, 상주(2), 선산(2), 순흥, 신녕, 언양, 영덕, 榮川, 永川, 예천, 웅궁, 울산, 의성, 의흥, 인동, 진주(2), 청도, 함창, 합천		28(34)
전라도		금구, 금산, 능성, 담양, 무안, 장흥, 전주(2)	고창, 고흥, 곡성, 나주, 순창, 영광, 영암(2), 옥과, 익산, 임실, 정읍, 진안, 태인, 함평(5), 해진, 화순, 흥덕(2)	고산, 남원(2), 무진, 순천(3), 장수	29(39)
황해도		서흥(2), 은율, 토산, 평산, 풍천	곡산, 문화, 봉산, 송화, 수안, 신은, 옹진, 장련, 장연, 해주, 황주		16(17)
강원도			강릉(2), 삼척, 양구, 울진, 원주, 춘천, 통천, 회양, 흡곡		9(10)
평안도			개천, 선천, 성천, 순천, 영변, 용강, 운산, 은산, 자산, 정주, 태천	위원	12(12)
함길도			단천, 문천(2), 북청, 예원, 의천, 함흥	경원(2), 길주(2), 종성(2), 회령(2)	10(15)
총계	0 (0)	28 (32)	117 (133)	13 (20)	155/158 (185)

주: 도별 합계에서 ( ) 안의 숫자는 전체 도기소의 숫자임.

도기소의 기록은 표 5-37로 정리하였다. 전국적으로 155개 군현에 185곳의 도기소가 있어 자기소보다 더 숫자가 많았다. 숫자의 차이에는 도기가 자기보다 더 제작이 용이하다는 점이 작용한 것으로 보인다. 가장 도기소가 많은 군현은 전라도 함평현으로 5곳이 있었다. 그리고 전라도 순천도호부에 3곳이 있었으며, 2곳의 도기소를 가진 군현은 21곳이었다. 품질로 구분해 보면, 도기소의 경우, 상품은 한 곳도 없었으며, 중품을 생산하는 도기소가 32곳이었고, 하품이 133곳으로 가장 많았다. 경기도 광주목은 도기소, 자기소의 숫자가 많을 뿐 아니라, 상품의 자기와 중품의 도기를 생산하여 당시 최고의 도자기 생산지였다. 15세기 중반에 사옹원 분원(分院)이 광주목에 설치된 것도 이 때문이었다. 광주목은 당시 좋은 흙과 연료가 풍부했을 뿐 아니라 한강 수로로 바로 서울에 연결되는 교통상의 이점 때문에 도자기의 명산지가 되었다.

『여지도서』 물산조에도 자기와 도기가 기재되어 있으나, 그 숫자가 많지 않다. 앞서 언급했듯이 15세기 중반 이후 사옹원에서 직접 도자기를 생산하게 되면서 지방의 도기소와 자기소가 크게 줄었기 때문이다. 자기는 경상도 고령·의흥·성주 등 3개 군현, 전라도 고창·곡성·광주·나주·능주·함평·흥덕·전주 등 8개 군현, 충청도 목천·정산·청주 등 3개 군현, 평안도 평양부, 황해도 서흥·봉산 등 2개 군현으로, 모두 17곳의 물산으로 기록되어 있다. 도기는 더 적어 경기도 이천·지평·적성, 충청도 문의·청주, 경상도 동래도호부, 평안도 중화부 등 모두 7곳의 물산조에만 수록되어 있다.

(2) 종이

조선시대 종이는 면포와 함께 가장 중요한 수공업 생산물이었다. 조선의 제지 수공업은 1415년 조지소(造紙所)가 설치되면서 관영제의 틀이 확립되었고, 조지소와 함께 지방의 지소(紙所)도 국가 종이 생산의 한 축을 이루었다. 지방의 지소는 공장(工匠)과 민호(民戶)의 노동력을 활용하여 공물(貢物)의

표 5-38. 『세종실록지리지』에 토공조에 종이가 기록된 군현

도	군현	숫자
충청도	충주, 단양, 청풍, 음성, 연풍, 제천, 청주, 천안, 옥천, 문의, 목천, 죽산, 직산, 아산, 영동, 보은, 공주, 한산, 서천, 비인, 홍산, 은진, 연산, 회덕, 부여, 이산, 홍주, 태안, 면천, 당진, 예산, 청양, 보령, 결성, 대흥	35
경상도	경주, 밀양, 양산, 울산, 청도, 대구, 경산, 동래, 창녕, 언양, 기장, 영산, 현풍, 청하, 안동, 영해, 순흥, 예천, 榮川, 永川, 청송, 의성, 영덕, 예안, 하양, 기천, 신녕, 상주, 성주, 선산, 합천, 초계, 고령, 문경, 지례, 진주, 김해, 함안, 함양, 고성, 거창, 하동, 진성, 칠원, 안음, 삼가, 의령, 진해	48
전라도	전주, 남원	2
황해도	곡산, 신은, 장연, 평산, 우봉	5
계		90

형태로 중앙 관사와 왕실 등에 상납하였다.[140] 『세종실록지리지』 각 군현의 토공조에 실려 있는 종이는 이러한 지방의 지소의 소재지를 알려 준다고 할 수 있다.

　『세종실록지리지』 토공조에 종이가 수록된 군현은 표 5-38과 같이 전국적으로 모두 90곳이다. 전라도 전주부와 남원도호부를 빼곤 모두 '지(紙)'라고 기재되어 있다. 전주부는 "종이[紙]는 표전(表箋)·주본(奏本)·부본(副本)·자문(咨文)·서계(書契) 등의 종이와 표지(表紙)·도련지(擣鍊紙)·백주지(白奏紙)·유둔(油芚)·세화(歲畫)·안지(眼紙)가 있는데, 도(道) 안에 오직 이 부(府)와 남원(南原)의 것의 품질이 좋다."라고 생산되는 종이의 종류를 열거하였으며, 남원도호부는 '표전지'라고 적혀 있다.

　도별로 보면, 종이를 토공으로 바치는 군현은 경상도가 가장 많아 48곳이었고, 그다음은 충청도가 35곳이었으며, 황해도가 5곳, 전라도는 2곳뿐이었다. 경기도·강원도·평안도·함길도는 한 곳의 군현도 없었다. 도별로 지역적 분

---

140) 김삼기, 2006, 앞의 책, 14.

포를 살펴보면, 경상도와 충청도는 전 도에 고르게 분포되어 있어 별다른 경향성을 찾을 수 없으며, 황해도는 장연현을 빼고 동쪽 내륙에 모여 있다.

앞에서 살펴본 종이의 원료인 닥나무 산지와 대조해 보면(표 5-27 참조), 별로 관련이 없어 보인다. 닥나무 산지는 전라도·평안도에 많았는데, 종이는 전라도에서 2개 군현밖에 없으며, 33개 군에서 닥나무가 생산된 평안도에는 종이 산지가 한 곳도 없다. 반대로 경상도는 4개 군현에서만 닥나무를 생산하였는데, 종이는 48곳에서 만들었다. 강원도도 17개 군현에서 닥나무를 재배하였으나, 종이는 한 곳에서도 공납하지 않았다.

『여지도서』 물산조에 종이가 수록된 군현은 6곳밖에 없다. 경상도의 밀양·영천(榮川)·함안군과 전라도의 전주부, 충청도의 연산현, 강원도의 평강현이 전부이다. 전주부는 특별히 "품질이 좋다."라고 적혀 있어 조선시대 내내 최고의 종이 산지였음을 알 수 있다. 그리고 연산현은 "현의 동쪽 영은사(靈隱寺)에서 나온다."라고 기록되어 있어 사찰에서 종이를 생산했음을 알 수 있다. 사찰에서 종이를 생산하는 것은 고려시대부터 내려온 전통이다.

4. 소결

    조선시대 각 지역의 경제에 대해 농업, 임업, 수산업, 광공업 등 주요 산업을 중심으로 살펴보았다. 가장 중요한 산업이었던 농업에서는 먼저 지역의 시기별 농경지의 규모와 분포를 고찰하였는데, 통계 자료의 한계로 시간적 추이를 추적하는 것은 어려웠다. 15세기 전반 경지의 절대 면적이 가장 넓은 도는 평안도였으며, 그다음은 경상도·전라도·충청도의 순이었다. 군현당 결수의 전국 평균은 5,433결이었는데, 이보다 높은 도는 의외로 북부의 3개 도였다. 이와 반대로, 단위 면적당 경지 면적이 넓은 군현은 서남부 해안에 위치한 절대 면적이 좁은 곳들이었다. 18세기의 지역별 농경지 분포는 도별 분석에 집중하였는데, 농경지 결수, 수전 결수, 단위 면적당 결수, 호당 결수 등 분석한 모든 측면에서 각 도 내에서의 지역적 편차가 심한 것을 발견하였으며, 그 원인을 추적하였다.

    『대동지지』를 이용해 살펴본 19세기 전반의 상황은 군현당 농경지의 평균 결수가 가장 많은 도가 전라도였으며, 2위는 황해도였고, 3위와 4위는 근소한 차이로 경상도와 충청도가 차지하였다. 군현당 평균 결수가 가장 적은 도는 강원도였는데, 바로 위의 평안도와 차이가 매우 컸다. 경지 결수에서 상위를 차지한 군현들은 대체로 읍격이 높고 절대 면적이 넓은 곳이었으나, 단위 면적당 결수에서는 완전히 다른 양상이 나타났다. 해안 및 하천 하류의 충적 평야에 자리 잡은 전라도와 충청도의 군현들이 상위권을 독점하였다. 일제 강점기 들어 대대적인 경지 개간이 이루어졌다고 알려져 있는 이 지역의 농경지가 이미 19세기에 상당 수준으로 개발되었음을 확인할 수 있었다.

조선시대 농작물의 지역적 분포는 주로 『세종실록지리지』와 『여지도서』를 이용해 고찰하였으며, 작물에 따라 상당한 지역성을 지니고 있음을 밝혔다. 식량 작물로는 벼, 맥류, 두류, 서속류를 분석하였다. 벼는 15세기 전반에 이미 기후 및 지형 조건이 열악한 강원도·평안도·함경도의 일부 산악 지역을 제외한 전국에서 재배되고 있었다. 당시 벼를 재배하지 않은 군현은 전국적으로 20개 이하로 추정되었다. 콩도 전국적으로 재배하였으나, 팥은 경기도·충청도·황해도 등 중부 지방을 중심으로 한정된 지역에서 재배하였다. 맥류 가운데 재배 지역이 한정된 것은 귀리였다. 서속류 가운데 찰기장은 전국적으로 고르게 재배되었으며, 수수는 황해도가 주산지였다. 메밀은 황해도·경기도에서 가장 많이 재배하였다. 전반적으로 황해도는 전국에서 가장 다양한 밭작물이 재배되는 밭농사의 중심지였다. 이와 대조적으로 전라도는 밭작물의 재배가 가장 부진하였고, 대신 벼농사 위주의 농업이 이루어졌다.

섬유 작물로는 삼·목면·모시를 검토하였다. 삼은 전국적으로 재배하였으나, 목면은 주로 전라도와 경상도에서, 모시는 전라도와 충청도의 매우 한정된 지역에서만 생산하였다. 감·배·밤·잣·대추 등의 과일류는 지역적으로 편중되어 생산되는 경향을 보였다. 감은 15세기 전반 충청도·전라도·경상도의 삼남 지방과 강원도 남부 해안 지방에서 재배하였으며, 18세기 후반에는 재배 지역이 줄었다. 배는 북쪽으로 평안도 남부까지, 감보다 더 넓은 지역에서 재배하였으나, 역시 시간이 갈수록 재배 범위가 줄었다. 밤은 강원도와 평안도 남부가 주산지였으며, 잣 역시 강원도와 평안도의 산악 지역에서 많이 생산되었다. 과일류 생산 지역의 확대와 축소는 여러 가지 요인에 의해 비롯된 것이지만, 식생의 변화와 함께 15세기와 18세기 사이의 기후 변화를 가리키는 증거가 될 수 있다고 판단된다.

임업은 목재류·대나무·버섯류·닥나무·꿀·칠의 생산 상황을 15세기 전반과 18세기 후반을 비교하면서 살폈다. 대나무는 전라도와 경상도에서 많이 나왔으며, 점차 생산 지역이 북쪽으로 확대되었다. 송이버섯은 15세기에 비해 18세기에 산출 지역이 많이 증가하였는데, 이는 소나무 숲의 확대로 해석할 수 있다. 석이버섯과 느타리버섯은 낙엽 활엽수림이 우세한 중부 지방의 산악 지역이 주산지였다. 중요한 토공품이었던 닥나무는 15세기에 비해 18세기에는 생산 지역이 크게 줄었으며, 이는 공납의 제도적 변화와 관련이 있어 보인다. 꿀은 15세기 전반 전국 군현의 절반이 넘는 곳에서 생산되는 대표적인 임산물이었으며, 18세기에도 큰 변화가 없었다.

어업은 어량의 분포와 주요 수산물, 그리고 제염에 대해 알아보았다. 어량과 제염업의 분포는 서해안과 동해안 간에 많은 차이가 나타났으며, 남해안은 중간적 성격을 지니고 있었다. 어량이 주로 설치된 곳은 서해안이었으며, 제염은 동해안과 서해안에서 소금을 만드는 방법이 달랐다. 이는 동해안과 서해안의 자연조건의 차이에서 비롯된 것이다. 주요 수산물로는 은어·조기·숭어 등의 어류와 미역과 김 등의 생산 지역을 분석하였다.

광업에서는 가장 중요한 금속인 철을 비롯하여 금·은·구리·납 등의 생산 지역을 살펴보았다. 철의 경우, 15세기 전반에는 석철보다 사철이 많았으며, 특히 경상도에서 사철이 유난히 많이 생산되었다. 사철과 석철은 철장소에서 가공하여 정철로 만들어 공납하였는데, 철의 산지가 가장 많은 군현은 15세기에는 강원도였다. 그러나 18세기 후반에는 철을 생산하는 군현이 경상도가 제일 많았으며, 함경도의 철광이 활발하게 개발된 것을 확인할 수 있었다.

수공업은 기록 가운데 중요도가 높고 생산 지역이 전국적인 도자기와 종이, 두 가지를 택해 그 지역적 분포를 간략하게 살펴보았다.

1. 자료

『經國大典』

『癸未東槎日記』

『衿陽雜錄』

『農事直說』

『大東水經』

『大東地志』

『東國輿地志』

『穡經』

『星湖僿說』

『世宗實錄地理志』

『東槎日記』

『東槎日錄』

『萬機要覽』

『新增東國輿地勝覽』

『與猶堂全書』

『輿地圖書』

『燃藜室記述』

『林園經濟志』

『千一錄』

『擇里志』

『破閑集』

『閑情錄』

『海游錄』

『海槎錄』

『海槎日記』

『戶口總數』

국사편찬위원회 영인본, 1973,『여지도서 상, 하』.

규장각 영인본, 1997,『강원도읍지 1-6』.

규장각 영인본, 1998-99,『경기도읍지 1-9』.

규장각 영인본, 2001,『충청도읍지 1-6』.

규장각, 1995,『해동지도』.

규장각, 1996-2002,『조선후기 지방지도』.

규장각, 2003,『동여도』.

규장각, 2005,『조선지도』.

김정호(임승표 역), 2004,『역주 대동지지』, 이회.

동아대학교 석당학술원, 2011,『국역 고려사 1-7』, 경인문화사.

민족문화추진회, 1976,『국역 신증동국여지승람 1-7』.

민족문화추진회, 1989,『국역해행총재 1-12』.

변주승 외 역, 2009,『여지도서 1-50』, 디자인흐름.

세종대왕기념사업회, 1972,『세종장헌대왕실록』.

성지문화사, 1997,『구한말한반도지형도』.

아세아문화사 영인본, 1983,『한국지리지총서 1-21』.

연세대학교 동방학연구소 영인본, 1960,『고려사』.

이중환(이민수 역), 2005, 국한문대역 택리지, 평화출판사.

丁若鏞(강서영 외 역), 1992, 대동수경, 과학원출판사(여강출판사 영인).

한국인문과학원 영인본, 1989,『한국읍지총람-조선시대 사찬읍지 1-55』.

한글학회, 1985,『한국지명총람17(경기편 상)』.

한글학회, 1986,『한국지명총람18(경기편 하)』.

한양대학교 국학연구원 영인본, 1974,『대동지지』.

2. 연구 논저

Tony Michell(김혜정 역), 1989, "조선시대의 인구변동과 경제사– 인구통계학적인 측면
　　　을 중심으로," 부산사학 17, 1989, 75-107.

강경숙, 1994, "『세종실록지리지』 자기소·도기소 연구: 충청도를 중심으로," 미술사학
　　　연구 202, 한국미술사학회, 5-95.

강석화, 1996, "18세기 함경도지역의 개발과 사족," 역사비평 35, 366-378.

경기도박물관, 2001, 경기도3대하천유역 종합학술조사 I – 임진강 Vol.1 환경과 삶, 경
　　　기출판사.

경기도박물관, 2003, 경기도3대하천유역 종합학술조사Ⅲ- 안성천 Vol.1 환경과 삶, 경기출판사.

고승희, 1996, "18, 19세기 함경도 지역의 유통로 발달과 상업활동," 역사학보 151, 71-107.

고승희, 2002, "19세기 함경도 상업도회의 성장," 조선시대사학보 21, 137-170.

공우석·원학희, 2001, "조선시대 난대성 식물의 분포역 변화," 제사기학회지 15(1), 1-12.

공우석 외, 2002, 백두대간의 자연과 인간, 산악문화.

공우석, 2003, 한반도식생사, 아카넷.

국토지리정보원, 2004, 한국지리지- 전라·제주편.

국토지리정보원, 2005, 한국지리지- 경상편.

국토지리정보원, 2006, 한국지리지- 강원편.

국토지리정보원, 2007, 한국지리지- 수도권편.

국토지리정보원, 2008, 한국지리지- 총론편.

국토지리정보원, 2003, 한국지리지- 충청편.

권동희, 2006, 한국의 지형, 한울아카데미.

권태환·신용하, 1977, "조선왕조시대 인구추정에 관한 一試論," 동아문화 14, 서울대 동아문화연구소, 289-330.

권혁재, 1995, 한국지리- 지방편, 법문사.

권혁재, 2003, 한국지리- 총론(제3판), 법문사.

김기혁 외, 2005, 대구·경상북도 시군별 고지도2- 포항시·경주시, 부산대학교 부산지리연구소.

김덕현, 2001, "역사 도시 진주의 경관 해석," 문화역사지리 13(2), 63-80.

김동수, 1991, 『세종실록지리지』의 연구- 특히 산물·호구·군정·간전·성씨 항을 중심으로, 서강대학교대학원 사학과 박사학위논문.

김동진, 2017, 조선의 생태환경사, 푸른역사.

김두섭, 1990, "조선후기 도시에 대한 인구학적 접근," 한국사회학 24, 7-23.

김삼기, 2006, 조선시대 제지수공업 연구, 민속원.

김성균, 1992, "한국전통마을의 경관- 하회마을을 중심으로," 대한건축학회지 36(1), 83-88.

김연옥, 1985, 한국의 기후와 문화- 한국 기후의 문화 역사적 연구, 이화여자대학교 출판부.

김영수, 2001, "三山五嶽과 名山大川 崇拜의 淵源 硏究," 인문과학 31, 373-440.

金榮鎭, 1989, 農林水産古文獻備要, 한국농촌경제연구원.

김일기, 1988, "곰소만 어업과 어촌연구," 지리학논총 별호 5, 서울대학교 지리학과.

김재진, 1967, 한국의 호구와 경제발전, 박영사.

김종욱 외, 2012, 한국의 자연 지리, 서울대학교출판문화원.

김종혁, 2001, 조선후기 한강유역의 교통로와 장시, 고려대학교대학원 지리학과 박사학
　　위논문.

김종혁, 2003, "조선시대 행정 구역 복원과 베이스맵 작성," 민족문화연구 38, 97-110.

김종혁, 2003, "조선시대 행정 구역의 변동과 복원," 문화역사지리 15(2), 97-124.

김종혁, 2004, "조선후기의 대로," 역사비평 69, 359-383.

김지민, 1996, 한국의 유교건축, 발언.

김지영, 2018, "禮敎의 가늠자- 조선시대 경상도 지역지리지 '風俗'조의 검토," 규장각
　　52, 1-39.

김철수, 1985, "한국 성곽도시의 공간 구조에 관한 연구- 청주·전주·대구의 인구 밀도
　　변화·패턴분석을 중심으로," 국토계획 20(1), 88-101.

김태웅, 2017, "『新增東國輿地勝覽』과 『輿地圖書』의 邑史 資料 비교 활용- 전라도를
　　중심으로," 규장각 51, 63-104.

김학범·장동수, 1994, 마을숲, 열화당.

김헌규, 2007, "조선시대의 지방 도시 읍치의 성립과 계획원리에 관한 연구," 건축역사
　　연구 16(2), 119-136.

김혁 외, 2010, 수령의 사생활, 경북대학교출판부.

김혜정, 2002, "『여지도서』의 음악 관련기사와 조선후기 지방관아의 음악 활용," 목포어
　　문학 2, 37-65.

김호일, 2000, 한국의 향교, 대원사.

南宮燧, 1975, "萬頃江 流域 水利地域의 水利慣行과 農村," 地理學과 地理敎育 5,
　　1-47.

南宮燧, 1990, "川防과 보창베미開墾," 문화역사지리 2, 1-17.

南宮燧, 1999, "한국의 농지개간과정- 김만경평야를 중심으로," 문화역사지리 11, 55-
　　72.

남영우(편), 1997, 구한말한반도지형도, 성지문화사.

문용식, 2006, "『여지도서』를 통해 본 18세기 조선의 환곡 운영 실태," 한국사학보 25,
　　495-529.

박경자, 2011, "조선 15세기 磁器所의 성격," 미술사학연구 270, 97-124.

박구병, 1975, 한국어업사, 정음사.

박구병, 1981, "韓國水産業技術史," 韓國現代文化史大系 5권, 고려대학교 민족문화연구소.

박병욱 외, 2007, 한국의 山誌, 건설교통부 국토지리정보원.

박상태, 1987, "조선후기의 인구– 토지압박에 대하여," 한국사회학 21, 101–121.

박용국, 2008, "조선 초·중기 名山文化로서 智異山의 正體性," 남명학연구 26, 179–219.

박인호, 1996, 조선후기 역사지리학 연구, 이회.

박평식, 2007, "15세기 조선의 漁箭정책과 漁箭경영," 역사교육 101, 125–161.

박호원, 1996, "중국 성황의 사적 전개와 신앙 성격," 민속학 연구 3, 85–121.

반영환, 1978, 한국의 성곽, 세종대왕기념사업회.

방동인, 1981, "인구의 증가," 한국사 13– 조선: 양반사회의 변화, 국사편찬위원회, 279–321.

배우성, 1996, 18세기 관찬지도 제작과 지리 인식, 서울대학교 박사학위논문.

배재수, 2004, "조선전기 국용임산물의 수취– 전국 지리지의 임산물을 중심으로," 한국임학회 93(3), 215–230.

범선규, 2005, "『신증동국여지승람』(경상도편)이 갖는 자연지리 연구자료적 의의," 문화역사지리 17(2), 35–57.

범선규, 2010, "『신증동국여지승람』과 『택리지』가 갖는 기후 및 식생 연구 자료적 의의," 한국지역지리학회지 16(1), 16–33.

변주승, 2006, "『輿地圖書』의 성격과 도별 특성," 한국사학보 25, 435–464.

서인원, 2002, 조선 초기 지리지 연구–『동국여지승람』을 중심으로, 혜안.

서종태, 2006, "『輿地圖書』의 物産 조항 연구," 한국사학보 25, 573–609.

소순규, 2014, "『신증동국여지승람』 토산 항목의 구성과 특징," 동방학지 165, 33–64.

손병규·송양섭 편, 2013, 통계로 보는 조선후기 국가경제– 18~19세기 재정자료의 기초적 분석, 성균관대학교출판부.

손병규, 2007, 호적, 휴머니스트.

손병규, 2011, "18세기 말의 지역별 '戶口總數', 그 통계적 함의," 사림 38, 39–71.

안길정, 2000, 관아이야기 첫째권, 사계절.

안길정, 2000, 관아이야기 둘째권, 사계절.

안수한, 1995, 한국의 하천, 민음사.

양보경·민경이, 2004, "경상북도 영천읍성의 공간 구조와 그 변화," 문화역사지리 16(3), 45–64.

양보경, 1987, 조선시대 읍지의 성격과 지리적 인식에 관한 연구, 서울대학교대학원 지리학과 박사학위논문.

양보경, 1994, "조선시대의 자연 인식 체계," 한국사시민강좌 14, 일조각, 70-97.

양보경, 1996, "『호구총수』 해제," 호구총수(영인본), 서울대학교 규장각, 3-22.

양보경, 1997, "조선시대의 '백두대간' 개념의 형성," 진단학보 83, 85-106.

역사문화학회 편, 2008, 지방사연구입문, 민속원.

연천군·한국토지공사 토지박물관, 2000, 연천군의 역사와 문화유적, 도서출판 큰기획.

오상학, 2015, 한국전통지리학사, 들녘.

오용섭, 1994, "倭楮의 傳來와 抄造," 서지학연구 10, 653-670.

오홍석, 1989, 취락지리학- 농어촌의 지역성격과 재편성, 교학연구사.

옥한석, 1994, 향촌의 문화와 사회변동- 관동의 역사지리에 대한 이해, 한울.

원경렬, 1981, "16세기 조선의 토산물 분포에 대한 지리적 고찰," 사회과교육 14, 38-51.

유승주, 1993, 조선시대광업사연구, 고려대학교 출판부.

유승훈, 2008, 우리나라 제염업과 소금 민속, 민속원.

유재춘, 1995, "『세종실록지리지』 성곽기록에 대한 검토," 사학연구 50, 251-276.

이기봉, 2003, "조선시대 전국지리지의 생산물 항목에 대한 검토," 문화역사지리 15(3), 1-16.

이기봉, 2008, 조선의 도시, 권위와 상징의 공간, 새문사.

이기봉, 2011, 고지도를 통해 본 경기지명연구, 국립중앙도서관.

이기봉, 2017, 고지도를 통해 본 경상지명연구(Ⅰ), 국립중앙도서관.

李琦錫, 1968, "舊邑聚落에 관한 硏究-경기지방을 중심으로," 地理學 3(1), 31-44.

이병희, 1997, "조선시대 사찰의 수적 추이," 역사교육 61, 31-68.

이승호, 2007, 기후학, 푸른길.

이영학, 2000, "조선후기 어업에 대한 연구," 역사와 현실 35, 174-212.

이영훈, 1988, 조선후기사회경제사, 한길사.

이재두, 2018, "『여지도서』의 누락읍지 보완과 수록순서 보정," 전북사학 54, 103-132.

이재두, 2019, "『여지도서』의 편찬 시기와 항목구성 및 신설항목의 유래," 민족문화연구 82, 265-300.

이정주, 2006, "조선 초기 지리지 인물 관련 조목의 계량적 분석," 역사민속학 23, 33-60.

이정주, 2007, "전국지리지를 통해 본 조선시대 충·효·열 윤리의 확산 양상," 한국사상사학 28, 293-324.

이종철 외, 1988, 장승, 열화당.

이철성, 2006, "『여지도서』에 나타난 전결세 항목의 텍스트적 이해," 한국사학보 25,

지리지를 이용한 조선시대 지역지리의 복원

531-571.

李春寧, 1989, 韓國農學史, 民音社.

이태진, 1979, "동국여지승람 편찬의 역사적 성격," 진단학보 46·47, 252-258.

이태진, 1993, "14-16세기 한국의 인구증가와 신유학의 영향," 진단학보 76, 1-17.

이필영, 1990, "마을공동체와 솟대신앙," 역사 속의 민중과 민속(한국역사민속학회 편), 이론과 실천, 270-354.

이필영, 1994, 마을신앙의 사회사, 웅진출판.

이해준, 1996, 조선시기 촌락사회사, 민족문화사.

이헌창·김종혁, 1997, "경기지방의 시장변동," 경기지역의 향토문화(상), 한국정신문화 연구원, 189-223.

이헌창, 1999, 한국경제통사, 법문사.

이현군, 2004, 조선시대 한성부 도시구조, 서울대학교대학원 지리학과 박사학위논문.

이호철, 1986, 조선전기농업경제사, 한길사.

이호철, 1992, 농업경제사연구, 경북대학교 출판부.

이희권, 1996, "『세종실록지리지』의 성씨조 연구," 역사학보 149, 35-68.

이희연, 1986, 인구지리학, 법문사.

임경빈, 1988, 나무백과 3, 일지사.

임경빈, 1989, 나무백과 1, 일지사.

임인영, 1977, 이조어물전연구, 숙명여자대학교 출판부.

장국종, 1998, 조선농업사 1, 백산자료원.

장국종·리태영, 2010, 조선광업사, 사회과학출판사.

張承一, 1993, 朝鮮後期 京畿地方의 都會研究, 고려대학교 대학원 석사학위논문.

전영준, 2011, "조선전기 관찬지리지로 본 楮·紙産地의 변화와 사찰 製紙," 지방사와 지방문화 14(1), 47-77.

전종한, 2005, 종족집단의 경관과 장소, 논형.

전종한, 2011, "근대이행기 경기만의 포구 네트워크와 지역화과정," 문화역사지리 23(1), 91-114.

정대영, 2016, "영조연간 전국 지리지 『여지도서』의 서지적 연구," 서지학연구 68, 377-413.

정두희, 1976, "조선 초기 지리지의 편찬(1)," 역사학보 69, 65-99.

정두희, 1976, "조선 초기 지리지의 편찬(2)," 역사학보 70, 89-127.

정진영, 1998, 조선시대 향촌사회사, 한길사.

정치영, 2003, "『千一錄』을 통해 본 조선후기 농업의 지역적 특성," 한국지역지리학회지 9(2), 119-134.

정치영, 2004, "조선후기 인구의 지역별 특성," 민족문화연구 40, 27-50.

정치영, 2005, "조선시대 유토피아의 양상과 그 지리적 특성," 문화역사지리 17(1), 66-83.

정치영, 2006, 지리산지 농업과 촌락 연구, 고려대학교 민족문화연구원.

정치영, 2009, "경남의 마을," 경남문화연구 30, 77-126.

정치영, 2011, "조선시대 지리지에 수록된 진산의 특성," 문화역사지리 23(1), 78-90.

정치영, 2012, "충북의 고개문화," 충북의 민속문화, 충청북도·국립민속박물관, 37-77.

정치영, 2019, "『대동지지』로 본 19세기 초 인구의 지역적 분포," 문화역사지리 31(2), 1-18.

정현숙, 1991, "신증동국여지승람에 관한 연구- 1. 토산식품을 중심으로," 순천대학교 농업과학연구 5, 29-45.

조성을, 2005, "조선 초기 고조선·삼한·삼국의 수도와 강역 인식-『신증동국여지승람』을 중심으로," 과기고고연구 11, 87-102.

조재영, 1997, 田作(四訂), 鄕文社.

최기엽·심혜자, 1993, "전통촌락의 상징적 공간구성," 응용지리 16, 89-140.

최덕원, 1993, "당산목과 마을 구조와의 상관 연구- 남도지역을 중심으로," 한국민속학 25, 427-508.

최영준 외, 2000, 용인의 역사지리, 용인시·용인문화원.

崔永俊·金鍾赫, 1997, "京畿地域의 交通路와 交通의 發達," 경기지역의 향토문화 (상), 한국정신문화연구원, 151-188.

최영준, 2004, 한국의 옛길- 영남대로, 고려대학교 민족문화연구원.

최영준, 2013, 개화기의 주거생활사- 경상남도 가옥과 취락의 역사지리학, 한길사.

최원석, 2003, "경상도 邑治 景觀의 鎭山에 관한 고찰," 문화역사지리 15(3), 119-136.

최원석, 2004, "경상도 邑治 景觀의 역사지리학적 복원에 관한 연구- 南海邑을 사례로," 문화역사지리 16(3), 19-44.

최원석, 2005, "地籍原圖를 활용한 읍성공간의 역사지리적 복원 - 경상도 읍성을 사례로," 문화역사지리 17(2), 74-92.

최원석, 2008, "韓國의 名山文化와 朝鮮時代 儒學 知識人의 展開," 남명학연구 26, 221-254.

최종석, 2005, "조선 초기 성황사의 입지와 치소," 동방학지 131, 37-88.

최종석, 2014, 한국 중세의 읍치와 성, 신구문화사.

한국도시지리학회 편, 1999, 한국의 도시, 법문사.

지리지를 이용한 조선시대 지역지리의 복원

한국문화역사지리학회 편, 2011, 한국역사지리, 푸른길.

한국역사연구회, 1996, 조선시대 사람들은 어떻게 살았을까 1, 청년사.

한영국, 1997, "인구의 증가와 분포.", 한국사 33- 조선후기의 경제, 국사편찬위원회, 13-33.

한영우, 1977, "조선전기 호구총수에 대하여," 인구문제와 생활환경, 서울대 인구 및 발전문제연구소, 24-41.

한필원, 1991, 농촌 동족마을의 공간 구조의 특성과 변화연구, 서울대학교 대학원 박사논문.

한형주, 2002, 조선초기 국가제례 연구, 일조각.

허경진, 2001, 한국의 읍성, 대원사.

허원영, 2011, "18세기 중엽 조선의 호구와 전결의 지역적 분포-『여지도서』의 호구 및 전결 기록 분석," 사림 38, 1-37.

허흥식, 2003, "조선전기 경상도의 山川壇廟와 그 특성," 민족문화논총 28. 201-221.

홍금수, 2005, "조선후기-일제시대 영남지방 지역체계의 변동," 문화역사지리 17(2), 93-125.

화성시사편찬위원회, 2005, 화성시사 I - 충·효·예의 고장(건), 화성시사편찬위원회.

渋谷鎮明, 1991, "李朝邑聚落にみる風水地理說の影響," 人文地理 43(1), 5-25.

善生榮助, 1933, 朝鮮の聚落 前篇, 朝鮮總督府.

越智唯七 編, 1917, 新舊對照朝鮮全道府郡面里洞名稱一覽, 兵林館印刷所.

朝鮮總督府, 1927, 朝鮮の物産, 朝鮮印刷株式會社.

Jordan, G. Terry and Domosh Mona, 2003, *The Hunan Mosaic; 9th edition*, New York: W. H. Freeman and Company.

Robert, B. K., 1996, *Landscape of Settlement*, Routledge.

http://encykorea.aks.ac.kr/(한국민족문화대백과사전)

http://sillok.history.go.kr/(국사편찬위원회 조선왕조실록)

http://db.itkc.or.kr/(한국고전종합DB)

http://kyujanggak.snu.ac.kr/(서울대학교 규장각한국학연구원)